关东升◎编著

Kotlin

从小白到大牛

（第2版）

清华大学出版社

北京

内 容 简 介

本书是一本Kotlin语言的立体教程，针对的读者群是零基础小白。通过本书的学习，读者能够成为熟练的Kotlin开发人员。本书主要包括Kotlin语法基础、数据类型、字符串、运算符、程序流程控制、函数、面向对象编程、继承与多态、抽象类与接口、高阶函数、Lambda表达式、数组、集合、函数式编程API、异常处理、线程、协程、Kotlin与Java混合编程、Kotlin I/O与文件管理、网络编程、Kotlin与Java Swing图形用户界面编程、轻量级SQL框架等内容。最后是项目实战，系统地讲解两个项目：开发PetStore宠物商店和开发Kotlin版QQ聊天工具。

本书适合作为广大普通高校计算机类专业学生及从事Kotlin程序设计的工程技术人员的参考用书。

图书在版编目（CIP）数据

Kotlin从小白到大牛/关东升编著. —2版. —北京：清华大学出版社，2022.8
ISBN 978-7-302-59266-2

Ⅰ. ①K… Ⅱ. ①关… Ⅲ. ①JAVA语言—程序设计 Ⅳ. ①TP312.8

中国版本图书馆CIP数据核字（2021）第192861号

策划编辑：盛东亮
责任编辑：钟志芳
封面设计：李召霞
责任校对：时翠兰
责任印制：丛怀宇

出版发行：清华大学出版社
网　　　　址：http://www.tup.com.cn, http://www.wqbook.com
地　　　　址：北京清华大学学研大厦A座　　　　邮　编：100084
社　总　机：010-83470000　　　　邮　购：010-62786544
投稿与读者服务：010-62776969，c-service@tup.tsinghua.edu.cn
质 量 反 馈：010-62772015，zhiliang@tup.tsinghua.edu.cn
课 件 下 载：http://www.tup.com.cn, 010-83470236
印 装 者：艺通印刷（天津）有限公司
经　　　销：全国新华书店
开　　本：203mm×260mm　　印　张：28.5　　字　数：797千字
版　　次：2018年9月第1版　2022年8月第2版　印　次：2022年8月第1次印刷
印　　数：1～2000
定　　价：99.00元

产品编号：092966-01

推荐序
FOREWORD

人类历史从古今一辙发展到现在已是日新月异，科技正在为这个世界勾勒更加绚丽的未来。这其中离不开人类与计算机之间沟通的艺术。凭借一行行的代码、一串串的字符，交流不再受到语言的限制、不再受到空间的阻隔，计算机语言的魅力随着时代的发展体现得淋漓尽致。

JetBrains 致力于为开发者打造智能的开发工具，让计算机语言交流也能够轻松自如。历经 15 年的不断创新，JetBrains 始终在不断完善我们的平台，以满足最顶尖的开发需要。

在全球，JetBrains 的平台备受数百万开发者的青睐，深入各行各业见证着他们的创新与突破。在 JetBrains，我们始终追求为开发者简化复杂的项目，自动完成那些简单的部分，让开发者能够最大程度专注于代码的设计和全局的构建。

JetBrains 提供一流的工具，用来帮助开发者打造完美的代码。为了展现每一种语言独特的一面，我们的 IDE 致力于为开发者提供如下产品：Java (IntelliJ IDEA)、C/C++ (CLion)、Python (PyCharm)、PHP (PhpStorm)、.NET 跨平台 (ReSharper, Rider)，并提供相关的团队项目追踪、代码审查等工具。不仅如此，JetBrains 还创造了自己的语言 Kotlin，让程序的逻辑和含义更加清晰。

与此同时，JetBrains 还为开源项目、教育行业和社区提供了独特的免费版本。这些版本不仅适用于专业的开发者，满足相关的开发需求。同时也能够使初学者易于上手，由浅入深地使用计算机语言交互沟通。

2018 年，JetBrains 同清华大学出版社一道，策划了一套涉及上述产品与技术的高水平图书，希望通过这套书，让更广泛的读者体会到 JetBrains 的平台协助编程的无穷魅力。期待更多的读者能够拥抱高效开发，发挥最大的创造潜力。

让未来在你的指尖跳动！

赵 磊

JetBrains 大中华区市场经理

谷歌公司发布 Kotlin 已经多年了，Kotlin 1.5 已经发布，Kotlin 越来越成熟了。现在 Kotlin 不仅可以编译成 Java 字节码应用于后台开发，而且可以编译成 JavaScript 应用于前台开发，还可以编译成二进制代码直接运行在机器上。越来越多的程序员转而使用 Kotlin 语言开发自己的项目。

我们在三年前与清华大学出版社合作出版了《Kotlin 从小白到大牛》。随着时间的推移以及 Kotlin 版本的变化，很多读者需要知道更多的 Kotlin 新功能。在这个大的背景下，我们推出了第 2 版。

立体化图书

我们继续采用立体化图书的方式编写本书。所谓"立体化图书"就是包含图书、配套课件、源代码和服务等内容。

本书读者对象

本书是一本 Kotlin 编程语言入门图书。无论您是计算机相关专业的大学生，还是从事软件开发工作的职场人，本书都适合您。但如果您想更深入地学习 Kotlin 应用技术，则需要选择其他图书。

使用书中源代码

本书包括 300 多个完整实例和两个完整的项目案例的源代码，读者可以到清华大学出版社网站下载。

下载本书源代码并解压代码，会看到如图 1 所示的目录结构。chapter3 ~ chapter26 是本书第 3~26 章的示例代码。

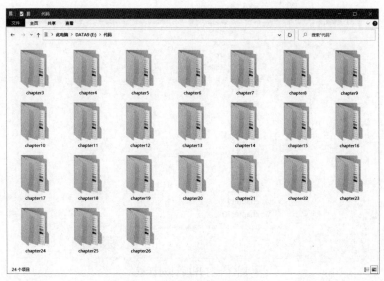

图 1　示例源代码目录结构

配套代码大部分都是通过 IntelliJ IDEA 工具创建的项目，读者可以通过 IntelliJ IDEA 工具打开这些源代码项目。如果读者的 IntelliJ IDEA 工具处于如图 2 所示的欢迎界面，则单击 Open 按钮，打开如图 3 所示的项目对话框，找到 IntelliJ IDEA 项目文件夹，即带有 📁 图标的文件夹。如果读者已经进入 IntelliJ IDEA 工具，可以通过菜单 File→Open 命令打开如图 3 所示的项目对话框。

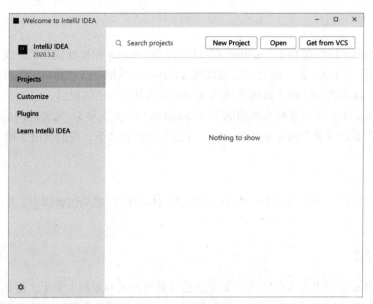

图 2　欢迎界面

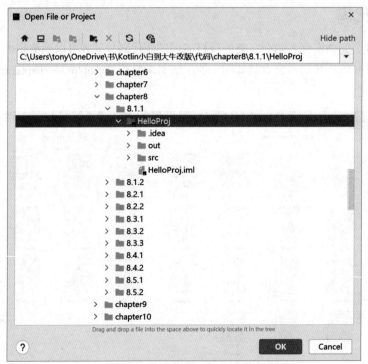

图 3　打开项目对话框

致谢

在此感谢清华大学出版社的盛东亮编辑给我们提出了宝贵的意见。感谢智捷课堂团队的赵志荣、赵大羽、关锦华、闫婷娇、刘佳笑和赵浩丞参与本书部分内容的写作。感谢赵浩丞手绘了书中全部草图，并从专业的角度修改书中图片，力求将本书内容更加真实、完美地奉献给广大读者。感谢我的家人容忍我的忙碌，以及对我的关心和照顾，使我能抽出这么多时间，投入精力专心编写此书。

由于 Kotlin 更新迭代很快，而作者水平有限，书中难免存在不妥之处，请读者提出宝贵修改意见，以便再版时改进。

关东升

2022 年 4 月

知识图谱
MAPPING KNOWLEDGE DOMAIN

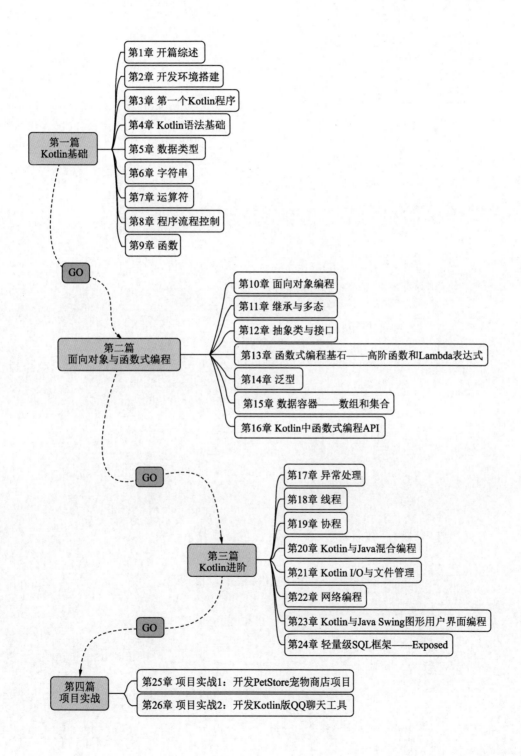

第一篇
Kotlin基础

第1章 开篇综述
第2章 开发环境搭建
第3章 第一个Kotlin程序
第4章 Kotlin语法基础
第5章 数据类型
第6章 字符串
第7章 运算符
第8章 程序流程控制
第9章 函数

GO

第二篇
面向对象与函数式编程

第10章 面向对象编程
第11章 继承与多态
第12章 抽象类与接口
第13章 函数式编程基石——高阶函数和Lambda表达式
第14章 泛型
第15章 数据容器——数组和集合
第16章 Kotlin中函数式编程API

GO

第三篇
Kotlin进阶

第17章 异常处理
第18章 线程
第19章 协程
第20章 Kotlin与Java混合编程
第21章 Kotlin I/O与文件管理
第22章 网络编程
第23章 Kotlin与Java Swing图形用户界面编程
第24章 轻量级SQL框架——Exposed

GO

第四篇
项目实战

第25章 项目实战1：开发PetStore宠物商店项目
第26章 项目实战2：开发Kotlin版QQ聊天工具

目 录
CONTENTS

第二篇　面向对象与函数式编程

第三篇 Kotlin进阶

第四篇 项目实战

第一篇　Kotlin 基础

　　本篇包括 9 章内容，介绍了 Kotlin 语言的一些基础知识。内容包括 Kotlin 语言历史、Kotlin 语言的特点、开发环境的搭建、第一个 Kotlin 程序的创建、Kotlin 语法基础、数据类型、运算符、程序流程控制、字符串和函数。通过本篇的学习，读者可以全面了解 Kotlin 的发展及特点。初步掌握 Kotlin 程序设计的基本方法。

第 1 章

开 篇 综 述

Java 语言从诞生到现在已经有 20 多年，仍然是非常热门的编程语言之一，很多平台使用 Java 作开发。但由于历史的原因，Java 语言的语法有些烦琐、冗余，而本书要介绍的 Kotlin 语言，它的设计目标是取代 Java 语言，简化应用开发。

1.1 Kotlin 语言简介

Kotlin 语言是基于 Java 虚拟机（Java Virtual Machine，JVM）的现代计算机语言。作为一种 Java 虚拟机语言，Kotlin 编写的程序可以运行在任何 Java 能够运行的地方。

1.1.1 Kotlin 语言历史

Kotlin 语言是 JetBrains 公司（JetBrains 是捷克的一家软件开发公司，该公司位于捷克的布拉格，并在俄罗斯的圣彼得堡及美国的波士顿设有开发团队）开发的一种语言。JetBrains 公司是著名的计算机语言开发工具提供商，其最著名的工具当属 Java 集成开发工具 IntelliJ IDEA。作为开发工具提供商，JetBrains 对于 Java 语言有着深入的理解，有着迫切化繁为简的需求。JetBrains 从 2010 年开始构思，2011 年推出 Kotlin 项目；2012 年将 Kotlin 项目开源；2016 年发布稳定版 Kotlin 1.0；2017 年在谷歌公司的 I/O 全球开发者大会上，谷歌公司宣布 Kotlin 语言成为 Android 应用开发一级语言。

至于这种新的语言为什么命名为 Kotlin？这是因为新语言是由 JetBrains 的俄罗斯圣彼得堡的团队设计和开发的，他们想用一个岛来命名新语言，或许又因为 Java 命名源自于爪哇（Java）岛，这里盛产咖啡。他们找到了位于圣彼得堡以西约 30 千米处芬兰湾中的一个科特林岛，科特林的英文是 Kotlin，因此将新语言命名为 Kotlin。

1.1.2 Kotlin 语言设计目标

Kotlin 首先被设计为用来取代 Java 语言。目前主要的应用场景如下：

（1）服务器端编程。基于 JavaEE 的 Web 服务器端开发和数据库编程等。

（2）Android 应用开发。替代 Java 语言编写 Android 应用程序。

Kotlin 这两种场景的应用都需要 Java 虚拟机，也是本书重点介绍的。

此外，Kotlin 还有其他目前处于原型阶段的应用场景：

（1）编译成 JavaScript 代码。Kotlin 代码还可以编译成 JavaScript 代码，这样就可以应用于 Web 前端开发。

（2）编译成本地（Native）代码。Kotlin 代码还可以编译成本地代码，本地代码运行不再需要 Java 虚拟机，类似于 C 语言。

1.2 Kotlin 语言特点

Kotlin 具有现代计算机语言的特点，如类型推导、函数式编程等。下面详细解释。

1. 简洁

简洁是 Kotlin 最主要的特点，实现同样的功能，Kotlin 代码量会比 Java 代码量缩减很多。Kotlin 中数据类、类型推导、Lambda 表达式和函数式编程都可以大大减少代码行数，使得代码更加简洁。

2. 安全

Kotlin 可以有效地防止程序员疏忽所导致的类型错误。Kotlin 与 Java 一样都是静态类型语言[1]，编译器会在编译期间检查数据类型，这样程序员会在编码期间发现自己的错误，避免错误在运行期发生而导致系统崩溃。另外，Kotlin 与 Swift[2]类似，支持非空和可空数据类型，默认情况下 Kotlin 与 Swift 的数据类型声明的变量都是不能接收空值（null）的，这样的设计可以防止试图调用空对象而引发的空指针异常（NullPointerException），空指针异常也会导致系统崩溃。

3. 类型推导

Kotlin 与 Swift 类似，都支持类型推导，Kotlin 编译器可以根据变量所在上下文环境推导出它的数据类型，这样在声明变量时可以省略明确指定数据类型。

4. 支持函数式编程

作为现代计算机语言 Kotlin 支持函数式编程。函数式编程优点：代码变得简洁，增强线程安全和便于测试。

5. 支持面向对象

虽然 Kotlin 支持函数式编程，但也不排除面向对象。面向对象与函数式编程并不是水火不容，函数式编程是对面向对象的重要补充，而且面向对象仍然是编程语言的主流，面向对象便于系统分析与设计。

6. Java具有良好的互操作性

Kotlin 与 Java 具有 100%互操作性，Kotlin 不需要任何转换或包装就可以调用 Java 对象，反之亦然。Kotlin 可以完全使用现有的 Java 框架或库。

7. 免费开源

Kotlin 源代码是开源免费的，它采用 Apache 2 许可证，源代码下载地址为 https://github.com/jetbrains/kotlin。

1.3 Kotlin 与 Java 虚拟机

Kotlin 是依赖于 Java 虚拟机运行的语言，因此初学者有必要熟悉一下 Java 虚拟机的功能。

---

[1] 静态类型语言会在编译期检查变量或表达式数据类型，如 Java 和 C++等。与静态类型语言相对应的是动态类型语言，动态类型语言会在运行期检查变量或表达式数据类型，如 Python 和 PHP 等。

[2] Swift 语言是苹果公司推出的编程语言，目前主要应用于苹果的 macOS、iOS、tvOS 和 watchOS 等应用开发。

1.3.1　Java 虚拟机

Java 应用程序能够跨平台运行，主要是通过 Java 虚拟机实现的。如图 1-1 所示，不同软硬件平台 Java 虚拟机是不同的，Java 虚拟机往下是不同的操作系统和 CPU，使用或开发时需要下载不同版本的 JRE（Java 运行环境）或 JDK（Java 开发工具包）。Java 虚拟机往上是 Java 应用程序，Java 虚拟机屏蔽了不同软硬件平台，Java 应用程序不需要修改，不需要重新编译直接可以在其他平台上运行。

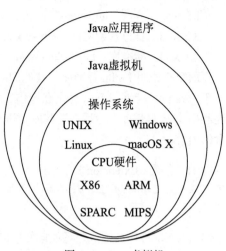

图 1-1　Java 虚拟机

1.3.2　Kotlin 应用程序运行过程

要了解 Kotlin 应用程序运行过程，则需要先了解 Java 应用的运行过程。

Java 程序运行过程如图 1-2 所示，首先由 Java 编译器将 Java 源文件（*.java 文件）编译成为字节码文件（*.class 文件），这个过程可以通过 JDK 提供的 javac 命令进行编译。当运行 Java 字节码文件时，由 Java 虚拟机中的解释器将字节码解释成为机器码去执行，这个过程可以通过 JRE 提供的 java 命令解释运行。

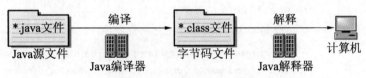

图 1-2　Java 程序运行过程

基于 Java 虚拟机的 Kotlin 应用程序运行过程类似于 Java 程序运行过程，其过程如图 1-3 所示，首先由 Kotlin 编译器将 Kotlin 源文件（*.kt 文件）编译成为字节码文件（* Kt.class 文件），注意这个过程中文件名会发生变化，会增加 Kt 后缀，例如：Hello.kt 源文件编译后为 HelloKt.class 文件。编译过程可以通过 Kotlin 编译器提供的 kotlinc 命令进行编译。当运行 Kotlin 字节码文件时，由 Java 解释器将字节码解释成为机器码去执行，这个过程也是通过 java 命令解释，但需要 Kotlin 运行时库支持才能正常运行。

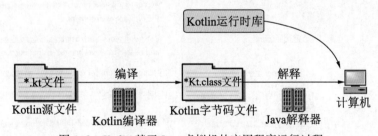

图 1-3　Kotlin 基于 Java 虚拟机的应用程序运行过程

1.4　如何获得帮助

对于一个初学者必须要熟悉如下几个 Kotlin 相关网址：

（1）Kotlin 源代码网址：https://github.com/JetBrains/kotlin。

（2）Kotlin 官网：https://kotlinlang.org/。

（3）Kotlin 官方参考文档：https://kotlinlang.org/docs/reference/。

（4）Kotlin 标准库：https://kotlinlang.org/api/latest/jvm/stdlib/index.html。

下面重点说明 Kotlin 标准库，其他的网址不再赘述。Kotlin 标准库是由 Kotlin 官方开发的，Kotlin 语言是基于 Java 的，能够与 Java 完全互操作，所以 Kotlin 可以调用 Java 对象，反之亦然。所以，Kotlin 语言尽可能利用 Java 自带库，然后在这些库上进行一些扩展（Extension）和必要的封装，这就是 Kotlin 标准库所包含的内容。

提示　扩展（Extension）是 Kotlin、C#、Swift 和 Objective-C 等语言特有的新功能，类似于继承机制，它可以在一个已有的类上扩展函数或属性，从而为该类添加新功能。有关扩展的内容后面第 11 章会详细介绍。

作为 Kotlin 程序员应该熟悉如何使用 Kotlin 标准库的 API 文档。打开 Kotlin 标准库网址 https://kotlinlang.org/api/latest/jvm/stdlib/index.html，页面如图 1–4 所示。

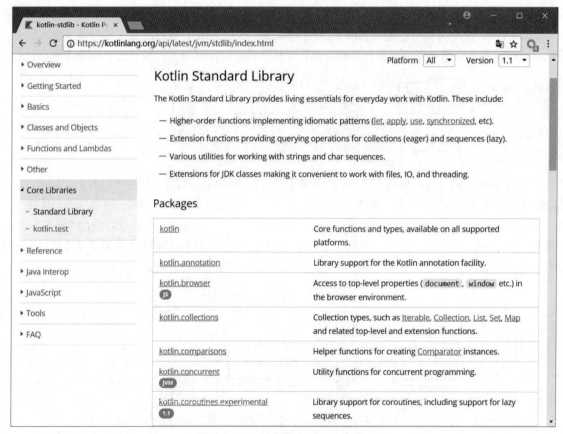

图 1–4　Kotlin 标准库的 API 文档

下面介绍如何使用 API 文档，先熟悉 API 文档页面中的各部分含义。图 1–5 所示的 Array 类 API 文档中可见类中包含构造函数、函数和扩展函数，此外，还包含属性和从父类继承下来的函数和属性等内容。接口与类 API 的类似，这里不再赘述。

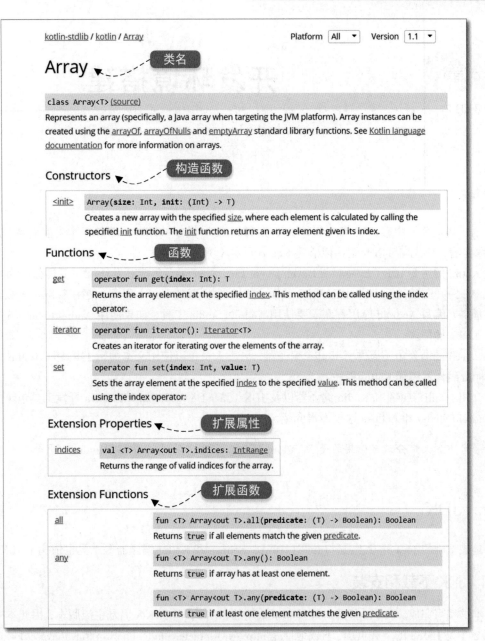

图 1-5　API 文档页面各个部分

第 2 章

开发环境搭建

　　《论语·魏灵公》中有:"工欲善其事,必先利其器。"做好一件事,准备工作非常重要。在开始学习 Kotlin 技术之前,首先向读者介绍如何搭建 Kotlin 开发环境。

　　开发 Kotlin 的主要 IDE(Integrated Development Environments,集成开发环境)工具有:IntelliJ IDEA、Eclipse 和 Android Studio。IntelliJ IDEA 和 Eclipse 可以编写一般的 Kotlin 程序,使用 Eclipse 开发 Kotlin 程序需要安装插件。编写 Android 应用程序需要使用 Android Studio 工具,如果使用 Android Studio 3 之前的版本需要安装 Kotlin 插件。

　　另外,JetBrains 公司还提供了 Kotlin 编译器,开发人员可以使用文本编辑工具编写 Kotlin 程序,然后再使用 Kotlin 编译器编译 Kotlin 程序。

　　本章介绍 IntelliJ IDEA 和 Kotlin 编译器以及 JDK(Java Development Kit,Java 开发工具包)的安装和配置。而 Android Studio 和 Eclipse 这里不再介绍。

　　提示　考虑到大部分读者使用的是 Windows 系统,因此本书重点介绍 Windows 平台下 Kotlin 开发环境的搭建。

2.1　JDK

　　JDK 是最基础的 Java 开发工具,IntelliJ IDEA、Eclipse 和 Kotlin 编译器等工具也依赖于 JDK。

2.1.1　JDK 下载和安装

　　截至本书编写完成,Oracle 公司对外发布了最新的 JDK 9,但 JDK 8 仍是主流版本,因此本书推荐使用 JDK 8。图 2-1 是 JDK 8 的下载页面,下载地址是 http://www.oracle.com/technetwork/java/javase/downloads/jdk8-downloads-2133151.html。其中有很多版本,支持的操作系统有 Linux、macOS[①]、Solaris[②]和 Windows。注意选择对应的操作系统以及 32 位还是 64 位的安装文件。

　　如果读者的计算机是 Windows 10 的 64 位系统,则首先选中 Accept License Agreement(同意许可协议),然后单击 jdk-8u151-windows-x64.exe 下载 JDK 文件。

---

① 苹果桌面操作系统,基于 UNIX 操作系统,现在改名为 macOS。
② 原 Sun 公司 UNIX 操作系统,现在被 Oracle 公司收购。

图 2-1 JDK 8 下载页面

　　下载完成后，双击 jdk-8u151-windows-x64.exe 文件就可以安装了，安装过程中会弹出如图 2-2 所示的安装内容选择对话框，其中"开发工具"是 JDK 内容；"源代码"是安装 Java SE 源代码文件，如果安装源代码，安装完成后会出现如图 2-3 所示的 src.zip 文件，就是源代码文件；"公共 JRE"就是 Java 运行环境，这里可以不安装，因为 JDK 文件夹中也会有一个 JRE（见图 2-3 中的 jre 文件夹）。

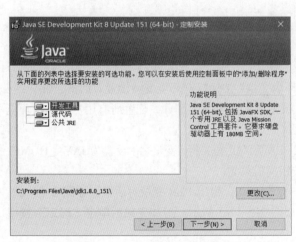

图 2-2 安装内容选择对话框

图 2-3 JDK 安装后的内容

2.1.2　设置环境变量

安装完成之后，需要设置环境变量，主要包括：

（1）JAVA_HOME 环境变量，指向 JDK 目录，很多 Java 工具运行都需要 JAVA_HOME 环境变量，所以笔者推荐添加这个变量。

（2）将 JDK\bin 目录添加到 Path 环境变量中，这样在任何路径下都可以执行 JDK 提供的工具指令。

首先需要打开 Windows 系统环境变量设置对话框。打开该对话框有很多方式，如果是 Windows 10 系统，则打开步骤是：右击屏幕左下角的 Windows 图标█，单击"系统"菜单，然后弹出如图 2-4 所示的 Windows 系统对话框，单击左边的"高级系统设置"超链接，打开如图 2-5 所示的高级系统设置对话框。

图 2-4　Windows 系统对话框

在如图 2-5 所示的高级系统设置对话框中，单击"环境变量"按钮打开环境变量设置对话框，如图 2-6 所示，可以在用户变量（上半部分，只配置当前用户）或系统变量（下半部分，配置所有用户）添加环境变量。一般情况下，在用户变量中设置环境变量。

在用户变量部分单击"新建"按钮，系统弹出如图 2-7 所示对话框。将"变量名"设置为 JAVA_HOME，"变量值"设置为 JDK 安装路径。最后单击"确定"按钮完成设置。

然后追加 Path 环境变量，在用户变量中找到 Path，双击 Path，弹出 Path 变量对话框，如图 2-8（a）所示。单击"新建"按钮，追加%JAVA_HOME%\bin，如图 2-8（b）所示。追加完成后单击"确定"按钮完成设置。

下面测试环境设置是否成功，可以通过在命令提示行中输入 javac 指令，看是否能够找到该指令，如出现图 2-9 则说明环境设置成功。

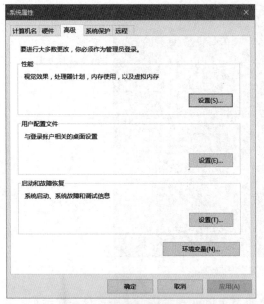

图 2-5　高级系统设置对话框

图 2-6　环境变量设置对话框

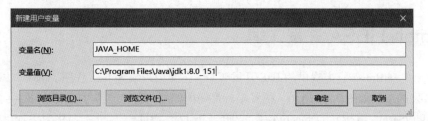

图 2-7　设置 JAVA_HOME

（a）

（b）

图 2-8　追加 Path 变量对话框

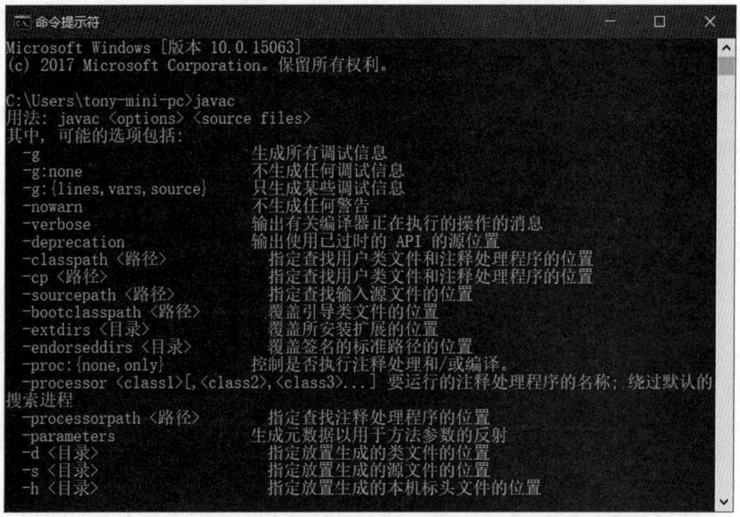

图 2-9　通过命令提示行测试环境变量

提示　打开命令行工具，也可以通过右击屏幕左下角的 Windows 图标▦，单击"命令提示符"菜单实现。

2.2　IntelliJ IDEA 开发工具

IntelliJ IDEA 是 JetBrains 官方提供的 IDE 开发工具，主要用来编写 Java 程序，也可以编写 Kotlin 程序。JetBrains 公司开发的工具如图 2-10 所示，很多工具都好评如潮，这些工具可以编写 C/C++、C#、DSL、Go、Groovy、Java、JavaScript、Kotlin、Objective-C、PHP、Python、Ruby、Scala、SQL 和 Swift 语言。

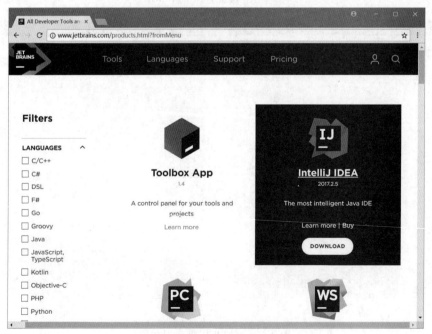

图 2-10　JetBrains 公司开发的工具

　　IntelliJ IDEA 下载地址是 https://www.jetbrains.com/idea/download/，由图 2-11 可见，IntelliJ IDEA 有两个版本：Ultimate（旗舰版）和 Community（社区版）。旗舰版是收费的，可以免费试用 30 天，如果超过 30 天，则需要购买软件许可(License key)。社区版是完全免费的，社区版对于学习 Kotlin 语言已经足够了。在图 2-11 页面下载 IntelliJ IDEA 工具，完成之后即可安装。

图 2-11　下载 IntelliJ IDEA

2.3　Kotlin 编译器

　　IDE 开发工具提供了强大开发功能，提供了语法提示功能，但对于学习 Kotlin 的学员而言，语法提示并不是件好事，笔者建议初学者采用"文本编辑工具+Kotlin 编译器"学习。开发过程使用文本编辑工具编写 Kotlin 源程序，然后使用 Kotlin 编译器提供的 kotlinc 指令编译 Kotlin 源程序，再使用 Kotlin 编译器提供的 kotlin 指令运行。

2.3.1　下载 Kotlin 编译器

　　截至本书编写完成为止，Kotlin 最新版本是 1.4.30，Kotlin 发布网址是 https://github.com/JetBrains/kotlin/releases/tag/v1.1.51，打开该网址看到如图 2-12 所示页面，其中 kotlin-compiler-1.4.30-RC.zip 可以下载 Kotlin 编译器。另外，对于 Source code (zip)和 Source code (tar.gz)，感兴趣的读者可以下载。

　　在图 2-12 页面中单击 kotlin-compiler-1.1.51.zip 超链接下载 Kotlin 编译器压缩文件，下载完成之后解压该文件，其中 kotlinc\bin 文件夹存放了各种平台的 kotlin 和 kotlinc 指令。

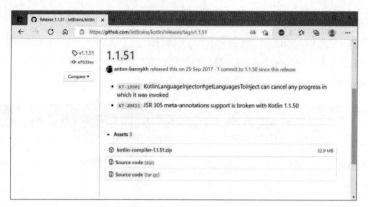

图 2-12　下载 Kotlin 页面

2.3.2　设置 Kotlin 编译器环境变量

设置 Kotlin 编译器环境变量与 JDK 设置环境变量类似。需要设置环境变量，主要包括：

（1）KOTLIN_HOME 环境变量，指向 Kotlin 编译器目录。

（2）将 Kotlin 编译器下的 bin 目录添加到 Path 环境变量中，这样在任何路径下都可以执行 Kotlin 编译器提供的工具指令。

首先参考 2.1.2 节添加 JAVA_HOME 变量的过程添加 KOTLIN_HOME 变量，如图 2-13 所示，设置"变量名"设置为 KOTLIN_HOME，"变量值"设置为 Kotlin 编译器解压路径。然后参考 2.1.2 节将 Kotlin 编译器下的 bin 目录追加到 Path 环境变量，如图 2-14 所示追加%KOTLIN_HOME%\bin。

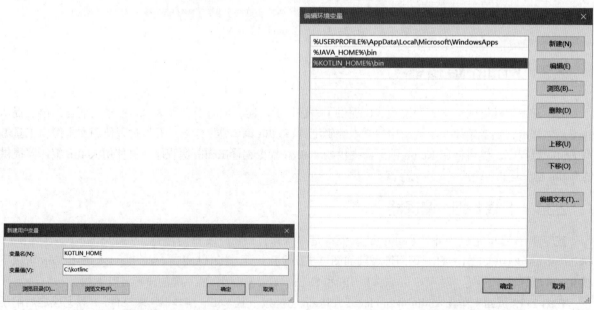

图 2-13　设置 KOTLIN_HOME　　　　　　　图 2-14　追加 Path 变量对话框

下面测试环境设置是否成功，可以通过在命令提示行中输入 kotlinc –version 或 kotlin –version 指令，如果出现如图 2-15 所示内容，则说明环境设置成功。

图 2-15　通过命令提示行测试环境变量

2.4　文本编辑工具

Windows 平台下的文本编辑工具有很多，常用如下：

（1）记事本：Windows 平台自带的文本编辑工具，关键字不能高亮显示。

（2）UltraEdit：历史悠久的强大的文本编辑工具，可支持文本列模式等很多有用的功能，官网为 www.ultraedit.com。

（3）EditPlus：历史悠久的强大的文本编辑工具，小巧、轻便、灵活，官网为 www.editplus.com。

（4）Sublime Text：近年来发展和壮大的文本编辑工具，所有的设置没有图形界面，在 JSON①格式的文件中进行，初学者入门比较难，官网为 www.sublimetext.com。各个平台都有 Sublime Text 版本。

由于目前开源社区为 Sublime Text 提供了一些扩展功能，而且各个平台都有 Sublime Text 版本，因此本书重点介绍 Sublime Text。

下面介绍在 Sublime Text 中安装 Kotlin 语言包，安装 Kotlin 语言包后，Kotlin 关键字等内容会高亮显示。GitHub 上有开发人员提供了一个针对 Sublime Text 2 的 Kotlin 语言包（网址为 https://github.com/vkostyukov/kotlin-sublime-package），这个语言包也适用于 Sublime Text 3。

打开上述 Github 网址，找到下载和安装说明，如图 2-16 所示，笔者推荐下载 Kotlin.sublime-package，这种包文件安装方便。

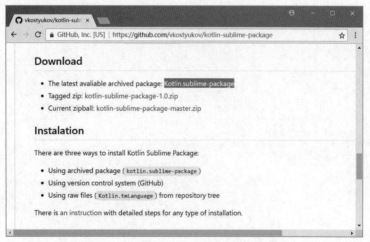

图 2-16　Kotlin 语言包下载和安装说明

---

① JSON(JavaScript Object Notation, JS 对象标记) 是一种轻量级的数据交换格式，采用键值对形式，如：{"firstName": "John"}。

在如图 2-16 所示的页面中单击 Kotlin.sublime-package 超链接下载该文件，下载完成后将 Kotlin.sublime-package 文件复制到<Sublime Text 安装目录>\Data\Installed Packages 中，然后重启 Sublime Text，打开 Kotlin 源文件，会看到如图 2-17 所示界面中 Kotlin 的关键字等内容会高亮显示。

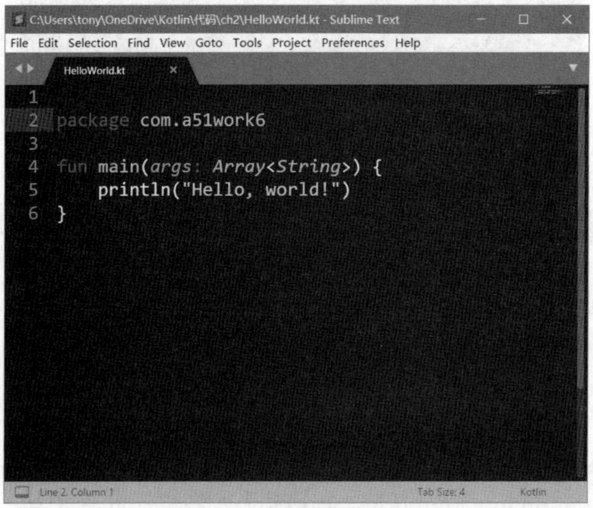

图 2-17　安装 Kotlin 语言包

本章小结

通过对本章的学习，读者可以了解 Kotlin 开发工具，其中重点是 IntelliJ IDEA 工具的下载、安装和使用。此外，还介绍了其他的一些工具，如 Kotlin 编译器+Sublime Text 文本编辑工具的配置过程。

第 3 章

第一个 Kotlin 程序

本章以 HelloWorld 示例作为切入点，介绍如何编写和运行 Kotlin 程序代码。首先需要将 Kotlin 源代码文件编译为字节码文件然后运行。使用 IntelliJ IDEA IDE 工具可以帮助读者编译和运行 Kotlin 源文件。

3.1 使用 IntelliJ IDEA 实现

在使用 IntelliJ IDEA IDE 工具管理和运行 Kotlin 程序时，首先需要使用 IntelliJ IDEA 创建 Kotlin 项目。

3.1.1 创建项目

在 IntelliJ IDEA 中通过项目（Project）管理 Kotlin 源代码文件，需要先创建一个 Kotlin 项目，然后在项目中创建一个 Kotlin 源代码文件。

IntelliJ IDEA 创建项目的步骤是：打开 IntelliJ IDEA 的欢迎界面（见图 3-1），单击"+New Project"按钮打开如图 3-2 所示的对话框。一般第一次启动就可以看到这个界面，如果没有，也可以通过选择菜单 File→New→Project 命令来打开。另外还可以单击 Customize 按钮进行用户使用偏好的设置。

图 3-1　IntelliJ IDEA 欢迎界面

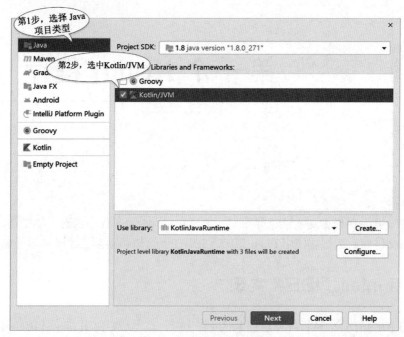

图 3-2　选择项目类型对话框

由于要编写的 HelloWorld 程序属于基于 Java 虚拟机的 Kotlin 项目，因此需要创建 Kotlin/JVM 类型项目，在图 3-2 中选择 Java 项目类型中 Kotlin/JVM 类型项目。然后单击 Next 按钮进入如图 3-3 所示对话框。在 Project name 中输入项目名，在 Project location 中选择保存项目的路径，单击 Finish 按钮创建项目，项目创建完成如图 3-4 所示。其中 src 文件夹是源代码存放的位置。

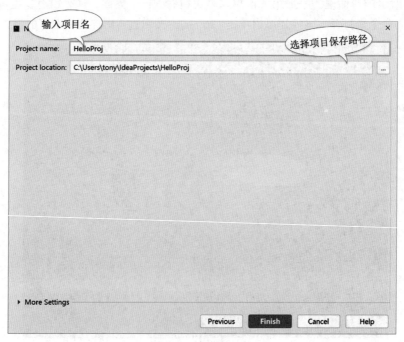

图 3-3　输入项目名

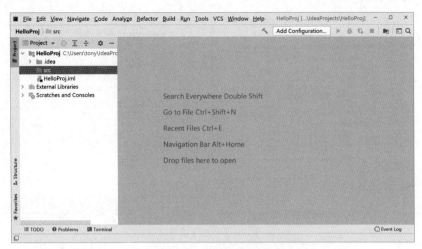

图 3-4　项目创建完成

3.1.2　编写代码

项目创建完成后，需要创建一个 Kotlin 源代码文件执行控制台输出操作。选择刚刚创建的项目，选中 src 文件夹，然后选择菜单 File →New→Kotlin File/Class 命令，打开新建 Kotlin 文件或类对话框，如图 3-5 所示在对话框的 Name 文本框中输入文件名称 HelloWorld，然后选择 File 即可创建 HelloWorld.kt 代码文件。

图 3-5　新建 Kotlin 文件或类

新创建的 HelloWorld.kt 文件没有任何代码,开发人员需要编写如下代码：

```kotlin
fun main() {
    println("世界, 你好! ")
}
```

要想让 Kotlin 源代码文件能够运行起来，需要有 main 函数。main 函数是程序的入口，它与 C++语言中的 main 函数类似，都不属于任何类，称为顶层函数（top-level function）。但是与 Java 不同，Java 中程序的入口也是 main 函数，但 Java 中所有的函数都必须在某个类中定义，main 函数也不例外。

3.1.3　运行程序

程序编写完成，可以运行了。如果是第一次运行，则需要在左边的项目文件管理窗口中选择 HelloWorld.kt 文件，右击，从菜单中选择 Run 'MainKt'运行，运行结果如图 3-6 所示，控制台窗口输出字符串"世界，你好!"。

注意　如果已经运行过一次，也可直接单击工具栏中的 Run ▶按钮，或选择菜单 Run→Run 'HelloWorldKt'命令，或使用快捷键 Ctrl+F10，就可以运行上次的程序了。第一次运行 Kotlin 项目会比较慢，这是因为它需要下载 Kotlin 运行环境。另外，如果输出窗口有中文乱码，如图 3-7 所示，可以设置 IntelliJ IDEA 虚拟机参数解决该问题，具体步骤是在 IntelliJ IDEA 中通过菜单 Help→Edit Custom VM Options 命令打开如图 3-8 所示的虚拟机参数编辑窗口，并在最后一行追加-Dfile.encoding=UTF-8 设置，然后重启 IDE 工具即可。

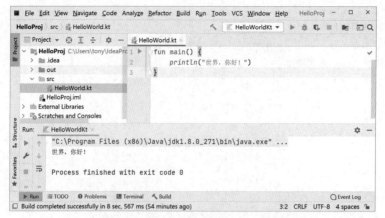

图 3-6　运行结果

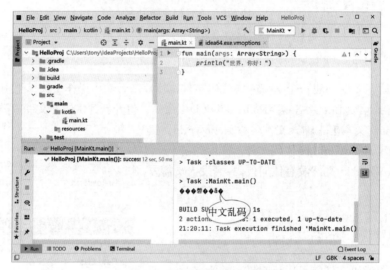

图 3-7　输出结果中文乱码

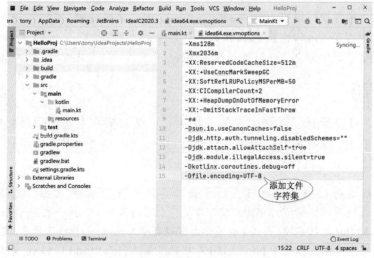

图 3-8　虚拟机参数编辑窗口

3.2　文本编辑工具+Kotlin 编译器实现

如果不想使用 IDE 工具（笔者建议初学者通过这种方式学习 Kotlin），那么文本编辑工具与 Kotlin 编译器对于初学者而言是一个不错的选择，这种方式可以使初学者了解到 Kotlin 程序的编译和运行过程，通过在编辑器中输入所有代码，可以帮助读者熟悉常用函数和类并快速掌握 Kotlin 语法。

3.2.1　编写代码

首先使用任意文本编辑工具创建一个文件，然后将文件保存为 HelloWorld.kt。接着在 HelloWorld.kt 文件中编写如下代码：

```
fun main() {
    println("世界, 你好! ")
}
```

3.2.2　编译程序

编译程序需要在命令行中使用 Kotlin 编译器的 kotlinc 指令编写，打开命令行，进入源文件所在的目录，然后执行如下指令：

```
kotlinc HelloWorld.kt
```

如果没有错误提示，但有一个警告，不过也是编译成功的。编译成功后会在当前目录下生成 HelloWorldKt.class 字节码文件，如图 3-9 所示。首先由 Kotlin 编译器将 Kotlin 源文件（*.kt 文件）编译成字节码文件（* Kt.class 文件），注意这个过程中文件名会发生变化，会增加 Kt 后缀，例如 Hello.kt 源文件编译后为 HelloKt.class 文件。编译过程可以通过 Kotlin 编译器提供的 kotlinc 命令进行编译。当运行 Kotlin 字节码文件时，由 Java 解释器将字节码解释成为机器码去执行，这个过程也是通过 java 命令解释，但需要 Kotlin 运行时库支持才能正常运行。

图 3-9　编译源文件

3.2.3　运行程序

Kotlin 字节码文件最简单的运行方式是使用 Kotlin 编译器提供的 kotlin 命令，指令如下：

```
kotlin HelloWorldKt
```

运行过程如图 3-10 所示。注意 HelloWorldKt 是编译后的字节码文件，它与源文件比较，文件名发生了变化！

图 3-10　kotlin 命令运行字节码文件

3.3　代码解释和说明

至此只是介绍了如何编写、编译和运行 HelloWorld 程序，还没有对如下的 HelloWorld 代码进行解释。

```
fun main() {                                    ①
    println("Hello, world!")                    ②
}
```

从代码中可见，Kotlin 实现 HelloWorld 示例的方式比 Java、C 和 C++等语言要简单得多，下面详细解释代码。

代码第①行的 fun 关键字是声明一个函数，代码第②行是 println 函数，作用是在控制台输出字符串，并且后面跟有一个换行符。类似还有 print 函数，该函数后面没有换行符。

给 Java 程序员的提示　Kotlin 中有一些函数不属于任何类，这些函数是顶层函数。上述示例中 println 函数对应 Java 中 System.out.println 函数，print 函数对应 Java 中 System.out.print 函数。

本章小结

本章通过一个 HelloWorld 示例，介绍如何使用 IntelliJ IDEA 工具实现 HelloWorld 示例的具体过程。此外，还介绍了其他的一些工具，如文本编辑器+Kotlin 编译器实现编写、编译和运行程序的过程。

第 4 章

Kotlin 语法基础

本章主要为大家介绍 Kotlin 的一些语法，其中包括标识符、关键字、常量、变量、表达式、语句、注释和包等内容。

4.1 标识符和关键字

任何一种计算机语言都离不开标识符和关键字，因此下面将详细介绍 Kotlin 标识符和关键字。

4.1.1 标识符

标识符就是变量、常量、函数、属性、类、接口和扩展等由程序员指定的名字。构成标识符的字符均有一定的规范，Kotlin 语言中标识符的命名规则如下：

（1）区分大小写，Myname 与 myname 是两个不同的标识符。

（2）首字符，可以是下画线（_）或字母，但不能是数字。

（3）除首字符外的其他字符，可以是下画线（_）、字母和数字。

（4）硬关键字（Hard Keywords）不能作为标识符，软关键字（Soft Keywords）、修饰符关键字（Modifier Keywords）在它们的适用场景之外可以作为标识符使用。

（5）特定标识符 field 和 it。在 Kotlin 语言中有两个由编译器定义的特定标识符，它们只能在特定场景中使用，有特定的作用，而在其他的场景中可以作为标识符使用。

提示　field 标识符用于属性访问器中，访问属性支持字段；it 标识符用于 Lambda 表达式中，在省略参数列表时作为隐式参数，即不需要声明就可以使用的参数。

例如，身高、identifier、userName、User_Name、_sys_val 等为合法的标识符，注意中文"身高"命名的变量是合法的；而 2mail、room#、$Name 和 class 为非法的标识符，注意#是非法字符；美元符（$）不能构成标识符，这一点与 Java 不同；而 class 是硬关键字。

提示　如果一定要使用关键字作为标识符，可以在关键字前后添加反引号（`）。另外，Kotlin 语言中字母采用的是双字节 Unicode 编码[①]。Unicode 叫作统一编码制，它包含了亚洲文字编码，如中文、日文、韩文等字母。

---

① Unicode 是国际组织制定的可以容纳世界上所有文字和符号的字符编码方案。

标识符示例如下：

```
public fun main() {

    val `class` = "舞蹈学习班"        //class 是硬关键字，前后添加反引号（`），可以用于声明标识符
    val `π` = 3.14159              //Unicode 编码，可以用于声明标识符
    var 您好 = "世界"               //Unicode 编码，可以用于声明标识符
    var public = "共有的"           //public 是修饰符关键字，可以用于声明变量标识符
    println(`class`)
    println(π)

    val it = 100                                              //it 是普通标识符              ①
    val ary = arrayListOf<String>("A", "B", "C")  //创建一个数组
    ary.forEach { println(it) }                             //it 特定标识符                ②
}
```

其中，class 是关键字，事实上反引号（`）不是标识符的一部分，它也可以用于其他标识符，如 π 和 `π`是等价的。代码第①行和第②行都使用 it 标识符，代码第①行的 it 标识符是普通标识符，是由程序员定义的，而代码第②行的 it 标识符是由编译器定义的，forEach { println(it) }中的{ println(it) }是一个 Lambda 表达式，it 参数引用数组中元素。

4.1.2 关键字

关键字是类似于标识符的保留字符序列，是由语言本身定义好的，Kotlin 语言中有 70 多个关键字，由英文字母（全部是小写）以及!和?等字符构成。分为 3 个大类：

（1）硬关键字（Hard Keywords）。硬关键字在任何情况下都不能作为关键字，具体包括如下关键字。

as、as?、break、class、continue、do、else、false、for、fun、if、in、!in、interface、is、!is、null、object、package、return、super、this、throw、true、try、typealias、val、var、when 和 while。

（2）软关键字（Soft Keywords）。软关键字是在它适用场景中不能作为标识符，而在其他场景中可以作为标识符，具体包括如下关键字：

by、catch、constructor、delegate、dynamic、field、file、finally、get、import、init、param、property、receiver、set、setparam 和 where。

（3）修饰符关键字（Modifier Keywords）。修饰符关键字是一种特殊的软关键字，它们用来修饰函数、类、接口、参数和属性等内容，在此场景中不能作为标识符。而在其他场景中可以作为标识符，具体包括如下关键字。

abstract、annotation、companion、const、crossinline、data、enum、external、final、infix、inner、internal、lateinit、noinline、open、operator、out、override、private、protected、public、reified、sealed、suspend、tailrec 和 vararg。

4.2 常量和变量

第 3 章中介绍了如何编写一个 Kotlin 小程序，其中就用到了变量。常量和变量是构成表达式的重要组成部分。

4.2.1　变量

在 Kotlin 中声明变量，就是在标识符的前面加上关键字 var，示例代码如下：

```
var _Hello = "HelloWorld"                          //声明顶层变量          ①

public fun main() {
    _Hello = "Hello, World"
    var scoreForStudent: Float = 0.0f                                    ②
    var y = 20                                                           ③
    y = true                                       //编译错误            ④
}
```

代码第①行、第②行和第③行分别声明了三个变量。第①行是声明顶层变量。代码第②行在声明变量的同时指定数据类型是 Float。代码第③行声明变量时，没有指定数据类型，Kotlin 编译器会根据上下文环境自动推导出变量的数据类型，例如变量 y 由于被赋值为 20，20 默认是 Int 类型，所以 y 变量被推导为 Int 类型，所以试图给 y 赋值 true（布尔值）时，会发生编译错误，见第④行代码。

4.2.2　常量和只读变量

常量和只读变量一旦初始化后就不能再被修改。在 Kotlin 中，声明常量是在标识符的前面加上 val 或 const val 关键字，它们的区别如下：

（1）val 声明的是运行期常量，常量是在运行时初始化的；

（2）const val 声明的是编译期常量，常量是在编译时初始化的，只能用于顶层常量声明或声明对象中的常量声明，而且只能是 String 类型或基本数据类型（整数类型、浮点类型等）。

给 Java 程序员的提示　*编译期常量（const val）相当于 Java 中 public final static 所修饰的常量，而运行期常量（val）相当于 Java 中 final 所修饰的常量。*

示例代码如下：

```
const val MAX_COUNT = 1000                          //声明顶层常量          ①

const val _Hello1 = "Hello, world"                 //声明顶层常量          ②
const val _Hello2 = StringBuilder("HelloWorld")    //编译错误            ③

//声明对象
object UserDAO {
    const val MAX_COUNT = 100                       //声明对象中的声明常量    ④
}

public fun main() {
    _Hello1 = "Hello, World"                        //编译错误            ⑤
    val scoreForStudent: Float = 0.0f                                   ⑥
    val y = 20                                                          ⑦
    y = 30                                          //编译错误            ⑧
    const val x = 10                                //编译错误            ⑨
}
```

代码第①行和第②行分别声明了两个顶层常量，它们都是运行期常量。代码第③行也试图声明 StringBuilder 类型的运行期顶层常量，但是这里会发生编译错误，因为运行期顶层常量只能是 String 类型或基本数据类型。代码第④行是在对象中声明常量，object UserDAO{}是对象声明，有关对象声明将在后面的 10.10 节详细介绍，这里不再赘述。代码第⑨行试图在函数中调用运行期常量，会发生编译错误，因为运行期常量用于顶层常量或对象中常量声明。

代码第⑤行和第⑧行会发生编译错误，因为这里试图修改_Hello1 常量值。代码第⑥行和第⑦行是声明运行期常量。当然，运行期常量也可以声明为顶层的。

约定　常量其实就是只读变量，编译期常量是更为彻底的常量，一旦编译结束后就不能再修改了。而运行期常量还可以根据程序的运行情况初始化。为了描述方便，本书将运行期常量称为"只读变量"。默认所说的常量是编译期常量。

4.2.3　使用 var 还是 val

在开发过程中，有时无论选择 var 还是 val 声明都能满足需求，那么选择哪一个更好呢？例如：可以将 count 变量声明为 var 或 val。

```
let count = 3.14159
var count = 3.14159
```

原则　如果在两种方式都能满足需求的情况下，原则上优先考虑使用 val 声明。因为一方面 val 声明的变量是只读，一旦初始化后就不能修改，这可以避免程序运行过程中错误地修改变量内容；另一方面在声明引用类型使用 val 时，对象的引用不会被修改，但是引用内容可以修改，这样会更加安全，也符合函数式编程的技术要求。

val 声明的引用类型示例代码如下：

```
class Person(val name: String, val age: Int)                              ①

public fun main() {

    val p1 = Person("Tony", 18)                                          ②

    println(p1.name)
    println(p1.age)

    //p1 = Person("Tom", 20)            //编译错误                         ③
}
```

上述代码第①行定义了一个 Person 类，代码第②行是实例化 Person 类，实例化 p1 声明为 val 类型，不能改变 p1 的引用，代码第③行试图改变 p1 的引用，会有编译错误，但是如果 p1 被声明为 var 的，则代码第③行可以编译通过。

4.3　注释

Kotlin 程序有 2 类注释：单行注释（//）、多行注释（/*...*/）。注释方法与 Java 语言类似，下面介绍单行注释和多行注释。

4.3.1　单行注释

单行注释可以注释整行或者一行中的一部分，一般不用于连续多行的注释文本；当然，它也可以用来注释连续多行的代码段。以下是两种注释风格的例子：

```
if (x > 1) {
//注释 1
} else {
//注释 2
}

// if (x > 1) {
//    //注释 1
// } else {
//    //注释 2
// }
```

提示　在 IntelliJ IDEA 中对连续多行的注释文本可以使用快捷键：选择多行然后按住快捷键"Ctrl+/"进行注释。去掉注释也是按住快捷键"Ctrl+/"。

4.3.2　多行注释

多行注释用于注释连续多行的注释文本；它也可以用来注释连续多行的代码段。以下是两种注释风格的例子：

```
if (x > 1) {
    /* 注释 1*/
} else {
    /* 注释 2*/
}

/*
if (x > 1) {

} else {

}
*/

/*
if (x > 1) {
/* 注释 1*/                                              ①
} else {
/* 注释 2*/                                              ②
}
*/
```

Kotlin 块注释可以嵌套，见代码第①行和第②行实现了块注释嵌套。

提示 在 IntelliJ IDEA 中添加块注释的快捷键是 "Ctrl+Shift+/"，相反去掉块注释也是按住快捷键 "Ctrl+Shift+/"。

在程序代码中，对容易引起误解的代码进行注释是必要的，但应避免对已清晰表达信息的代码进行注释。需要注意的是，频繁的注释有时反映了代码质量低。当觉得被迫要加注释的时候，不妨考虑一下重写代码使其更清晰。

4.4　语句与表达式

Kotlin 代码由关键字、标识符、语句和表达式等内容构成，语句和表达式是代码的重要组成部分。

4.4.1　语句

语句关注代码的执行过程，如 for、while 和 do-while 语句等。在 Kotlin 语言中，一条语句结束后可以不加分号，也可以加分号，但是有一种情况必须加分号，那就是多条语句写在一行的时候，需要通过分号来区别语句。

```
var a1: Int = 10; var a2: Int = 20;
```

4.4.2　表达式

表达式一般位于赋值符（=）的右边，并且会返回明确的结果。下列代码中 10 和 20 是最简单形式的表达式。

```
var a1 = 10
val a2 = 20
```

又例如：

```
var a1: Int = 10
val a2: Int = 20
```

在上述代码中在变量标识符后面 "冒号+数据类型" 是为变量或常量指定数据类型，本例中是指定 a1 和 a2 为 Int 类型。

提示 原则上在声明变量或常量时不指定数据类型，因为这样可使代码变得简洁，但有时需要指定特殊的数据类型，例如 var a3: Long = 10。另外，语句结束后的分号（;）不是必须情况下不要加。

为了使代码更加简洁，Kotlin 将 Java 中一些语句进行简化，使之成为一种表达式，这些表达式包括：控制结构表达式、try 表达式、表达式函数体和对象表达式。示例代码如下：

```
public fun main() {

    val englishScore = 95
    val chineseScore = 98

    //if 控制结构表达式
    val result = if (englishScore < 60) "不及格" else "及格"          ①
    println(result)
```

```
val totalScore = sum(englishScore, chineseScore)              ②
println(totalScore)

//try 表达式
val score = try {                                             ③
    //TODO
} catch (e: Exception) {
    return
}
}

fun sum(a: Int, b: Int): Int = a + b          //表达式函数体      ④
```

上述代码第①行赋值使用了 if 控制结构表达式，在 Kotlin 中除了 for、do 和 do-while 等控制结构是语句外，大多数控制结构都是表达式，如 when 等。

代码第②行是调用代码第④行声明的 sum 函数，在 sum 函数中的函数体（即 a + b 表达式）没有放到一对大括号中，而是直接赋值给函数，这就是"表达式函数体"，表达式函数体将会在 9.4 节详细介绍。

代码第③行是调用 try 表达式，try 是用来捕获异常的，有关使用 try 表达式的具体细节会在 17.3.2 节详细介绍。

4.5　包

在程序代码中给类或函数起一个名字是非常重要的，但是有时候会出现非常尴尬的事情，名字会发生冲突，例如项目中自定义了一个日期类，取名为 Date，但是读者可能会发现 Kotlin 核心库中还有多个 Date，位于 java.util 包和 java.sql 包中。

4.5.1　包的作用

Kotlin 与 Java 一样，为了防止类、接口、枚举、注释和函数等内容命名冲突引用了包（package）概念，包本质上为命名空间（namespace）[①]。在包中可以定义一组相关的内容（类、接口、枚举、注释和函数），并为它们提供访问保护和命名空间管理。

前面提到的 Date 类名称冲突问题是很好解决的，将不同 Date 类放到不同的包中，自定义 Date 类可以放到自己定义的 com.zhijieketang 包中，这样就不会与 java.util 包和 java.sql 包中的 Date 发生冲突了。

4.5.2　包的定义

Kotlin 中使用 package 语句定义包，package 语句应该放在源文件的第一行，在每个源文件中只能有一个包定义语句。定义包的语法格式如下：

```
package pkg1[.pkg2[.pkg3…]]
```

pkg1~ pkg3 都是组成包名的一部分，之间用点（.）连接，它们的命名应该是合法的标识符，应该遵守

---

① 命名空间，也称名字空间、名称空间等，它表示一个标识符（identifier）的可见范围。一个标识符可在多个命名空间中定义，它在不同命名空间中的含义是互不相干的。在一个新的命名空间中可定义任何标识符，它们不会与任何已有的标识符发生冲突，因为已有的定义都处于其他命名空间中。

Kotlin 包命名规范，即全部用小写字母。

定义包示例代码如下：

```
//代码文件：/com/zhijieketang/Date.kt
package com.zhijieketang

//定义 Date 类
class Date {

    override fun toString(): String {
        return "公元 2028 年 8 月 8 日 8 时 8 分 8 秒"
    }
}
//定义函数
fun add(a: Int, b: Int): Int = a + b                    //表达式函数体
```

com.zhijieketang 是自定义的包名，包名一般是公司域名的倒置。如果在源文件中没有定义包，那么文件中定义的类、接口、枚举、注释和函数等内容将会被放进一个无名的包中，也称为默认包。定义好包后，包采用层次结构管理这些内容，如图 4-1 所示是在 IntelliJ IDEA 文件视图中查看包，图上有默认包和 com.zhijieketang 包。

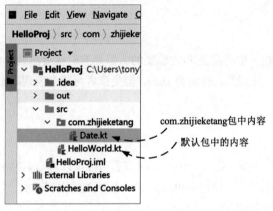

图 4-1　IntelliJ IDEA 文件视图中查看包

4.5.3　包的引入

为了能够使用一个包中内容（类、接口、枚举、注释和函数），需要在 Kotlin 程序中明确引入该包。使用 import 语句引入包，import 语句应位于 package 语句之后，所有类的声明之前，可以有 0~n 条 import 语句，其语法格式为：

```
import package1[.package2...].(内容名|*)
```

"包名.内容名"的形式只引入具体特定内容名，"包名.*"采用通配符，表示引入这个包下所有的内容。但从编程规范的角度，提倡明确引入特定内容名，即"包名.内容名"形式可以提高程序的可读性。

如果需要在程序代码中使用 com.zhijieketang 包中 Date 类。示例代码如下：

```
import com.zhijieketang.Date                //引入该包下 Date 类          ①
import com.zhijieketang.add                 //引入该包下 add 函数         ②
```

```
//import com.zhijieketang.*              //引入该包下所有内容              ③
//import java.util.Date                  //引入该包下 Date 类              ④

public fun main() {

    val date = Date()                                                    ⑤
    println(date)
    val now = java.util.Date()                                           ⑥
    println(now)

    val totalScore = add(100, 97)
    println(totalScore)
}
```

上述代码第①行是引入 com.zhijieketang 中的 Date 类,代码第②行是引入 com.zhijieketang 中的 add 函数,而代码第③行是引入 com.zhijieketang 中的所有内容, 它可以替代上面的两条 import 语句。

提示　代码第⑤行和第⑥行中的 Date 类来自于不同的包,如果这两个包都引入,见代码第①行和第④行,则会发生编译错误。为避免这个编译错误,只能明确引入一个包,另一个不能引入,当使用该包中的内容时,需要指定"全名",即"包名+内容名",见代码第⑥行中的 java.util.Date。

本章小结

本章主要介绍了 Kotlin 语言中最基本的语法,首先介绍了标识符和关键字,读者需要掌握标识符的构成,了解 Kotlin 关键字的分类。然后介绍了 Kotlin 中的变量和常量,读者需要注意 var、val 和 const val 的区别。再然后介绍了注释,注释分为单行注释和多行注释。接着介绍了语句和表达式,读者需要注意 Kotlin 中多种形式的表达式。最后介绍了包,读者需要理解包的作用,熟悉包的定义和引入。

第 5 章

数 据 类 型

数据类型在计算机语言中是非常重要的，在前面介绍变量或常量时已经用到一些数据类型，例如 Int、Double 和 String 等。本章主要介绍 Kotlin 的基本数据类型和可空类型。

5.1 回顾 Java 数据类型

Kotlin 作为依赖于 Java 虚拟机运行的语言，它的数据类型最终被编译成为 Java 数据类型，所以本节先回顾一下 Java 数据类型的基础知识。

Java 语言的数据类型分为：基本类型和引用类型。基本类型变量在计算机中保存的是数值，当被赋值或作为参数传递给函数时，基本类型数据会创建一个副本，把副本赋值或传递给函数，改变副本不会影响原始数据。引用类型在计算机中保存的是指向数据的内存地址，即引用，当被赋值或作为参数传递给函数时引用类型数据会把引用赋值或参数传递给函数。事实上无论引用了多少个副本，都是指向相同的数据，通过任何一个引用修改数据，都会导致数据的变化。

基本类型表示简单的数据，基本类型分为 4 大类，共有如下 8 种数据类型：

☐ 整数类型：byte、short、int 和 long，其中 int 是默认类型。
☐ 浮点类型：float 和 double，其中 double 是默认类型。
☐ 字符类型：char。
☐ 布尔类型：boolean。

基本数据类型如图 5-1 所示，其中整数类型、浮点类型和字符类型都属于数值类型，它们之间可以互相转换。

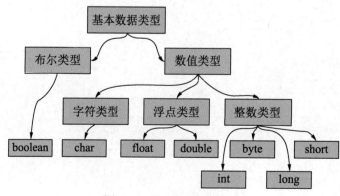

图 5-1　Java 基本数据类型

图 5-1 所示的 8 种基本数据类型不属于类，不具备"对象"的特征，没有成员变量和成员函数，不方便进行面向对象的操作。为此，Java 提供包装类（Wrapper Class）将基本数据类型包装成类，每个 Java 基本数据类型在 java.lang 包中都有一个相应的包装类，每个包装类对象封装一个基本数据类型数值。对应关系如表 5-1 所示，除 int 和 char 类型外，其他的类型对应规则就是第一个字母大写。

表 5-1　Java 基本数据类型与包装类的对应关系

基本数据类型	包 装 类
boolean	java.lang.Boolean
byte	java.lang.Byte
char	java.lang.Character
short	java.lang.Short
int	java.lang.Integer
long	java.lang.Long
float	java.lang.Float
double	java.lang.Double

5.2　Kotlin 基本数据类型

与 Java 基本数据类型相对应，Kotlin 也有如下 8 种基本数据类型：

□ 整数类型：Byte、Short、Int 和 Long，其中 Int 是默认类型。
□ 浮点类型：Float 和 Double，其中 Double 是默认类型。
□ 字符类型：Char。
□ 布尔类型：Boolean。

Kotlin 基本数据类型如图 5-2 所示，其中整数类型和浮点类型都是属于数值类型，而字符类型不再属于数值类型。

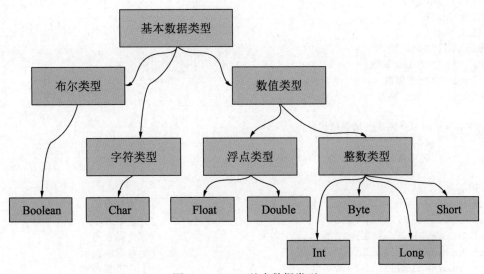

图 5-2　Kotlin 基本数据类型

　　Kotlin 的 8 个基本数据类型没有对应的包装类，Kotlin 编译器会根据不同的场景将其编译成 Java 中的基本类型数据或包装类对象。例如，Kotlin 的 Int 用来声明变量、常量、属性、函数参数类型和函数返回类型等情况时，被编译为 Java 的 int 类型；当作为集合泛型类型参数时，被编译为 Java 的 java.lang.Integer，这是因为 Java 集合中只能保存对象，不能是基本数据类型。Kotlin 编译器如此设计是因为基本类型数据能占用更少的内存，运行时效率更高。

5.2.1　整数类型

　　从图 5-2 可见 Kotlin 中整数类型包括 Byte、Short、Int 和 Long。它们之间的区别仅仅是宽度和范围的不同。

　　Kotlin 的数据类型与 Java 一样都是跨平台的（与平台无关），也就是无论计算机是 32 位的还是 64 位的，Byte 类型整数都是一字节（8 位）。这些整数类型的宽度和范围如表 5-2 所示。

表 5-2　整数类型

整 数 类 型	宽度/字节	取 值 范 围
Byte	1（8位）	−128~127
Short	2（16位）	-2^{15}~$2^{15}-1$
Int	4（32位）	-2^{31}~$2^{31}-1$
Long	8（64位）	-2^{63}~$2^{63}-1$

　　Kotlin 语言中整数类型默认是 Int 类型，例如 16 表示为 Int 类型常量，而不是 Short 或 Byte，更不是 Long，Long 类型需要在数值后面加 L，示例代码如下：

```
fun main() {
    //声明整数变量
    //输出一个默认整数常量
    println("默认整数常量 =  " + 16)                                ①
    val a: Byte = 16                                                ②
    val b: Short = 16                                               ③
    val c = 16                                                      ④
    val d = 16L                                                     ⑤
    println("Byte 整数     = $a")                                   ⑥
    println("Short 整数    = $b")
    println("Int 整数      = $c")
    println("Long 整数     = $d")                                   ⑦

    //数字常量添加下画线，增强可读性
    val e = 160_000_000L                     //表示 160000000 数字
    println("数字常量添加下画线   = $e")

    //进制表示方式
    val decimalInt = 28                      //十进制表示
    val binaryInt1 = 0b11100                 //二进制表示
    val binaryInt2 = 0B11100                 //二进制表示
    val hexadecimalInt1 = 0x1C               //十六进制表示
    val hexadecimalInt2 = 0X1C               //十六进制表示
}
```

上述代码多次用到了整数 16，但它们是有所区别的。其中代码第①行和第④行的 16 是默认整数类型，即 Int 类型常量。代码第②行的 16 是 Byte 整数类型。代码第③行的 16 是 Short 类型。代码第⑤行的 16 后加了 L，这是说明 Long 类型整数。另外，代码第⑥和第⑦行在输出字符串时在表达式或变量前使用\$。这被称为字符串模板，在运行时字符串模板会将\$后面的变量或表达式运算结果插入字符串中。

Java 程序员注意　在 Java 中表示 long 类型整数时还可以在数字后面加小写英文字母 l，由于可读性不好，容易被误认为是阿拉伯数字 1，所以在 Kotlin 中不允许这样的表示。

在 Java 和 Swift 等语言中为了增强可读性，可以在较大的数字常量中添加下画线分割数字，示例代码如下：

```
//数字常量添加下画线，增强可读性
val e = 160_000_000L                          //表示160000000数字
println("数字常量添加下画线  = " + e)
```

分割的位置一般是按照统计习惯将 3 位数字进行分割，但也不受这个限制。另外，下画线分割数字也适用于浮点数。

在使用整数变量赋值时，还可以使用二进制和十六进制表示，但不支持八进制，它们的表示方式分别如下：

（1）二进制数：以 0b 或 0B 为前缀，注意 0 是阿拉伯数字，不要误认为是英文字母 o。

（2）十六进制数：以 0x 或 0X 为前缀，注意 0 是阿拉伯数字。

例如，下面几条语句都是表示 Int 类型整数 28。

```
val decimalInt = 28                           //十进制表示
val binaryInt1 = 0b11100                       //二进制表示
val binaryInt2 = 0B11100                       //二进制表示
val hexadecimalInt1 = 0x1C                     //十六进制表示
val hexadecimalInt2 = 0X1C                     //十六进制表示
```

5.2.2　浮点类型

浮点类型主要用来存储小数数值，也可以用来存储范围较大的整数。它分为浮点数（Float）和双精度浮点数（Double）两种，双精度浮点数所使用的内存空间比浮点数多，可表示的数值范围与精确度也比较大。浮点类型说明如表 5-3 所示。

表 5-3　浮点类型

浮 点 类 型	宽度/字节
Float	4（32位）
Double	8（64位）

Kotlin 语言的浮点类型默认是 Double 类型，例如 0.0 表示 Double 类型常量，而不是 Float 类型。如果想要表示 Float 类型，则需要在数值后面加 f 或 F，示例代码如下：

```
fun main() {
    //声明浮点数
    //输出一个默认浮点常量
    println("默认浮点常量  = " + 360.66)                                       ①
```

```
val myMoney = 360.66f                                          ②
val yourMoney = 360.66                                         ③
val pi = 3.14159F                                             ④

println("Float 浮点数  =  $myMoney")
println("Double 浮点数 =  $yourMoney")
println("pi          =  $pi")

//指数表示方式
val ourMoney = 3.36e2                        //指数表示 336.0
val interestRate = 1.56E-2                   //指数表示 0.0156

}
```

上述代码第①行的 360.66 是默认浮点类型 Double。代码第②行的 360.66f 和第④行的 3.14159F 是 Float 浮点类型，Float 浮点类型常量表示时，数值后面需要加 f 或 F。代码第③行的 360.66 表示是 Double 浮点类型。

Java 程序员注意　在 Java 中表示 double 浮点数时还可以在数字后面加英文字母 d 或 D，而在 Kotlin 中不能这样表示。

进行数学计算时往往会用到指数表示的浮点数，表示指数需要用大写或小写的 e 表示幂，e2 表示 10^2。示例如下：

```
//指数表示方式
val ourMoney = 3.36e2                        //指数表示 336.0
val interestRate = 1.56E-2                   //指数表示 0.0156
```

其中 3.36e2 表示的是 3.36×10^2，1.56e–2 表示的是 1.56×10^{-2}。

5.2.3　字符类型

字符类型表示单个字符，Kotlin 语言中用 Char 声明字符类型，Kotlin 中的字符常量必须用单引号括起来，如下所示：

```
val c: Char = 'A'
```

Kotlin 字符采用双字节 Unicode 编码，占 2 字节（16 位），因而可用十六进制（无符号的）编码形式表示，它们的表现形式是\un，其中 n 为 16 位十六进制数，所以'A'字符也可以用 Unicode 编码'\u0041'表示。示例代码如下：

```
fun main() {
    val c1 = 'A'
    val c2 = '\u0041'
    val c3: Char = '花'

    println(c1)
    println(c2)
    println(c3)

}
```

上述代码变量 c1 和 c2 都是保存的'A'，所以输出结果如下：

A
A
花

在 Kotlin 中，为了表示一些特殊字符，前面要加上反斜杠（\），这称为字符转义。常见的转义符的含义参见表 5-4。

表 5-4　转义符

字 符 表 示	Unicode编码	说　　明
\t	\u0009	水平制表符tab
\n	\u000a	换行
\r	\u000d	回车
\"	\u0022	双引号
\'	\u0027	单引号
\\	\u005c	反斜线
\$	\u0024	美元符
\b	\u0008	退格

示例如下：

```
//转义符
//在 Hello 和 World 插入制表符
val specialCharTab1 = "Hello\tWorld."
//在 Hello 和 World 插入制表符，制表符采用 Unicode 编码\u0009 表示
val specialCharTab2 = "Hello\u0009World."
//在 Hello 和 World 插入换行符
val specialCharNewLine = "Hello\nWorld."
//在 Hello 和 World 插入双引号
val specialCharQuotationMark = "Hello\"World\"."
//在 Hello 和 World 插入单引号
val specialCharApostrophe = "Hello\'World\'."
//在 Hello 和 World 插入反斜杠
val specialCharReverseSolidus = "Hello\\World."
//使用退格符
val specialCharReverseBack = "Hello\bWorld."
//在 Hello 和 World 插入美元符
val specialCharReverseUSD = "Hello\$World."

println("水平制表符 tab1: $specialCharTab1")
println("水平制表符 tab2: $specialCharTab2")
println("换行: $specialCharNewLine")
println("双引号: $specialCharQuotationMark")
println("单引号: $specialCharApostrophe")
println("反斜杠: $specialCharReverseSolidus")
println("退格符: $specialCharReverseBack")
println("美元符: $specialCharReverseUSD")
```

输出结果如下：

```
水平制表符 tab1: Hello    World.
水平制表符 tab2: Hello    World.
换行: Hello
World.
双引号: Hello"World".
单引号: Hello'World'.
反斜杠: Hello\World.
退格符: HellWorld.
美元符: Hello$World.
```

5.2.4　布尔类型

在 Kotlin 语言中声明布尔类型的关键字是 Boolean，它只有两个值：true 和 false。

提示　在 C 语言中布尔类型是数值类型，它有两个取值：1 和 0。而在 Kotlin 和 Java 中的布尔类型取值不能用 1 和 0 替代，也不属于数值类型，更不能与数值类型之间进行数学计算或类型转化。

示例代码如下：

```
val isMan = true
val isWoman = false
```

如果试图给它们赋值 true 和 false 之外的常量，代码如下：

```
val isMan1: Boolean = 1
val isWoman1: Boolean = 'A'
```

则发生类型不匹配编译错误。

5.3　数值类型之间的转换

学习了前面的数据类型后，读者可能会思考一个问题，数据类型之间是否可以相互转换？数据类型的转换情况比较复杂。在基本数据类型中数值类型之间可以互相转换，但字符类型和布尔类型不能与它们之间进行转换。

本节讨论数值类型之间的互相转换，数值在进行赋值时采用的是显式转换，而在数学计算时采用的是隐式转换（自动转换）。

5.3.1　赋值与显式转换

Kotlin 是一种安全的语言，对于类型的检查非常严格，对不同类型数值进行赋值是禁止的，示例代码如下：

```
val byteNum: Byte = 16
val shortNum: Short = byteNum            //编译错误
```

上述代码试图将 Byte 数值 16 赋值给 Short 类型常量 shortNum，Kotlin 语言会发生编译错误，而在 C、Objective-C 和 Java 等其他语言中是可以编译成功的，因为这些语言中从小范围数到大范围数的转换是隐式的（自动的）。

Kotlin 中要想实现这种赋值转换，需要使用转换函数显式转换。Kotlin 的 6 种数值类型（Byte、Short、Int、Long、Float 和 Double）以及 Char 类型都有如下 7 个转换函数：

- □ toByte()：Byte。
- □ toShort()：Short。
- □ toInt()：Int。
- □ toLong()：Long。
- □ toFloat()：Float。
- □ toDouble()：Double。
- □ toChar()：Char。

通过上述 7 个转换函数可以实现 7 种类型（Byte、Short、Int、Long、Float、Double 和 Char）之间的任意转换。

注意　转换函数虽然可以实现任意转换，但是需要注意当大宽度数值转换为小宽度数值时，大宽度数值的高位被截掉，这可能会导致数据精度丢失。除非大宽度数值的高位没有数据，即这个数值比较小。

示例代码如下：

```
fun main() {

    //声明整数常量
    val byteNum: Byte = 16
    //val shortNum: Short = byteNum            //编译错误
    val shortNum: Short = byteNum.toShort()    //Byte 类型转换为 Short 类型
    var intNum = 16

    val longNum: Long = intNum.toLong()        //Int 类型转换为 Long 类型   ①
    intNum = longNum.toInt()                   //Long 类型转换为 Int 类型   ②

    val doubleNum = 10.8
    println("doubleNum.toInt : " + doubleNum.toInt())  //Double 类型转换为 Int 类型，
                                                       //结果是 10          ③

    //声明 Char 常量
    val charNum = 'A'
    println("charNum.toInt : " + charNum.toInt())      //Char 类型转换为 Int 类型，
                                                       //结果是 65          ④

    //精度丢失问题
    val llongNum = 6666666666L                                              ⑤
    println("llongNum : $llongNum")
    println("llongNum.toInt : " + llongNum.toInt())    //结果是-1923267926,精度丢失⑥

}
```

转换函数可以实现双向转换，上述代码第①行是将 Int 类型转换为 Long 类型，代码第②行是将 Long 类型转换为 Int 类型。代码第③行是将浮点数转换为整数，这种转换是将小数部分截掉。代码第④行是将

Char 类型转换为 Int 类型，Char 类型在计算机中存放了 Unicode 编码，所以转换的结果是 Unicode 编码数值，65 是 A 字符的 Unicode 编码数值。代码第⑤行的 Long 数值比较大，在代码第⑥行转换为 Int 类型时发生了精度丢失。

5.3.2　数学计算与隐式转换

多个数值类型数据可以进行数学计算，由于参与进行数学计算的数值类型可能不同，编译器会根据上下文环境进行隐式转换。计算过程中隐式转换类型的转换规则如表 5-5 所示。

表 5-5　计算过程中隐式转换类型的转换规则

操作数 1 类型	操作数 2 类型	转换后的类型
Byte	Byte	Int
Byte	Short	Int
Byte、Short	Int	Int
Byte、Short、Int	Long	Long
Byte、Short、Int、Long	Float	Float
Byte、Short、Int、Long、Float	Double	Double

示例如下：

```
fun main() {

    //声明整数常量
    val b: Byte = 16
    val s: Short = 16
    val i = 16
    val l = 16L

    //声明浮点变量
    val f = 10.8f
    val d = 10.8

    val result1 = b + b                     //结果是 Int 类型
    val result2 = b + s                     //结果是 Int 类型
    val result3 = b + s - i                 //结果是 Int 类型
    val result4 = b + s - i + l             //结果是 Long 类型

    val result5 = b * s + i + f / l         //结果是 Float 类型
    val result6 = b * s + i + f / l + d     //结果是 Double 类型

}
```

从上述代码表达式的运算结果类型，可知如表 5-5 所示的类型转换规则，这里不再赘述。

5.4 可空类型

Kotlin 语言与 Swift 语言类似，默认情况下所有的数据类型都是非空类型（Non-Null），声明的变量都是不能接收空值（null）的。这一点与 Java 和 Objective-C 等语言有很大的不同。

5.4.1 可空类型概念

Kotlin 的非空类型设计能够有效防止空指针异常（NullPointerException），空指针异常引起的原因是试图调用一个空对象的函数或属性，这样则抛出空指针异常。在 Kotlin 中可以将一个对象声明为非空类型，那么它就永远不会接收空值，否则会发生编译错误。示例代码如下：

```
var n: Int = 10
n = null                        //发生编译错误
```

上述代码 n = null 会发生编译错误，因为 Int 是非空类型，它所声明的变量 n 不能接收空值。但有些场景确实没有数据，例如查询数据库记录时，没有查询出符合条件的数据是很正常的事情。为此，Kotlin 为每一种非空类型提供对应的可空类型（Nullable），就是在非空类型后面加上问号（?）表示可空类型。修改上面示例代码：

```
var n: Int? = 10
n = null                        //可以接收空值（null）
```

Int?是可空类型，它所声明的变量 n 可以接收空值。可空类型在具体使用时会有一些限制：

（1）不能直接调用可空类型对象的函数或属性；

（2）不能把可空类型数据赋值给非空类型变量；

（3）不能把可空类型数据传递给非空类型参数的函数。

为了"突破"这些限制，Kotlin 提供了如下运算符：

（1）安全调用运算符（?.）；

（2）安全转换运算符（as?）；

（3）Elvis 运算符（?:）；

（4）非空断言（!!）。

此外，还一个 let 函数帮助处理可空类型数据。本章重点介绍安全调用运算符（?.）、Elvis 运算符（?:）和非空断言（!!）。

5.4.2 使用安全调用运算符（?.）

可空类型变量使用安全调用运算符（?.）可以调用非空类型的函数或属性。安全调用运算符（?.）会判断可空类型变量是否为空，如果是则不会调用函数或属性，直接返回空值，否则返回调用结果。

示例代码如下：

```
//安全调用运算符（?.）

//声明除法运算函数
fun divide(n1: Int, n2: Int): Double? {
```

```
    if (n2 == 0) {                               //判断分母是否为 0
        return null
    }
    return n1.toDouble() / n2
}

fun main() {

    val divNumber1 = divide(100, 0)                                           ①
    val result1 = divNumber1?.plus(100) //divNumber1+100, 结果 null            ②
    println(result1)

    val divNumber2 = divide(100, 10)                                          ③
    val result2 = divNumber2?.plus(100) //divNumber2+100, 结果 110.0           ④
    println(result2)
}
```

上述代码自定义了 divide 函数进行除法运算，当参数 n2 为 0 的情况下，函数返回空值，所以函数返回类型必须是 Double 的可空类型，即 Double?。

代码第①行和第③行都调用 divide 函数，返回值 divNumber1 和 divNumber2 都是可空类型，不能直接调用 plus 函数，需要使用 "?." 调用 plus 函数。事实上由于 divNumber1 为空值，代码第②行并没有调用 plus 函数，而直接返回空值。而代码第④行是调用了 plus 函数进行计算并返回结果。

提示　plus 函数是一种加法运算函数，它将当前数值与参数相加，与 "+" 运算符作用一样。事实上这是因为 "+" 通过调用 plus 函数进行运算符重载，实现加法运算。与 plus 类似的函数还有很多，这里不再赘述。

5.4.3　非空断言运算符（!!）

可空类型变量可以使用非空断言运算符（!!）调用非空类型的函数或属性。非空断言运算符（!!）顾名思义就是断言可空类型变量不会为空，调用过程是存在风险的，如果可空类型变量真的为空，则会抛出空指针异常；如果非，则可以正常调用函数或属性。

示例代码如下：

```
//声明除法运算函数
fun divide(n1: Int, n2: Int): Double? {

    if (n2 == 0) {                               //判断分母是否为 0
        return null
    }
    return n1.toDouble() / n2
}

fun main() {

    val divNumber1 = divide(100, 10)
```

```
    val result1 = divNumber1!!.plus(100)        //divNumber1+100，结果 110.0      ①
    println(result1)

    val divNumber2 = divide(100, 0)
    val result2 = divNumber2!!.plus(100)        //divNumber2+100，结果抛出异常      ②
    println(result2)
}
```

运行结果：

```
110.0
Exception in thread "main" java.lang.NullPointerException
    at HelloWorldKt.main(HelloWorld.kt:23)
    at HelloWorldKt.main(HelloWorld.kt)
```

上述代码第①行和第②行都调用 plus 函数，代码第①行可以正常调用，而代码第②行，由于 divNumber2 是空值，非空断言调用会发生异常。

5.4.4　使用 Elvis 运算符（?:）

有的时候在可空类型表达式中，当表达式为空值时，并不希望返回默认的空值，而是其他数值。此时可以使用 Elvis 运算符（?:），也称为空值合并运算符，Elvis 运算符有两个操作数，假设有表达式：A ?: B，如果 A 不为空值则结果为 A，否则结果为 B。

Elvis 运算符经常与安全调用运算符结合使用，重写上一节示例代码如下：

```
//声明除法运算函数
fun divide(n1: Int, n2: Int): Double? {

    if (n2 == 0) {                              //判断分母是否为 0
        return null
    }
    return n1.toDouble() / n2
}

fun main() {

    val divNumber1 = divide(100, 0)
    val result1 = divNumber1?.plus(100) ?: 0    //divNumber1+100，结果 0      ①
    println(result1)

    val divNumber2 = divide(100, 10)
    val result2 = divNumber2?.plus(100) ?: 0    //divNumber2+100，结果 110.0 ②
    println(result2)
}
```

代码第①行和第②行都使用了 Elvis 运算符，divNumber1?.plus(100)表达式为空值，则返回 0。divNumber2?.plus(100)表达式不为空值，则返回 110.0。

Elvis 运算符由来 Elvis 一词是指是美国摇滚歌手埃尔维斯·普雷斯利（Elvis Presley），绰号"猫王"。由于他的头型和眼睛很有特点，不用过多解释，从如图 5-3 可见为什么"?:"叫作 Elvis 了。

Elvis运算符

图 5-3　Elvis 运算符的由来

本章小结

本章主要介绍了 Kotlin 中的数据类型，重点介绍基本数据类型，其中数值类型如何互相转换是学习的难点。最后介绍了可空类型，可空类型是 Kotlin 语言的特色，读者需要理解并掌握它的几个运算符的使用。

第 6 章

字　符　串

由字符组成的一串字符序列，称为"字符串"，在前面的章节中也多次用到了字符串，本章将重点介绍。

6.1　字符串字面量

Kotlin 中的字符串字面量有两种：
（1）普通字符串，采用双引号（"）包裹起来的字符串。
（2）原始字符串（raw string），采用三个双引号（"""）包裹起来的字符串。

提示　字面量（literal）是程序源代码中一个固定值的表示法，所有的计算机语言都支持一些基本类型数值（整数、浮点数和字符串等）的字面量。例如：10 表示整数，10L 表示长整数，10.0 表示浮点数，"10"表示字符串。有些计算机语言还支持函数和数组字面量等。

6.1.1　普通字符串

普通字符串字面量与 Java 语言一样，都是采用双引号（"）括起来的字符串，大部分计算机语言都是采用这种方式表示字符串。下面示例都是普通字符串字面量：

```
"Hello World"                                                    ①
"\u0048\u0065\u006c\u006c\u006f\u0020\u0057\u006f\u0072\u006c\u0064"  ②
"世界你好"                                                        ③
"Hello \nWorld"                                                  ④
"A"                                                              ⑤
""                                                              ⑥
```

Kotlin 中的字符采用 Unicode 编码，所以 Kotlin 字符串可以包含中文等亚洲字符，见代码第③行的"世界你好"字符串。代码第②行的字符串是用 Unicode 编码表示的字符串，事实上它表示的也是"Hello World"字符串，可通过 println 函数将 Unicode 编码表示的字符串输出到控制台，则会看到 Hello World 字符串。普通字符串字面量为了包含一些特殊的字符（例如换行），则需要转义符，代码第④行"Hello \nWorld"包含了一个换行符，\n 是换行转义符，Kotlin 转义符如第 5 章中的表 5-4 所示。

单个字符如果用双引号括起来，表示的是字符串，而不是字符。代码第⑤行的"A"表示字符串 A，而不是字符 A。

注意　字符串还有一个极端情况，代码第⑥行的""表示空字符串，双引号中没有任何内容，空字符串不是 null，空字符串会分配内存空间，而 null 没有分配内存空间。

6.1.2 原始字符串

原始字符串（raw string）字面量是采用三个双引号（"""）括起来的字符串，原始字符串可以包含任何的字符，而不需要转义，所以也不能包含转义字符。示例如下：

```
"Hello\nWorld"                                                               ①
"""Hello
World"""                                                                     ②
```

代码第①行和第②行表示相同内容的字符串，代码第①行是用普通字符串字面量表示"Hello 换行 World"，其中使用转义换行（\n）实现换行。代码第②行是原始字符串字面量可以在 Hello 和 World 之间直接换行。

示例代码如下：

```
fun main() {

    val s1 = ""
    val s2 = "Hello World"
    val s3 = "\u0048\u0065\u006c\u006c\u006f\u0020\u0057\u006f\u0072\u006c\u0064"
    println(s2 == s3)            //输出结果为 true

    val s4 = "Hello\nWorld"
    val s5 = """Hello
World"""
    println(s4 == s5)            //输出结果为 true

    val s6 = """Hello\nWorld"""
    println(s6)
}
```

运行结果：

```
true
true
Hello\nWorld
```

上述代码中 s2 和 s3 是两个内容相同的字符串，这说明无论采用的是 Unicode 编码还是普通字符都是相同的。s4 和 s5 也是两个内容相同的字符串，这说明无论采用的是普通字符串字面量表示，还是采用原始字面量表示都是相同的。

其中==是比较两个字符串。

提示 ==运算符可以比较基本数据类型和引用类型，引用类型比较两个对象内容是否相等。==等价于 equals 函数，==运算符将在第 8 章详细介绍。

注意 上述代码 s6 字符串，它的表示方式是原始字符串字面量，其中包含了\n，这时候的\n 已经不是转义符了，而是普通的两个字符\和 n。

6.2　不可变字符串

在 Kotlin 中默认的字符串类是 String，String 是一种不可变字符串，当字符串进行拼接等修改操作时，会创建新的字符串对象，而可变字符串不会创建新对象。在 Kotlin 中可变字符串类是 StringBuilder。

6.2.1　String

本节先介绍不可变字符串 String 类的使用。Kotlin 提供的不可变字符串类是 kotlin.String，获得 String 对象可以有两种方式：

（1）使用字符串字面量赋值。

（2）使用转换函数。

直接使用字符串字面量赋值前面已经使用过了。下面重点介绍转换函数，这些函数都是顶层函数，不需要对象就可以直接使用。

（1）字节数组转换成字符串函数：

```
fun String(
    bytes: ByteArray,            //要转换的字节数组
    offset: Int,                 //字节数组开始索引，该参数可以省略
    length: Int,                 //转换字节的长度，该参数可以省略
    charset: Charset             //解码字符集　，该参数可以省略
): String
```

（2）字符数组转换成字符串函数：

```
fun String(
    chars: CharArray,            //要转换的字符数组
    offset: Int,                 //字符数组开始索引，该参数可以省略
    length: Int                  //转换字符的长度，该参数可以省略
): String
```

（3）可变字符串 StringBuilder 转换成字符串函数：

```
fun String(stringBuilder: StringBuilder): String
```

示例代码如下：

```
fun main() {

    val chars = charArrayOf('a', 'b', 'c', 'd', 'e')     //创建字符数组                ①

    val s1 = String(chars)                     //通过字符数组获得字符串对象          ②
    val s2 = String(chars, 1, 4)               //通过子字符数组获得字符串对象        ③
    println("s1 = " + s1)                      //输出结果 s1 = abcde
    println("s2 = " + s2)                      //输出结果 s2 = bcde

    val bytes = byteArrayOf(97, 98, 99)        //创建字节数组                        ④
    val s3 = String(bytes)                     //通过字节数组获得字符串对象          ⑤
    val s4 = String(bytes, 1, 2)               //通过子字节数组获得字符串对象        ⑥
    println("s3 = " + s3)                      //输出结果 s3 = abc
```

```
    println("s4 = " + s4)                           //输出结果 s4 = bc

}
```

上述代码第①行是使用 charArrayOf 函数创建字符数组。代码第②行是将 chars 数组中的全部字符用来创建字符串。代码第③行是将 chars 数组中的部分字符用来创建字符串。

代码第④行是使用 byteArrayOf 函数创建字节数组。代码第⑤行是采用默认字符集将字节数组中的全部字节创建成字符串。代码第⑥行是采用默认字符集将字节数组中的部分字节创建成字符串。

字符串在程序代码中的应用十分广泛，下面通过几个方面介绍一下在 Kotlin 中如何使用字符串。本节所介绍的字符串是 String 类及相关函数。

6.2.2　字符串拼接

String 字符串虽然是不可变字符串，但也可以进行拼接，只是会产生一个新的对象。String 字符串拼接可以使用+和+=运算符。+和+=运算符可以将任何类型数据拼接成为字符串。

字符串拼接示例如下：

```
fun main() {

    val s1 = "Hello"
    //使用+运算符连接
    val s2 = s1 + " "                                           ①
    val s3 = s2 + "World"                                       ②
    println(s3)//Hello World

    var s4 = "Hello"
    //使用+运算符连接，支持+=赋值运算符
    s4 += " "                                                   ③
    s4 += "World"                                               ④
    println(s4) //Hello World

    val age = 18
    val s5 = "她的年龄是" + age + "岁。"                          ⑤
    println(s5)                    //她的年龄是 18 岁

    val score = 'A'
    val s6 = "她的英语成绩是" + score                            ⑥
    println(s6)                    //她的英语成绩是 A

    val now = java.util.Date()
    //对象拼接自动调用 toString()方法
    val s7 = "今天是: " + now                                   ⑦
    println(s7)

}
```

输出结果：

```
Hello World
Hello World
```

她的年龄是 18 岁。
她的英语成绩是 A
今天是：Wed Jan 27 15:25:53 CST 2021

上述代码第①行 ~ 第②行使用+运算符进行字符串的拼接，其中产生了三个对象。代码第③行 ~ 第④行是使用+=赋值运算符，本质上也是使用+运算符进行拼接。

代码第⑤行和第⑥行是使用+运算符，将字符串与其他类型的数据进行拼接。代码第⑦行是字符串与对象进行拼接，Kotlin 中所有对象都有一个 toString 函数，该函数可以将对象转换为字符串，拼接过程会调用该对象的 toString 函数，将该对象转换为字符串后再进行拼接。代码第⑦行的 java.util.Date 类来自于 Java 的日期类。

6.2.3　字符串模板

字符串拼接对于字符串追加和连接是比较方便的，但是如果字符串中有很多表达式结果需要连接起来，采用字符串拼接就有点力不从心了。此时可以使用字符串模板，它可以将一些表达式结果在运行时插入字符串中。

字符串模板以$开头，语法如下：

```
$变量或常量
${表达式}                          //任何表达式，也可以是单个变量或常量
```

示例代码：

```
fun main() {

    val age = 18
    val s1 = "她的年龄是${age}岁。"      //使用表达式形式模板               ①
    println(s1)                        //她的年龄是 18 岁

    val score = 'A'
    val s2 = "她的英语成绩是$score"       //使用变量形式模板                 ②
    println(s2)                        //她的英语成绩是 A

    val now = java.util.Date()
    val s3 = "今天是：${now.year + 1900}年${now.month+1}月${now.day}日"    ③
    println(s3)

    val s4 = """今天是：
${now.year + 1900}年
${now.month+1}月
${now.day}日"""                       //在原始字符串中使用字符串模板      ④
    println(s4)

}
```

运行结果如下：

她的年龄是 18 岁。
她的英语成绩是 A
今天是：2021 年 12 月 2 日
今天是：

2021 年
12 月
2 日

上述代码第①行是使用表达式形式字符串模板${age}。代码第②行是使用变量形式模板$score。代码第③行的字符串模板中包含了多个字符串模板。代码第④行在原始字符串中也使用了字符串模板，可见对于不同字符串没有区别。

提示　代码第①行和第②行的 age 和 score 其实都是变量，那么${age}是否可以省略大括号，写出$age 形式，遗憾的是在本例中是不行的。使用"$变量或常量"模板的前提是编译器能否正确地把它们识别处理，代码第①行的 age 后面还有其他非空格字符，本例中是"岁"字符，编译器无法识别$age 表达式，因此会发生编译错误，必须使用${age}形式。而代码第②行$score 表达式在字符串的尾部，编译器可以正确识别。

提示　代码第③行和第④行中从通过 now.year 表达式获取"年份"时，需要加 1900。这是因为 java.util.Date 类年份是从 1900 开始算起的。另外，"月份"是从 0 开始，所以需要加 1。

6.2.4　字符串查找

在给定的字符串中查找字符或字符串是比较常见的操作。String 类中提供了 indexOf 和 lastIndexOf 函数用于查找字符或字符串。indexOf 函数从前往后查找字符或字符串，返回第一次找到字符或字符串所在处的索引，没有找到返回–1。lastIndexOf 函数从后往前查找字符或字符串，返回第一次找到的字符或字符串所在处的索引，没有找到返回–1。

根据所查找的是字符还是字符串，indexOf 函数有两个版本。

（1）查找字符的 indexOf 函数。代码如下：

```
fun String.indexOf(
    char: Char,                        //要查找的字符
    startIndex: Int = 0,               //指定查找开始的索引
    ignoreCase: Boolean = false        //是否忽略大小写进行匹配
): Int
```

（2）查找字符串的 indexOf 函数。代码如下：

```
fun String.indexOf(
    string: String,                    //要查找的字符串
    startIndex: Int = 0,               //指定查找开始的索引
    ignoreCase: Boolean = false        //是否忽略大小写进行匹配
): Int
```

上述两个版本的函数 startIndex 和 ignoreCase 参数都有提供了默认值，因此都可以省略。startIndex 默认值为 0，表示从头开始查找。ignoreCase 默认值为 false，表示不忽略大小写进行匹配。

lastIndexOf 也有类似于 indexOf 的两个版本的函数，说明如下。

（1）查找字符的 lastIndexOf 函数。代码如下：

```
fun String.lastIndexOf (
    char: Char,                        //要查找的字符
    startIndex: Int = 0,               //指定查找开始的索引
    ignoreCase: Boolean = false        //是否忽略大小写进行匹配
): Int
```

（2）查找字符串的 lastIndexOf 函数。代码如下：

```kotlin
fun String.lastIndexOf (
    string: String,                    //要查找的字符串
    startIndex: Int = 0,               //指定查找开始的索引
    ignoreCase: Boolean = false        //是否忽略大小写进行匹配
): Int
```

字符串查找示例代码如下：

```kotlin
fun main() {

    val sourceStr = "There is a string accessing example."

    val len = sourceStr.length         //获得字符串长度
    val ch = sourceStr[16]             //获得索引位置16的字符

    //查找字符和子字符串
    val firstChar1 = sourceStr.indexOf('r')
    val lastChar1 = sourceStr.lastIndexOf('r', ignoreCase = true)
    val firstStr1 = sourceStr.indexOf("ing")
    val lastStr1 = sourceStr.lastIndexOf("ing")
    val firstChar2 = sourceStr.indexOf('e', 15)
    val lastChar2 = sourceStr.lastIndexOf('e', 15)
    val firstStr2 = sourceStr.indexOf("ing", 5)
    val lastStr2 = sourceStr.lastIndexOf("ing", 5)

    println("原始字符串:$sourceStr")
    println("字符串长度:$len")
    println("索引 16 的字符:$ch")
    println("从前往后查找 r 字符，第一次找到它所在索引:$firstChar1")
    println("从后往前查找 r 字符，第一次找到它所在索引:$lastChar1")
    println("从前往后查找 ing 字符串，第一次找到它所在索引:$firstStr1")
    println("从后往前查找 ing 字符串，第一次找到它所在索引:$lastStr1")
    println("从索引为 15 位置开始，从前往后查找 e 字符，第一次找到它所在索引:$firstChar2")
    println("从索引为 15 位置开始，从后往前查找 e 字符，第一次找到它所在索引:$lastChar2")
    println("从索引为 5 位置开始，从前往后查找 ing 字符串，第一次找到它所在索引:$firstStr2")
    println("从索引为 5 位置开始，从后往前查找 ing 字符串，第一次找到它所在索引:$lastStr2")

}
```

输出结果：

```
原始字符串:There is a string accessing example.
字符串长度:36
索引 16 的字符:g
从前往后查找 r 字符，第一次找到它所在索引:3
从后往前查找 r 字符，第一次找到它所在索引:13
从前往后查找 ing 字符串，第一次找到它所在索引:14
从后往前查找 ing 字符串，第一次找到它所在索引:24
从索引为 15 位置开始，从前往后查找 e 字符，第一次找到它所在索引:21
从索引为 15 位置开始，从后往前查找 e 字符，第一次找到它所在索引:4
```

从索引为 5 位置开始，从前往后查找 ing 字符串，第一次找到它所在索引:14
从索引为 5 位置开始，从后往前查找 ing 字符串，第一次找到它所在索引:-1

sourceStr 字符串索引如图 6-1 所示。上述字符串查找函数比较类似，这里重点解释 sourceStr.indexOf("ing", 5)和 sourceStr.lastIndexOf("ing", 5)表达式。从图 6-1 可见 ing 字符串出现过两次，索引分别是 14 和 24。 sourceStr.indexOf("ing", 5)表达式从索引为 5 的字符（" "）开始从前往后查找，结果是找到第一个 ing（索引为 14），返回值为 14。sourceStr.lastIndexOf("ing", 5)表达式从索引为 5 的字符（" "）开始从后往前查找，没有找到，返回值为-1。

0	1	2	3	4	5	6	7	8	9	10	11	12	13	14	15	16	17	18	19	20	21	22	23	24	25	26	27	28	29	30	31	32	33	34	35
T	h	e	r	e		i	s		a		s	t	r	i	n	g		a	c	c	e	s	s	i	n	g		e	x	a	m	p	l	e	.

图 6-1　sourceStr 字符串索引

6.2.5　字符串比较

字符串比较是常见的操作，包括比较相等、比较大小、比较前缀和后缀等。

（1）比较相等。

在字符串比较时，默认是比较两个字符串中内容是否相等，使用 equals 函数、==运算符和!=运算符进行比较，事实上==和!=运算符在底层是调用 equals 函数来比较的。equals 函数说明如下：

```
fun String?.equals(
    other: String?,
    ignoreCase: Boolean = false
): Boolean
```

equals 函数可以进行两个可空 String 类型（String?）的比较。ignoreCase: Boolean = false 说明可忽略大小写，而使用==和!=运算符进行比较时不能忽略大小写。

（2）比较大小。

有时不仅需要知道字符串是否相等，还要知道大小，String 提供的比较大小的函数是 compareTo。 compareTo 函数说明如下：

```
fun String.compareTo(
    other: String,
    ignoreCase: Boolean = false
): Int
```

compareTo 函数按字典顺序比较两个字符串。如果当前字符串等于参数字符串，则返回值 0；如果当前字符串位于参数字符串之前，则返回一个小于 0 的值；如果当前字符串位于参数字符串之后，则返回一个大于 0 的值。

（3）比较前缀和后缀。

startsWith 函数是测试此字符串是否以指定的前缀开始。

```
fun String.startsWith(
    prefix: String,
    ignoreCase: Boolean = false
): Boolean
```

endsWith 函数是测试此字符串是否以指定的后缀结束。

```
fun String.endsWith(
    suffix: String,
    ignoreCase: Boolean = false
): Boolean
```

字符串比较示例代码如下：

```
fun main() {

    val s1 = "Hello"
    val s2 = "Hello"

    //比较字符串内容是否相等
    println(s1.equals(s2))                          //输出 true
    println(s1 == s2)                               //输出 true

    val s3 = "HELlo"
    //忽略大小写比较字符串内容是否相等
    println(s1.equals(s3, ignoreCase = true))       //输出 true
    println(s1 == s3)                               //输出 false          ①
    //比较大小
    val s4 = "java"
    val s5 = "Kotlin"

    println(s4.compareTo(s5))                       // 输出 31             ②
    println(s4.compareTo(s5, ignoreCase = true))    // 输出-1             ③

    //判断文件夹中文件名
    val docFolder = arrayOf("java.docx", "JavaBean.docx", "Objective-C.xlsx",
"Swift.docx")
    var wordDocCount = 0
    //查找文件夹中 Word 文档个数
    for (doc in docFolder) {
        //比较后缀是否有.docx 字符串
        if (doc.endsWith(".docx")) {
            wordDocCount++
        }
    }
    println("文件夹中 Word 文档个数是：$wordDocCount")

    var javaDocCount = 0
    //查找文件夹中 Java 相关文档个数
    for (doc in docFolder) {
        //比较前缀是否有 java 字符串
        if (doc.startsWith("java", ignoreCase = true)) {
            javaDocCount++
        }
    }
    println("文件夹中 Java 相关文档个数是：$javaDocCount")

}
```

输出结果：

```
true
true
true
false
31
-1
```
文件夹中 Word 文档个数是： 3
文件夹中 Java 相关文档个数是：2

上述代码第①行中的==运算符比较字符串时不能忽略大小写。代码第②行的 compareTo 函数返回值大于 0，说明 s4 大于 s5。代码③行是忽略大小写，compareTo 函数返回值小于 0，说明忽略大小写后 s4 小于 s5。

6.2.6 字符串截取

Kotlin 中字符串截取函数是 substring，主要有三个版本。

（1）指定整数区间截取字符串函数：

```
String.substring(range: IntRange): String
```

（2）从指定索引 startIndex 开始截取一直到字符串结束的子字符串：

```
fun String.substring(startIndex: Int): String
```

（3）从指定索引 startIndex 开始截取直到索引 endIndex − 1 处的字符，注意包括索引为 startIndex 处的字符，但不包括索引为 endIndex 处的字符：

```
fun String.substring(startIndex: Int, endIndex: Int): String
```

字符串截取示例代码如下：

```
fun main() {

    val sourceStr = "There is a string accessing example."
    //截取 example.子字符串
    val subStr1 = sourceStr.substring(28)                          ①
    //截取 string 子字符串
    val subStr2 = sourceStr.substring(11, 17)                      ②
    //参数是区间
    val subStr3 = sourceStr.substring(11..17)

    println(subStr1)
    println(subStr2)
    println(subStr3)

}
```

输出结果：

```
subStr1 = example.
subStr2 = string
```

上述 sourceStr 字符串索引如图 6–1 所示。代码第①行是截取 example.子字符串，从图 6–1 可见 e 字符索引是 28，从索引 28 字符截取直到 sourceStr 结尾。代码第②行是截取 string 子字符串，从图 6-1 可见，s 字符索引是 11，g 字符索引是 16，endIndex 参数应该是 17。

6.3　可变字符串

可变字符串在追加、删除、修改、插入和拼接等操作不会产生新的对象。

6.3.1　StringBuilder

Kotlin 提供不可变字符串类是 kotlin.text.StringBuilder，StringBuilder 的中构造函数有 4 个。

（1）StringBuilder()：创建字符串内容是空的 StringBuilder 对象，初始容量默认为 16 个字符。

（2）StringBuilder(seq: CharSequence)：指定 CharSequence 字符串创建 StringBuilder 对象。CharSequence 接口类型，它的实现类有 String 和 StringBuilder 等，所以参数 seq 可以是 String 和 StringBuilder 等类型。

（3）StringBuilder(capacity: Int)：创建字符串内容是空的 StringBuilder 对象，初始容量由参数 capacity 指定的。

（4）StringBuilder(str: String)：指定 String 字符串创建 StringBuilder 对象。

字符串长度和字符串容量示例代码如下：

```kotlin
fun main() {

    //-----------------------------------
    //字符串长度 length 和字符串缓冲区容量 capacity
    val sbuilder1 = StringBuilder()
    println("字符串长度: " + sbuilder1.length)
    println("字符串容量: " + sbuilder1.capacity())

    val sbuilder2 = StringBuilder("Hello")
    println("字符串长度: " + sbuilder2.length)
    println("字符串容量: " + sbuilder2.capacity())

    //字符串缓冲区初始容量是 16，超过之后会扩容
    val sbuilder3 = StringBuilder()
    for (i in 0..16) {
        sbuilder3.append(8)
    }
    println("字符串长度: " + sbuilder3.length)
    println("字符串容量: " + sbuilder3.capacity())

}
```

输出结果：

字符串长度：0
字符串容量：16
字符串长度：5
字符串容量：21
字符串长度：17
字符串容量：34

6.3.2 字符串追加、插入、删除和替换

StringBuilder 提供了很多修改字符串的函数，如追加、插入、删除和替换等，对应的函数分别是 append、insert、delete 和 replace 函数，这些函数不会产生新的字符串对象，而且它们的返回值还是 StringBuilder。

字符串追加示例代码如下：

```kotlin
fun main() {

    //添加字符串、字符
    val sbuilder1 = StringBuilder("Hello")                          ①
    sbuilder1.append(" ").append("World")                          ②
    sbuilder1.append('.')                                          ③
    println(sbuilder1)

    val sbuilder2 = StringBuilder()
    val obj: Any? = null
    //添加布尔值、转义符和空对象
    sbuilder2.append(false).append('\t').append(obj)               ④
    println(sbuilder2)

    //添加数值
    val sbuilder3 = StringBuilder()
    for (i in 0..9) {
        sbuilder3.append(i)
    }
    println(sbuilder3)
    //插入字符串
    sbuilder3.insert(4, "Kotlin")                                  ⑤
    println(sbuilder3)

    //删除字符串
    sbuilder3.delete(1, 2)              //删除"1"字符                ⑥
    println(sbuilder3)

    //替换字符串
    sbuilder3.replace(3, 9, "A")        //"A"替换"Kotlin"           ⑦
    println(sbuilder3)
}
```

运行结果：

```
Hello World.
false    null
0123456789
0123Kotlin456789
023Kotlin456789
023A456789
```

上述代码第①行是创建一个包含 Hello 字符串的 StringBuilder 对象。代码第②行是两次连续调用 append 函数，由于所有的 append 函数都返回 StringBuilder 对象，所以可以连续调用该函数，这种写法比较简洁。

如果不喜欢连续调用 append 函数的方式，可以采用每个 append 函数独占一行的方式，见代码第③行。代码第④行连续追加了布尔值、转义符和空对象，需要注意的是布尔值 false 转换为"false"字符串，空对象 null 也转换为"null"字符串。

代码第⑤行是插入字符串，第一个参数是插入字符串的位置，在此位置之前插入字符串，第二个参数是要插入的字符串。

代码第⑥行是删除字符串，第一个参数是开始删除的位置索引，包括此索引的字符。第二个参数是结束删除位置的索引，不包括此索引的字符。本例中删除"1"字符。

代码第⑦行是替换字符串，第一个参数是开始替换的位置索引，包括此索引的字符。第二个参数是结束替换位置的索引，不包括此索引的字符。第三个参数是要替换的新字符串。本例中用"A"替换"Kotlin"字符串。

6.4 正则表达式

正则表达式（regular expression，在代码中常简写为 regex、regexp 或 RE）是预先定义好一个"规则字符串"，这个"规则字符串"可用于匹配、过滤、检索和替换那些符合"规则"的文本。

提示 本节不打算介绍正则表达式是如何编写的，一般情况下开发人员不需要自己写正则表达式。经过多年的发展已经有很多成熟的正则表达式可以拿来使用。开发人员可以在网上查找，其中 http://www.regexlib.com/是一个非常好的正则表达式网站，这个网站不仅可以查找常用的正则表达式，还可以把自己写好的正则表达式添加上去，网站还提供一个测试正则表达式的功能。

6.4.1 Regex 类

Kotlin 提供的正则表达式类是 kotlin.text.Regex。创建 Regex 对象可以通过如下两种方式：

（1）通过构造函数创建。Regex 默认的构造函数是 Regex(pattern: String)，其中 pattern 是正则表达式模式字符串。

（2）使用 toRegex 扩展函数。String 提供扩展函数 toRegex 返回 Regex 对象。

下面是一个验证邮箱格式的有效性示例，代码如下：

```
fun main() {

    val pattern = """\w+@[a-zA-Z_]+?\.[a-zA-Z]{2,3}"""            ①
    val string = "eoreint@sina.com"                              ②
    //val regex = Regex(pattern)                                 ③
    val regex = pattern.toRegex()                                ④

    println(regex.matches(string))                               ⑤
}
```

上述代码第①行是在 http://www.regexlib.com/网站找到一个验证邮箱的正则表达式模式字符串。

提示 由于正则表达式模式字符串中经常会包含一些特殊字符，所以最好使用 Kotlin 原始字符串，这样可以不需要转义字符。

代码第②行是要验证的字符串。代码第③行通过构造函数创建 Regex 对象，代码第④行通过 toRegex 函数创建 Regex 对象。代码第⑤行通过 Regex 的 matches 函数验证输入的字符串是否与正则表达式匹配。

6.4.2　字符串匹配

正则表达通过字符串匹配能够验证字符串格式的有效性，例如邮箱、日期、电话号码等格式的有效性。Regex 通过正则表达式字符串匹配相关函数如下：

（1）matches(input: CharSequence): Boolean。该函数精确匹配函数，测试输入字符串是否完全匹配正则表达式模式。

（2）containsMatchIn(input: CharSequence): Boolean。该函数包含匹配函数，测试输入字符串是否部分匹配正则表达式模式。

示例代码如下：

```kotlin
fun main() {

    //全部是数字模式
    val regex = Regex("""\d+""")                                         ①

    val input1 = "1000"
    val input2 = "￥1000"

    println(regex.matches(input1))//true                                 ②
    println(regex.matches(input2))//false                                ③

    println(regex.containsMatchIn(input1))//true
    println(regex.containsMatchIn(input2))//true                         ④

}
```

上述代码第①行声明正则表达式模式字符串，该模式是全部数字。代码第②行测试 input1 字符串返回 true，代码第③行测试 input2 字符串返回 false，同样字符串 input2 使用 containsMatchIn 函数返回 true，见代码第④行，containsMatchIn 函数只要是部分匹配就会返回 true。

6.4.3　字符串查找

正则表达式还经常用于字符串查找。Regex 中字符串查找相关函数如下：

（1）find(input: CharSequence, startIndex: Int): MatchResult?。该函数查找第一个匹配模式的字符串，返回 MatchResult?类型。

（2）findAll(input: CharSequence, startIndex: Int): Sequence。该函数查找所有匹配模式的字符串，返回 Sequence 类型，Sequence 是可进行迭代集合的类型，其中可以放置的元素是 MatchResult 类型。

示例代码如下：

```kotlin
fun main() {

    val string = "AB12CD34EF"

    val regex = Regex("""\d+""")
```

```
    val result = regex.find(string)                                        ①
    println("第一个匹配字符串: ${result?.value}")                            ②

    regex.findAll(string).forEach { e ->                                   ③
        println(e.value)                                                   ④
    }
}
```

输出结果:

第一个匹配字符串: 12
12
34

上述代码第①行在"AB12CD34EF"字符串中查找第一个匹配模式的字符串, 本示例是查找数字字符串。代码第②行 value 是 MatchResult 属性, 可以获得找到的字符串。代码第③行 findAll 函数可以找出全部的匹配字符串, forEach 函数是遍历集合所有元素, forEach 后面的{ e ->... }表达式是 Lambda 表达式, Lambda 表达式将在第 14 章介绍。代码第④行中 e 是集合中元素变量, e.value 是取出匹配字符串。

6.4.4 字符串替换

正则表达式还经常用于字符串替换。Regex 中字符串替换相关函数如下:

replace(input: CharSequence, replacement: String): String。input 参数是输入字符串, replacement 要替换的新字符串, 返回值替换之后的字符串。

示例代码如下:

```
fun main() {

    val string = "AB12CD34EF"

    val regex = Regex("""\d+""")
    val result = regex.replace(string, " ")                                ①
    println(result)//AB CD EF                                              ②

}
```

输出结果:

AB CD EF

代码第①行是将"AB12CD34EF"中的数字字符串替换为空格" "。

6.4.5 字符串分割

正则表达式还可以进行字符串分割。Regex 中字符串分割的相关函数如下:

split(input: CharSequence, limit: Int): List。input 参数是输入字符串, limit 是分割子字符串的最大个数, 如果为 0 表示没有限制, 返回值是 List 字符串集合。

示例代码如下:

```
fun main() {
```

```
    val string = "AB12CD34EF"

    val regex = Regex("""\d+""")

    val result = regex.split(string)                                    ①
    println(result) //[AB, CD, EF]

}
```

输出结果：

```
[AB, CD, EF]
```

代码第①行是使用数字字符串分割"AB12CD34EF"字符串，返回 List 集合，其中有三个元素。

本章小结

本章介绍了 Kotlin 中的字符串，其中包括字符串字面量、不可变字符串和可变字符串，然后介绍不可变字符串中的字符串拼接、字符串模板、字符串查找、字符串比较和字符串截取，接着介绍了可变字符串的追加、插入、删除和替换。最后介绍正则表达式。

第 7 章

运　算　符

Kotlin 语言中的运算符（也称操作符）在功能上与 Java、C 和 C++极为相似。本章为大家介绍 Kotlin 语言中一些主要的运算符，包括算术运算符、关系运算符、逻辑运算符、位运算符和其他运算符。

7.1　算术运算符

Kotlin 中的算术运算符主要用来组织数值类型数据的算术运算，按照参加运算的操作数的不同可以分为一元运算符和二元运算符。

7.1.1　一元算术运算符

一元算术运算符一共有 3 个，分别是–、++和––。具体说明参见表 7–1。

表 7-1　一元算术运算符

运 算 符	名 称	说 明	例 子
–	取反符号	取反运算	b = –a
++	自加一	先取值再加一，或先加一再取值	a++或++a
––	自减一	先取值再减一，或先减一再取值	a––或––a

表 7–1 中，–a 是对 a 取反运算，a++或 a––是在表达式运算完后，再给 a 加 1 或减 1。而++a 或––a 是先给 a 加 1 或减 1，然后再进行表达式运算。

示例代码如下：

```
fun main() {
    var a = 12
    println(-a)              //a 取反，结果输出是-12          ①
    var b = a++                                              ②
    println(b)              //结果输出是 12
    b = ++a                                                  ③
    println(b)              //结果输出是 14
}
```

上述代码第①行是–a，是把 a 变量取反，结果输出是–12。第②行代码是先把 a 赋值给 b 变量再加 1，即先赋值后++，因此输出结果是 12。第③行代码是把 a 加 1，然后把 a 赋值给 b 变量，即先++后赋值，因此输出结果是 14。

7.1.2　二元算术运算符

二元算术运算符包括+、−、*、/和%，这些运算符对数值类型数据都有效，具体说明如表 7–2 所示。

表 7-2　二元算术运算符

运　算　符	名　　称	说　　明	例　　子
+	加	求a加b的和，还可用于String类型，进行字符串连接操作	a + b
−	减	求a减b的差	a − b
*	乘	求a乘以b的积	a * b
/	除	求a除以b的商	a / b
%	取余	求a除以b的余数	a % b

示例代码如下：

```kotlin
fun main() {
    //声明一个字符类型变量
    val charNum = 'A'                      //'A'字符的 Unicode 编码是 65        ①
    //声明一个整数类型变量
    var intResult = charNum.toInt() + 1
    println(intResult)                     //输出 66

    intResult = intResult - 1
    println(intResult)                     //输出 65

    intResult = intResult * 2
    println(intResult)                     //输出 130

    intResult = intResult / 2
    println(intResult)                     //输出 65

    intResult = intResult + 8
    intResult = intResult % 7
    println(intResult)                     //输出 3

    println("-------")

    //声明一个浮点类型变量
    var doubleResult = 10.0
    println(doubleResult)                  //输出 10.0

    doubleResult = doubleResult - 1
    println(doubleResult)                  //输出 9.0

    doubleResult = doubleResult * 2
    println(doubleResult)                  //输出 18.0

    doubleResult = doubleResult / 2
    println(doubleResult)                  //输出 9.0
```

```
doubleResult = doubleResult + 8
doubleResult = doubleResult % 7
println(doubleResult)              //输出 3.0
}
```

上述例子中分别对数值类型数据进行了二元运算，其中代码第①行将字符类型变量 charNum 与整数类型进行加法运算，参与运算的字符（'A'）的 Unicode 编码为 65。其他代码比较简单，不再赘述。

7.1.3　算术赋值运算符

算术赋值运算符只是算术运算的一种简写，一般用于变量自身的变化，具体说明如表 7-3 所示。

表 7-3　算术赋值运算符

运　算　符	名　　称	例　　子
+=	加赋值	a += b、a += b+3
-=	减赋值	a -= b
*=	乘赋值	a *= b
/=	除赋值	a /= b
%=	取余赋值	a %= b

示例代码如下：

```
fun main() {

    var a = 1
    val b = 2
    a += b                    //相当于 a = a + b
    println(a)                //输出结果 3

    a += b + 3                //相当于 a = a + b + 3
    println(a)                //输出结果 8
    a -= b                    //相当于 a = a - b
    println(a)                //输出结果 6

    a *= b                    //相当于 a=a*b
    println(a)                //输出结果 12

    a /= b                    //相当于 a=a/b
    println(a)                //输出结果 6

    a %= b                    //相当于 a=a%b
    println(a)                //输出结果 0
}
```

上述例子分别对整型数据进行了+=、-=、*=、/=和%=运算，具体语句不再赘述。

7.2 关系运算符

关系运算是比较两个表达式大小关系的运算，它的结果是布尔类型数据，即 true 或 false。关系运算符有 8 种：==、!=、>、<、>=、<=、===和!==，具体说明如表 7-4 所示。

表 7-4 关系运算符

运算符	名　　称	说　　　　明	例　　子
==	等于	a等于b时返回true，否则返回false。可以应用于基本数据类型和引用类型，引用类型比较两个对象内容是否相等。==会调用equals函数实现比较a等于b时返回true，否则返回false	a==b
!=	不等于	与==相反	a!=b
>	大于	a大于b时返回true，否则返回false	a>b
<	小于	a小于b时返回true，否则返回false	a<b
>=	大于或等于	a大于或等于b时返回true，否则返回false	a>=b
<=	小于或等于	a小于或等于b时返回true，否则返回false	a<=b
===	引用等于	用于引用类型比较，比较两个引用是否是同一个对象	a===b
!==	引用不等于	与===相反	a!==b

给 Java 程序员的提示　Kotlin 的==运算符和 equals 函数等同于 Java 的 equals 函数。Kotlin 中的===运算符等同于 Java 的==运算符。

默认情况下比较两个对象是否相等是比较它们的内容是否相等，而不是比较它们是否为同一个对象。因此如果两个对象需要比较其内容是否相等，需要覆盖 equals 函数，并指定比较规则。问题是比较的规则是什么，例如两个人（Person 对象）相等是指什么？是名字？是年龄？问题的关键是需要指定相等的规则，就是要指定比较的是哪些属性相等。

给 Java 程序员的提示　equals 函数继承自 Any 类，在 Kotlin 中 Any 所有类的根类，所有类都直接或间接继承 Any。Any 对应 Java 中的 Object 类。

示例代码如下：

```
//代码文件：Person.kt
class Person(val name: String, val age: Int) {
    //自定义比较规则
    override fun equals(other: Any?): Boolean {                          ①
        if (other == null || other !is Person) {                        ②
            return false
        }
        return (name == other.name && age == other.age)                 ③
    }
}
```

上述代码编写了一个 Person 类，在代码第①行覆盖了 equals 函数。代码第②行判断传入的参数对象是否为 Person 类型，如果是，则转换为 Person 类型，否则返回 false。代码第③行是进行比较，只有姓名（name 属性）和年龄（age）都同时相等才返回 true，否则返回 false。这段代码对于读者理解还是有一定难度的，因为很多知识点到目前为止，本书还没有介绍，读者可以先不用关注 Person 类的实现细节。

调用代码如下：

```
fun main() {

    val value1 = 1
    val value2 = 2
    println(value1 == value2)                      //输出结果为 false
    println(value1.toDouble() == 1.0)              //输出结果为 true
    println(value1 != value2)                      //输出结果为 true
    println(value1 > value2)                       //输出结果为 false
    println(value1 < value2)                       //输出结果为 true
    println(value1 <= value2)                      //输出结果为 true

    val p1 = Person("Tony", 18)
    val p2 = Person("Tony", 18)
    val p3 = Person("Tom", 20)
    val p4 = p3

    println(p1 == p2)                              //输出结果为 true      ①
    println(p1 == p3)                              //输出结果为 false     ②
    println(p3 === p4)                             //输出结果为 true      ③

}
```

上述代码第①行和第②行都是使用==进行比较，比较过程调用了 Person 的 equals 函数，p1 和 p2 姓名和年龄属性相等所以 p1 和 p2 相等，而 p1 与 p3 不相等。代码第③行使用===比较 p3 和 p4 是否指向相同的对象，结果是 true。

7.3　逻辑运算符

逻辑运算符是对布尔型变量进行运算，其结果也是布尔型，具体说明参见表 7–5。

表 7-5　逻辑运算符

运算符	名　称	说　　明	例　子
!	逻辑非	a 为 true 时，值为 false，a 为 false 时，值为 true	!a
&&	逻辑与	a、b 全为 true 时，计算结果为 true，否则为 false。&& 与 & 的区别：如果 a 为 false，则不计算 b（因为不论 b 为何值，结果都为 false）	a && b
‖	逻辑或	a、b 全为 false 时，计算结果为 false，否则为 true。‖ 与 ｜ 的区别：如果 a 为 true，则不计算 b（因为不论 b 为何值，结果都为 true）	a ‖ b

&& 和 ‖ 都具有短路计算的特点：例如 x && y，如果 x 为 false，则不计算 y（因为不论 y 为何值，"与"操作的结果都为 false）；而对于 x ‖ y，如果 x 为 true，则不计算 y（因为不论 y 为何值，"或"操作的结果都为 true）。

这种短路形式的设计，使它们在计算过程中就像电路短路一样采用最优化的计算方式，从而提高效率。

示例代码如下：

```kotlin
fun main() {

    val i = 0
    var a = 10
    var b = 9

    if (a > b || i == 1) {                          ①
        println("或运算为 真")
    } else {
        println("或运算为 假")
    }

    if (a < b && i == 1) {                          ②
        println("与运算为 真")
    } else {
        println("与运算为 假")
    }

    if (a > b || a++ == --b) {                      ③
        println("a = $a")
        println("b = $b")
    }
}
```

输出结果如下：

```
或运算为 真
与运算为 假
a = 10
b = 9
```

其中，第①行代码进行短路计算，由于(a > b)是 true，后面的表达式(i == 1)不再计算，输出的结果为真。类似地，第②行代码也进行短路计算，由于(a < b)是 false，后面的表达式(i == 1)不再计算，输出的结果为假。

代码第③行中在条件表达中掺杂了++和--运算，由于(a > b)是 true，后面的表达式(a++ == --b)不再计算，所以最后是 a = 10，b = 9。

7.4 位运算符

位运算是以二进位（bit）为单位进行运算的，操作数和结果都是整型数据。位运算符有如下几个运算符：位反、位与、位或、位异或、有符号右移、左移和无符号右移等，具体说明参见表 7-6。

表 7-6 位运算符

运算符	名　　称	例　　子	说　　明
inv	位反	x.inv()	将x的值按位取反
and	位与	x and y或x.and(y)	x与y位进行位与运算
or	位或	x or y或x.or(y)	x与y位进行位或运算

续表

运算符	名　　称	例　　子	说　　明
xor	位异或	x xor y 或 x.xor(y)	x与y位进行位异或运算
shr	有符号右移	x shr y 或 x.shr(y)	x右移y位，高位采用符号位补位
shl	左移	x shl y 或 x.shl(y)	x左移y位，低位用0补位
ushr	无符号右移	x ushr a 或 x.ushr(y)	x右移y位，高位用0补位

由表 7-6 可知，Kotlin 的位运算不是采用如+、−、*、/等特殊符号，而是使用了函数。而且除了位反 inv 函数和无符号右移 ushr 函数外，其他的位运算函数还可以用中缀运算符表示，中缀运算符本质上是一个函数，该函数只有一个参数。中缀运算符模拟+、−、*、/等符号运算符，函数名在中间，省略小括号。例如：

```
x.and(y)                                    //函数表示
x and y                                     //中缀运算符表示
```

注意　无符号右移运算符仅被允许用在 Int 和 Long 整数类型，如果用于 Short 或 Byte 数据，则数据被转换为 Int 类型后再进行位移计算。

位运算示例代码如下：

```
fun main() {

    val a = 0B00110010                      //十进制 50          ①
    val b = 0B01011110                      //十进制 94          ②

    println("a 位或 b = " + (a or b))        //0B01111110，十进制值 126   ③
    println("a 位与 b = " + (a and b))       //0B00010010，十进制值 18    ④
    println("a 位异或 b = " + (a xor b))     //0B01101100，十进制值 108   ⑤
    println("b 按位取反 = " + b.inv())        //十进制值-95               ⑥

    println("a 有符号右位移 2 位 = " + (a shr 2))   //0B00001100，十进制值 12   ⑦
    println("a 有符号右位移 1 位 = " + a.shr(1))    //0B00011001，十进制值 25   ⑧
    println("a 无符号右位移 2 位 = " + a.ushr(2))   //0B00001100，十进制值 12   ⑨
    println("a 左位移 2 位 = " + (a shl 2))        //0B11001000，十进制值 200  ⑩
    println("a 左位移 1 位 = " + (a shl 1))        //0B01100100，十进制值 100  ⑪

    val c = -12                                                        ⑫
    println("c 无符号右位移 2 位 = " + c.ushr(2))                        ⑬
    println("c 有符号右位移 2 位 = " + (c shr 2))                        ⑭

}
```

输出结果如下：

```
a 位或 b = 126
a 位与 b = 18
a 位异或 b = 108
b 按位取反 = -95
a 有符号右位移 2 位 = 12
a 有符号右位移 1 位 = 25
a 无符号右位移 2 位 = 12
```

```
a 左位移 2 位 = 200
a 左位移 1 位 = 100
c 无符号右位移 2 位 = 1073741821
c 有符号右位移 2 位 = -3
```

上述代码第①行和第②行分别声明了 Int 类型变量 a 和 b，为了便于计算数值采用二进制整数表示。

代码第③行中表达式(a or b)进行位或运算，结果是二进制的 0B01111110。a 和 b 按位进行或计算，只要有一个为 1，这一位就为 1，否则为 0。

代码第④行(a and b)是进行位与运算，结果是二进制的 0B00010010。a 和 b 按位进行与计算，只有两位全部为 1，这一位才为 1，否则为 0。

代码第⑤行(a xor b)是进行位异或运算，结果是二进制的 0B01101100。a 和 b 按位进行异或计算，只有两位相反时这一位才为 1，否则为 0。

代码第⑥行是调用 b.inv()函数按位取反。

代码第⑦行(a shr 2)是进行有符号右位移 2 位运算，结果是二进制的 0B00001100。a 的低位被移除掉，由于是正数符号位是 0，高位空位用 0 补。类似代码第⑧行 a.shr(1)是进行右位移 1 位运算，结果是二进制的 0B00011001。另外，代码第⑦行(a shr 2)表达式采用的中缀运算符表示，shr 是右位移中缀运算符，代码第⑧行 a.shl(1)表达式采用的函数调用表示。

代码第⑨行 a.ushr(2)是进行无符号右位移 2 位运算，与代码第⑦行不同的是，无论是否有数符号位，高位空位都用 0 补，所以在正数情况下无符号的右位移和有符号的右位移运算结果是一样的。

代码第⑩行(a shl 2)是进行左位移 2 位运算，结果是二进制的 0B11001000。a 的高位被移除掉，低位用 0 补位。类似代码第⑪行(a shl 1)是进行左位移 1 位运算，结果是二进制的 0B01100100。

代码第⑫行声明 Int 类型负数。无符号的右位移和有符号的右位移在负数情况下差别比较大。代码第⑬行的 c.ushr(2)表达式输出结果是 1073741821，这是一个如此大的正数，从一个负数变成一个正数，这说明无符号右位移对于负数计算会导致精度的丢失。而有符号右位移对于负数的计算是正确的，见代码第⑭行。

提示 有符号右移 n 位，相当于操作数除以 2^n，例如代码第⑦行(a shr 2)表达式相当于(a / 2^2)，a = 50 所以结果等于 12，类似的还有代码第⑧行和第⑭行。另外，左位移 n 位，相当于操作数乘以 2^n，例如代码第⑩行(a shl 2)表达式相当于(a * 2^2)，a = 50 所以结果等于 200，类似的还有代码第⑪行。

7.5 其他运算符

除了前面介绍的主要运算符，Kotlin 还有一些其他运算符：

□ 冒号（:）。用于变量或常量类型声明，以及声明继承父类和实现接口。

□ 小括号。起到改变表达式运算顺序的作用，它的优先级最高。

□ 中括号（[]）。索引访问运算符号。

□ 引用号（.）。调用函数或属性运算符。

□ 赋值号（=）。赋值是用等号运算符（=）进行的。

□ 可空符（?）。标识一个可空类型。

□ 安全调用运算符（?.）。调用非空类型的函数或属性。

□ Elvis 运算符（?:）。空值合并运算符。

□ 非空断言（!!）。断言可空表达式为非空。

□ 双冒号（::）。引用类、属性或函数。

□ 区间（..）。表示一个范围区间。

□ 箭头（->）。用来声明 Lambda 表达式。

□ 展开运算符（*）。将数组传递给可变参数时使用。

除上述运算符外，还有一些鲜为人知的运算符，随着学习的深入，待用到后再为读者介绍，这里就不再赘述了。

7.6　运算符优先级

在一个表达式计算过程中，运算符的优先级非常重要。表 7–7 中第一列数字从上到下，代表运算符的优先级从高到低，同一行具有相同的优先级。二元运算符计算顺序从左向右，但是优先级 15 这一行的赋值运算符的计算顺序是从右向左的。

表 7-7　运算符优先级

优 先 级	运 算 符
1	小括号
2	后缀运算符++、--、.、?.、?
3	前缀运算符-、+、++、--、!
4	:、as、as?
5	*、/、%
6	+、-
7	区间..
8	中缀运算符
9	Elvis运算符?:
10	in、!in、is、!is
11	<、>、<=、>=
12	==、!=、===、!==
13	&&
14	||
15	=、+=、-=、*=、/=、%=

运算符优先级的从高到低顺序是：算术运算符→位运算符→关系运算符→逻辑运算符→赋值运算符。

本章小结

通过对本章内容的学习，读者可以了解到 Kotlin 语言的基本运算符，这些运算符包括算术运算符、关系运算符、逻辑运算符、位运算符和其他运算符。最后介绍了 Kotlin 运算优先级。

第8章

程序流程控制

程序设计中的流程控制有三种结构，即顺序、分支和循环结构。Kotlin 中的流程控制结构分类如下：

（1）分支结构：if 和 when。

（2）循环结构：while、do-while 和 for。

（3）跳转结构：break、continue 和 return。

8.1 分支结构

分支结构提供了一种控制机制，使得程序具有了"判断能力"，能够像人类的大脑一样分析问题。分支结构又称条件结构，条件结构使部分程序可根据某些表达式的值被有选择地执行。在 Kotlin 语言中分支结构有 if 和 when 结构，本节先介绍 if 结构。

8.1.1 if 分支结构

1. if结构当作语句使用

在 Kotlin 语言中 if 和 when 结构都是表达式，表达式是有返回值的，而语句没有。在 4.4 节讨论过这个问题。但是 if 表达式也可以当作 if 语句使用，这与传统 if 语句完全一样，下面先把 if 结构当作语句使用。

if 语句有三种结构：if 结构、if-else 结构和 else-if 结构。

（1）if 结构：

```
if (条件表达式) {
    语句组
}
```

如果条件表达式为 true 就执行语句组，否则就执行 if 结构后面的语句。

（2）if-else 结构：

```
if (条件表达式) {
    语句组 1
} else {
    语句组 2
}
```

当程序执行到 if 语句时，先判断条件表达式，如果值为 true，则执行语句组 1，然后跳过 else 语句及语句组 2，继续执行后面的语句。如果条件表达式的值为 false，则忽略语句组 1 而直接执行语句组 2，然后继续执行后面的语句。

（3）else-if 结构：

```
if (条件表达式 1) {
    语句组 1
} else if (条件表达式 2) {
    语句组 2
} else if (条件表达式 3) {
    语句组 3
        ...
} else if (条件表达式 n) {
    语句组 n
} else {
    语句组 n+1
}
```

可以看出，else-if 结构实际上是 if-else 结构的多层嵌套，它的特点就是在多个分支中只执行一个语句组，而其他分支都不执行，所以这种结构可以用于有多种判断结果的分支中。

注意　如果语句组只有一条语句，可以省略大括号。

示例如下：

```
fun main() {
    //1. if 结构
    val score = 95
    if (score >= 85) {
        println("您真优秀！")
    }
    if (score < 60) {
        println("您需要加倍努力！")
    }
    if (score >= 60 && score < 85) {
        println("您的成绩还可以，仍需继续努力！")
    }

    //2. if-else 结构
    if (score < 60) {
        println("不及格")
    } else {
        println("及格")
    }

    //3. else-if 结构
    val testScore = 76
    val grade: Char
    if (testScore >= 90) {
        grade = 'A'
    } else if (testScore >= 80) {
        grade = 'B'
```

```
    } else if (testScore >= 70) {
        grade = 'C'
    } else if (testScore >= 60) {
        grade = 'D'
    } else {
        grade = 'F'
    }
    println("Grade = $grade")
}
```

运行结果如下：

您真优秀！
及格
Grade = C

上述代码对于 Java 或 C 等其他语句有些熟悉的读者很容易读懂，此处不再赘述。

2．if表达式

Kotlin 语言主张代码简洁，8.1.1 节的代码显然不够简洁，Kotlin 语言使用 if 表达式让代码简洁。if 表达式中每个代码块的最后一个表达式就是它的返回值。因为要求有返回值，所以没有 if 结构，只有 if-else 和 else-if 两种结构。

（1）if-else 结构：

```
val(或 var) bar = if (条件表达式) {
    语句组 1
    表达式
} else {
    语句组 2
    表达式
}
```

当程序执行到 if 语句时，先判断条件表达式，如果值为 true，则执行语句组 1 所在代码块，完成后计算表达式。然后跳过 else 语句所在的语句组 2 代码块执行，完成后计算表达式，最后结束将表达式计算结果赋值给变量 bar。

（2）else-if 结构：

```
val(或 var) bar = if (条件表达式 1) {
    语句组 1
    表达式
} else if (条件表达式 2) {
    语句组 2
    表达式
} else if (条件表达式 3) {
    语句组 3
    表达式
...
} else if (条件表达式 n) {
    语句组 n
    表达式
} else {
```

```
    语句组 n+1
    表达式
}
```

注意　如果语句组所在的代码块，包括表达式，只有一条语句，可以省略大括号。

示例如下：

//代码文件：ch8.1.2.kt

```kotlin
fun main() {

    val score = 95

    //1. if-else 结构
    val result1 = if (score < 60) {                    ①
        println("不及格")
    } else {
        println("及格")                                 ②
    }

    val result2 = if (score < 60) {                    ③
        println("不及格")
        "重新考试"                                       ④
    } else {
        println("及格")
        //TODO
        "通过考试"                                       ⑤
    }                                                  ⑥

    //2. else-if 结构
    val testScore = 76
    val grade: Char = if (testScore >= 90)             ⑦
        'A'
    else if (testScore >= 80)
        'B'
    else if (testScore >= 70)
        'C'
    else if (testScore >= 60)
        'D'
    else
        'F'                                            ⑧

    println("Grade = $grade")
}
```

上述代码第①行 ~ 第②行是使用 if-else 结构的 if 表达式，虽然把结果赋值给 result1 变量，但事实上这个表达式结果没有任何的值，因为它的两个代码块中最后一条不是表达式，而是一个 println 语句，它是没返回值的。在这种场景下使用 if 表达式就没有实际意义，所以考虑使用 if 语句结构。

代码第③行 ~ 第⑥行也是 if-else 结构的 if 表达式，两个代码块最后都有表达式，见代码第④行和第⑤

行。结果将"通过考试"字符串赋值给 result2 变量，返回值是有实际意义的。

代码第⑦行、第⑧行是 else-if 结构的 if 表达式，每个代码块都只有一条表达式，因此可以省略大括号。

8.1.2　when 多分支结构

when 语句提供多分支程序结构，替代 Java 中 C 语言风格的 switch 语句，C、C++、Objective-C 和 Java 等多种语言都采用该种风格。when 结构彻底颠覆了自 C 语言风格以来大家对于 switch 的认知，这个颠覆表现在以下三方面：

（1）C 语言风格的 switch 语句只能是比较离散的单个的整数（或可以自动转换为整数）表达式，而 when 语句可以使用整数、浮点数、字符、字符串，甚至任何可以比较的类型表达式，而且它比较的数据可以是离散的也可以是连续的；

（2）when 结构中的每个分支不需要添加 break 语句，分支执行完成就会跳出 when 语句；

（3）when 结构可以作为表达式使用，并且可以将一个结果赋值给其他变量，或者与其他表达式进行计算，而 C 语言风格的 switch 语句不能作为表达式。

1. when结构当作语句使用

下面先介绍一下 when 结构当作语句使用，语法结构如下：

```
when (表达式) {
    分支条件表达式 1 -> {
        语句组 1
    }
    分支条件表达式 2 -> {
        语句组 2
    }
    ...
    分支条件表达式 n -> {
        语句组 n
    }
    else -> {
        语句组 n+1
    }
}
```

在运行时"表达式"计算结果，会与每个分支中的"分支条件表达式"进行匹配，直到找到一个分支，然后进入该分支的代码块执行，执行完成结束 when 语句。when 结构当作语句时，最后的 else 分支可以省略。另外，如果语句组所在的代码块只有一条语句，可以省略大括号。

示例代码如下：

```
fun main() {

    val testScore = 75          //设定一个数值用来测试
    when (testScore / 10) {                                              ①
        9 -> {                                                          ②
            println('优')
        }
        8 -> println('良')
        7, 6 -> println('中')                                           ③
```

```
        else -> println('差')
    }

    val level = "优"                    //设定一个数值用来测试
    var desc = ""                       //接收返回值
    when (level) {                                                         ④
        "优" -> desc = "90 分以上"
        "良" -> desc = "80 分~90 分"
        "中" -> desc = "70 分~80 分"
        "差" -> desc = "低于 60 分"
    }
    println("说明 = $desc")
}
```

运行结果如下：

中
说明 = 90 分以上

上述代码第①行的 when 语句实现了将 100 分制转换为“优”“良”“中”“差”评分制，其中 7 分和 6
分都是“中”成绩，代码第③行把 7 和 6 的情况放到一个分支中，把它们当成一种情况考虑，它们之间用
逗号（,）分隔。代码第②行分支代码块没有省略大括号，其他的分支代码块都省略了。

代码第④行是 when 语句省略了 else 分支，而且事实上这个 when 语句是有返回值的，所以它最好采用
when 表达式方式。

Kotlin 中的 when 语句很灵活，上述示例中比较表达式结果是否等于分支条件表达式结果。此外，还可
以使用 in 或!in 表达式判断结果是否在一个范围或集合中；可以用 is 或!is 表达式判断结果是否是某一类型
的对象。

when 语句还可以省略表达式，此时分支条件表达式可以是单纯的布尔值，示例代码如下：

```
when {                                  //省略表达式
    testScore >= 90 -> println('优')    //分支条件表达式单纯的布尔值
    else -> println('良')
}
```

2. when表达式

8.2.1 节的 when 语句示例代码显然还不够简洁，与 if 表达式类似，when 表达式也可以使得代码变得更
加简洁。when 表达式语法结构如下：

```
val(或 var) bar = when (表达式) {
    分支条件表达式 1 -> {
        语句组 1
        表达式
    }
    分支条件表达式 2 -> {
        语句组 2
        表达式
    }
    ...
    分支条件表达式 n -> {
        语句组 n
```

```
        表达式
    }
    else -> {
        语句组 n+1
        表达式
    }
}
```

when 表达式每一个分支最好是一条表达式，最后结束时将表达式计算结果赋值给变量 bar。需要注意的是，when 表达式不能省略 else 分支，除非编译器能判断出来，程序已经覆盖了所有的分支条件，这种情况一般会在 when 与枚举类结合使用时出现，因为枚举类的成员常量是固定几个取值。when 与枚举类结合的使用细节将在 11.9 节介绍，这里不再赘述。

示例代码：

```
fun main() {

    val testScore = 75                    //设定一个数值用来测试
    val grade = when (testScore / 10) {
        9 -> '优'
        8 -> '良'
        7, 6 -> '中'
        else -> '差'
    }
    println("Grade = $grade")

    val level = "优"                       //设定一个数值用来测试
    val desc = when (level) {
        "优" -> "90 分以上"
        "良" -> "80 分~90 分"
        "中" -> "70 分~80 分"
        "差" -> "低于 60 分"
        else -> "无法判断"
    }
    println("说明 = $desc")
}
```

上述代码中使用了两个 when 表达式，从代码中可见 when 表达式都没有省略 else 分支，读者可以将 else 分支注释掉，看一看是否能够编译通过。

8.2 循环结构

循环语句能够使程序代码重复执行。Kotlin 支持三种循环结构：while、do-while 和 for。while 循环和 for 循环是在执行循环体之前测试循环条件，而 do-while 是在执行循环体之后测试循环条件。这就意味着 while 循环和 for 循环可能连一次循环体都未执行，而 do-while 则至少执行一次循环体。

8.2.1 while 语句

while 语句是一种先判断的循环结构，格式如下：

```
while (循环条件) {
    语句组
}
```

while 循环没有初始化语句，循环次数是未知的，只要循环条件满足，循环就会一直进行下去。

注意　如果语句组只有一条语句，可以省略大括号。

下面看一个简单的示例，代码如下：

```
fun main() {

    var i = 0
    while (i * i < 100_000) {          //采用下画线分割数值可读性好
        i++
    }

    println("i = $i")                  //输出结果是 i = 317
    println("i * i = ${i * i}")        //输出结果是 i * i = 100489
}
```

上述代码的目的是找到平方数小于 100000 的最大整数。使用 while 循环需要注意几点，while 循环条件语句中只能写一个表达式，而且是一个布尔型表达式，如果循环体中需要循环变量，就必须在 while 语句之前对循环变量进行初始化。本示例中先给 i 赋值为 0，然后必须在循环体内部改变循环变量的值，否则将会发生死循环。

8.2.2　do-while 语句

do-while 语句的使用与 while 语句相似，不过 do-while 语句是事后判断循环条件结构，语句格式如下：

```
do {
    语句组
} while (循环条件)
```

do-while 循环没有初始化语句，循环次数是未知的，无论循环条件是否满足，都会先执行一次循环体，然后再判断循环条件。如果条件满足则执行循环体，不满足则停止循环。

注意　如果语句组只有一条语句，可以省略大括号。

下面看一个示例代码：

```
fun main() {

    var i = 0
    do {
        i++
    } while (i * i < 100_000)          //采用下画线分割数值可读性好

    println("i = $i")                  //输出结果是 i = 317
    println("i * i =  ${i * i}")       //输出结果是 i * i = 100489

}
```

该示例与 8.3.1 节的示例是一样的，都是找到平方数小于 100000 的最大整数。输出结果也是一样的。

8.2.3　for 语句

Kotlin 语言中没有 C 语言风格的 for 语句，它的 for 语句相等于 Java 中增强 for 循环语句，只用于对范围、数组或集合进行遍历。

范围遍历示例代码如下：

```
//代码文件：ch8.3.3.kt
...
for (num in 1..9) {                          //使用范围运算符
    println("$num × $num = ${num * num}")
}
```

输出结果如下：

```
1 × 1 = 1
2 × 2 = 4
3 × 3 = 9
4 × 4 = 16
5 × 5 = 25
6 × 6 = 36
7 × 7 = 49
8 × 8 = 64
9 × 9 = 81
```

上述代码是计算 1～9 的平方表，for 循环中 1..9 表示范围，取值范围是 1～9，范围运算将在 9.5 节详细介绍，这里不再赘述。num 是从范围中取出的元素，省略了 var 或 val 声明，注意 num 不是 C 语言风格 for 语句中的循环变量，它是范围、数组或集合中取出的元素。

集合遍历示例代码如下：

```
//代码文件：ch8.3.3.kt
...
//声明并初始化 Int 数组
val numbers = intArrayOf(43, 32, 53, 54, 75, 7, 10)               ①

for (item in numbers) {                                           ②
    println("Count is:$item")
}
```

上述代码第①行是使用 intArrayOf 函数创建并初始化 Int 数组，关于数组将在第 16 章详细介绍。代码第②行从 numbers 数组中取出元素 item。

在 for 语句遍历集合时，一般不需要循环变量，但是如果需要使用循环变量，可以使用集合 indices 属性，具体示例代码如下：

```
//代码文件：ch8.3.3.kt
...
for (i in numbers.indices) {                      //获取数组索引
    println("numbers[$i] = ${numbers[i]}")
}
```

运行结果：

```
numbers[0] = 43
numbers[1] = 32
numbers[2] = 53
numbers[3] = 54
numbers[4] = 75
numbers[5] = 7
numbers[6] = 10
```

8.3 跳转语句

跳转语句能够改变程序的执行顺序，可以实现程序的跳转。Kotlin 中主要有 3 种跳转语句：break、continue 和 return。本节重点介绍 break 和 continue 语句的使用。return 语句可以用于函数或 Lambda 表达式返回数据，详细内容将在 10.1 节和 14.3.4 节介绍，本节暂不介绍。

8.3.1 break 语句

break 语句可用于上一节介绍的 while、do-while 和 for 循环结构，它的作用是强行退出循环体，不再执行循环体中剩余的语句。

在循环体中使用 break 语句有两种方式：带标签和不带标签。语法格式如下：

```
break                        //不带标签
break@label                  //带标签，label 是标签名
```

不带标签的 break 语句使程序跳出所在层的循环体，而带标签的 break 语句使程序跳出标签指示的循环体。

下面看一个示例，代码如下：

```
val numbers = intArrayOf(1, 2, 3, 4, 5, 6, 7, 8, 9, 10)

for (i in numbers.indices) {
    if (i == 3) {
        //跳出循环
        break
    }
    println("Count is: " + numbers[i])
}
```

在上述程序代码中，当满足条件 i==3 的时候执行 break 语句，break 语句会终止循环，程序运行的结果如下：

```
Count is: 1
Count is: 2
Count is: 3
```

break 语句还可以配合标签使用，示例代码如下：

```
label1@ for (x in 0..4) {                                    ①
    for (y in 5 downTo 1) {                                  ②
        if (y == x) {
```

```
                //跳转到label1指向的外循环
                break@label1                                              ③
            }
            println("(x,y) = ($x,$y)")
        }
    }
    println("Game Over!")
```

默认情况下，break 语句只会跳出最近的内循环（代码第②行的 for 循环）。如果要跳出代码第①行的外循环，可以为外循环添加一个标签 label1，注意在定义标签的时候后面跟一个@。代码第③行的 break 语句后面跟有@label1，注意中间没有空格，这样当条件满足执行 break 语句时，程序就会跳转出 label1 标签所指定的循环。

提示 上述代码第②行 for 循环中使用递减数列中缀运算符[①]downTo，表达式 5 downTo 1 表示步长为 1 的递减数列，即从 5 到 1 每次-1，直到等于 1 为止，因此该数列值为 5、4、3、2、1。downTo 还可以与 step 中缀运算符搭配，设置数列的步长，例如 5 downTo 1 step 2，表示的数列为 5、3、1。

程序运行结果如下：

```
(x,y) = (0,5)
(x,y) = (0,4)
(x,y) = (0,3)
(x,y) = (0,2)
(x,y) = (0,1)
(x,y) = (1,5)
(x,y) = (1,4)
(x,y) = (1,3)
(x,y) = (1,2)
Game Over!
```

如果 break 语句后面没有指定外循环标签，则运行结果如下：

```
(x,y) = (0,5)
(x,y) = (0,4)
(x,y) = (0,3)
(x,y) = (0,2)
(x,y) = (0,1)
(x,y) = (1,5)
(x,y) = (1,4)
(x,y) = (1,3)
(x,y) = (1,2)
(x,y) = (2,5)
(x,y) = (2,4)
(x,y) = (2,3)
(x,y) = (3,5)
(x,y) = (3,4)
(x,y) = (4,5)
Game Over!
```

---

① 中缀运算符是处于两个操作数中间的运算符，例如：3 + 4 中的+就是中缀运算符。类似-20 中的-是前缀运算符。

比较两种运行结果，就会发现给 break 语句添加标签的意义，添加标签对于多层嵌套循环是很有必要的，适当使用可以提高程序的执行效率。

8.3.2　continue 语句

continue 语句用来结束本次循环，跳过循环体中尚未执行的语句，接着进行终止条件的判断，以决定是否继续循环。对于 for 语句，在进行终止条件的判断前，还要先执行迭代语句。

在循环体中使用 continue 语句有两种方式：带标签和不带标签。语法格式如下：

```
continue                    //不带标签
continue@label              //带标签，label 是标签名
```

下面看一个示例，代码如下：

```
val numbers = intArrayOf(1, 2, 3, 4, 5, 6, 7, 8, 9, 10)

for (i in numbers.indices) {
    if (i == 3) {
        continue
    }
    println("Count is: ${numbers[i]}")

}
```

程序运行结果如下：

```
Count is: 1
Count is: 2
Count is: 3
Count is: 5
Count is: 6
Count is: 7
Count is: 8
Count is: 9
Count is: 10
```

在上述程序代码中，当 i==3 的时候执行 continue 语句，continue 语句会终止本次循环，循环体中 continue 语句之后的语句将不再执行，接着进行下次循环，所以输出结果中没有 3。

带标签的 continue 语句示例代码如下：

```
label1@ for (x in 0..4) {                                    ①
    for (y in 5 downTo 1) {                                  ②
        if (y == x) {
            continue@label1                                 ③
        }
        println("(x,y) = ($x ,$y)")
    }
}
println("Game Over!")
```

默认情况下，continue 语句只会跳出最近的内循环（代码第②行的 for 循环），如果要跳出代码第①行的外循环，可以为外循环添加一个标签 label1，然后在第③行的 continue 语句后面跟有@label1，这样当条

件满足执行continue 语句时，程序就会跳转出外循环。

程序运行结果如下：

```
(x,y) = (0 ,5)
(x,y) = (0 ,3)
(x,y) = (0 ,1)
(x,y) = (1 ,5)
(x,y) = (1 ,3)
(x,y) = (2 ,5)
(x,y) = (2 ,3)
(x,y) = (2 ,1)
(x,y) = (3 ,5)
(x,y) = (4 ,5)
(x,y) = (4 ,3)
(x,y) = (4 ,1)
Game Over!
```

由于跳过了 x == y，因此下面的内容没有输出。

```
(x,y) = (1,1)
(x,y) = (2,2)
(x,y) = (3,3)
(x,y) = (4,4)
```

8.4　使用区间

在前面的学习过程中多次用到了区间（Range）表示一个范围，这一节介绍区间。

8.4.1　表示区间

区间有闭区间、开区间和半开区间之分，闭区间和半开区间在程序设计中使用比较多，闭区间包含上下临界值；半开区间包含下临界值，但不包含上临界值。

闭区间含义如下：

下临界值≤ 范围 ≤上临界值

半开区间含义如下：

下临界值≤ 范围 <上临界值

注意　区间中的元素只能是整数或字符类型，不能是浮点、字符串等其他数据类型。Kotlin 核心库中有三个闭区间类：IntRange、LongRange 和 CharRange。

在 Kotlin 语言中，闭区间采用区间运算符（..）表示，而半开区间则需要使用中缀运算符 until 表示。示例代码如下：

```
fun main() {

    for (x in 0..5) {                    //定义闭区间包含 0 和 5      ①
        print("$x,")
    }
```

```
        println()

        for (x in 0 until 5) {              //定义半开区间包含 0，不包含 5          ②
            print("$x,")
        }
        println()
        for (x in 'A'..'E') {               //定义闭区间包含'A'和'E'             ③
            print("$x,")
        }
        println()

        for (x in 'A' until 'E') {          //定义半开区间包含'A'，不包含'E'      ④
            print("$x,")
        }
    }
```

运行结果：

```
0,1,2,3,4,5,
0,1,2,3,4,
A,B,C,D,E,
A,B,C,D,
```

上述代码中第①行和第③行使用区间运算符（..）定义了一个闭区间。代码第②行和第④行使用 until 中缀运算符定义了一个半开区间。

8.4.2　使用 in 和!in 关键字

使用 in 关键字可以判断一个数值是否在区间中，使用!in 关键字则可以判断一个值是否不在区间中。此外，这两个关键字（in 和!in）还可以判断一个数值是否在集合或数组中。

示例代码如下：

```
fun main() {

    var testscore = 80                      //设置一个分数用于测试
    var grade = when (testscore) {                                          ①
        in 90..100 -> "优"
        in 80 until 90 -> "良"
        in 60 until 80 -> "中"
        in 0 until 60 -> "差"
        else -> "无"
    }                                                                       ②
    println("Grade = $grade")

    if (testscore !in 60..100) {            //使用!in 关键字                 ③
        println("不及格")
    }
    val strArray = arrayOf("刘备", "关羽", "张飞")
    val name = "赵云"
    if (name !in strArray) {                                                ④
        println(name + "不在队伍中")
```

```
        }
    }
```

上述代码第①行～第②行使用了 when 表达式，在分支条件表达式 in 关键字后面是一个区间，可以判断 testscore 的值是否在区间中。代码第③行使用了!in 关键字，判断 testscore 表达式的值不在 60..100 区间中。代码第④行使用了!in 关键字，判断 name 表达式的值不在字符串集合 strArray 中。

本章小结

通过对本章内容的学习，读者可以了解到 Kotlin 语言的程序流程控制，其中包括分支结构（if 和 when）、循环结构（while、do-while 和 for）和跳转结构（break、continue 和 return）等。最后介绍了 Kotlin 区间。

第 9 章

函　　数

　　程序中反复执行的代码可以封装到一个代码块中，这个代码块模仿了数学中的函数，具有函数名、参数和返回值，这就是 Kotlin 中的函数。

　　Kotlin 中的函数很灵活，它可以独立于类或接口之外存在，即顶层函数，也就是全局函数，之前接触的 main 函数就属于顶层函数；它也可以存在于别的函数中，即局部函数；还可以存在于类或接口之中，即成员函数。

　　约定　在 Kotlin 语言中函数可以在类或接口中声明，这些函数隶属于类或接口，它们是成员函数，即 Java 中的方法，有些资料也将 Kotlin 中的成员函数翻译为"方法"。为了统一，本书不采用"方法"的说法，还是称为函数。

　　本章重点介绍 Kotlin 函数基础内容，而高阶函数和函数类型将在第 13 章详细介绍。

9.1　函数声明

　　要使用函数首先需要声明函数，然后在需要的地方进行调用。函数声明的语法格式如下：

```
fun 函数名(参数列表) : 返回值类型 {
    函数体
    return 返回值
}
```

　　在 Kotlin 中声明函数时，关键字是 fun，函数名需要符合标识符命名规范；多个参数列表之间可以用逗号（,）分隔，当然也可以没有参数。参数列表语法如图 9-1 所示，每一个参数一般是由两部分构成：参数名和参数类型。

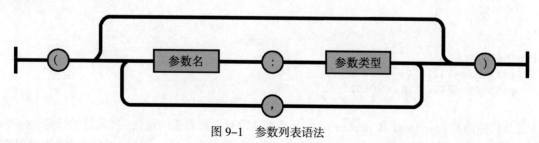

图 9-1　参数列表语法

　　在参数列表后"：返回值类型"指明函数的返回值类型，如果函数没有需要返回的数据，则"：返回值类型"部分可以省略。对应地，如果函数有返回数据，就需要在函数体最后使用 return 语句将计算的数据返回；如果没有返回数据，则函数体中可以省略 return 语句。

函数声明示例代码如下：

```
fun rectangleArea(width: Double, height: Double): Double {          ①
    val area = width * height
    return area                                                     ②
}

fun main() {
    println("320x480 的长方形的面积:${rectangleArea(320.0, 480.0)}")    ③
}
```

上述代码第①行是声明计算长方形的面积的函数 rectangleArea，它有两个 Double 类型的参数，分别是长方形的宽和高，width 和 height 是参数名。函数的返回值类型是 Double。代码第②行是通过 return 返回函数计算结果。代码第③行是调用 rectangleArea 函数。

9.2　返回特殊数据

在函数体中可以通过 return 语句返回数据，返回数据类型要与函数声明的数据类型保持一致。本节讨论一些特殊的返回数据，其中包括无返回数据和永远不会正常返回的数据。

9.2.1　无返回数据与 Unit 类型

有的函数只是为了处理某个过程，不需要返回具体数据，例如 println 函数。此时可以将函数返回类型声明为 Unit，相当于 Java 中的 void 类型，表示没有实际意义的数据。

示例代码如下：

```
fun printArea1(width: Double, height: Double): Unit {      //可以省略 Unit     ①
    val area = width * height
    println("$width x $height 长方形的面积:$area")
    return                                                 //可以省略 return   ②
}

fun printArea2(width: Double, height: Double) {            //省略 Unit         ③
    val area = width * height
    println("$width x $height 长方形的面积:$area")
    //省略 return                                                              ④
}

fun main() {
    printArea1(320.0, 480.0)
    printArea2(320.0, 480.0)
}
```

上述代码中声明 printArea1 和 printArea2 的函数都是没有返回数据的函数。代码第①行将 printArea1 返回类型声明为 Unit。代码第③行令 printArea2 省略了返回类型声明，从 Kotlin 编程规范的角度提倡省略。

若在函数体中没有返回数据，则 return 语句也就没有表达式，见代码第②行。可以省略 return 语句，见代码第④行。

9.2.2　永远不会正常返回的数据与 Nothing 类型

Kotlin 中提供一种特殊的数据类型 Nothing，Nothing 只用于函数返回类型声明，不能用于变量声明。Nothing 声明的函数永远不会正常返回数据，只会抛出异常。

示例代码如下：

```
import java.io.IOException

fun main() {
    val date = readDate()
}

fun readDate(): Nothing {
    throw IOException()
}
```

代码中的 readDate 函数返回类型是 Nothing，这是因为 readDate 函数中 throw IOException()语句会抛出异常，readDate 函数不会正常返回数据。

提示　使用 Nothing 的目的何在？有些框架，例如 Junit 单元测试框架，在测试失败时会调用 Nothing 返回类型的函数，通过它抛出异常使当前测试用例失败。

注意　Unit 与 Nothing 的区别：Unit 表示数据没有实际意义，它可以声明函数返回类型，也可以声明变量类型，声明函数时函数可以正常返回，只是返回数据没有实际意义；Nothing 只能声明函数返回类型，说明函数永远不会正常返回，Nothing 不能声明变量。

9.3　函数参数

Kotlin 中的函数参数很灵活，具体体现在传递参数有多种形式上。本节介绍几种不同形式的参数和调用方式。

9.3.1　使用命名参数调用函数

为了提高函数调用的可读性，在函数调用时可以采用命名参数调用。采用命名参数调用函数声明时不需要做额外的工作。

示例代码如下：

```
fun printArea(width: Double, height: Double): Unit {
    val area = width * height
    println("$width x $height 长方形的面积:$area")
}

fun main() {
    printArea(320.0, 480.0)                        //没有采用命名参数函数调用       ①
    printArea(width = 320.0, height = 480.0)       //采用命名参数函数调用           ②
    printArea(320.0, height = 480.0)               //采用命名参数函数调用           ③
```

```
//printArea(width = 320.0, 480.0)              //编译错误                    ④
printArea(height = 480.0, width = 320.0)        //采用命名参数函数调用           ⑤
}
```

printArea 函数有两个参数，在调用时没有采用命名参数函数调用，见代码第①行。也可以使用命名参数调用函数，见代码第②行、第③行和第⑤行，其中 width 和 height 是参数名。从上述代码比较可见，采用命名参数调用函数能够清晰地看出传递参数的含义，命名参数对于多参数函数调用非常有用。另外，采用命名参数函数调用时，参数顺序可以与函数定义时的参数顺序不同。

注意 在调用函数时，一旦其中一个参数采用了命名参数形式传递，那么其后的所有参数都必须采用命名参数形式传递，除非它是最后一个参数。代码第④行的函数调用中，第一个参数 width 采用了命名参数形式，而它后面的参数没有采用命名参数形式，因此会有编译错误。

9.3.2 参数默认值

在声明函数时可以为参数设置一个默认值，当调用函数的时候可以忽略该参数。来看下面的一个示例：

```
fun makeCoffee(type: String = "卡布奇诺"): String {
    return "制作一杯${type}咖啡。"
}
```

上述代码声明了 makeCoffee 函数，可以制作一杯香浓的咖啡。此处把卡布奇诺设置为默认值。在参数列表中，默认值可以跟在参数类型的后面，通过等号提供给参数。

在调用的时候，如果调用者没有传递参数，则使用默认值。调用代码如下：

```
fun main() {

    val coffee1 = makeCoffee("拿铁")                                         ①
    val coffee2 = makeCoffee()                                              ②

    println(coffee1)                //制作一杯拿铁咖啡。
    println(coffee2)                //制作一杯卡布奇诺咖啡。
}
```

其中第①行代码是传递"拿铁"参数，没有使用默认值。第②行代码没有传递参数，因此使用默认值。

给 Java 程序员的提示 makeCoffee 函数也可以采用重载实现多个版本。Kotlin 提倡使用参数默认值的方式，因为参数默认值只需要一个声明函数就可以了，而重载则需要声明多个函数，这会增加代码量，除非重载函数实现的代码差别很大。

9.3.3 可变参数

Kotlin 中函数的参数个数可以变化，它可以接受不确定数量的输入类型参数（这些参数具有相同的类型），有点像是传递一个数组。可以通过在参数名前面加 vararg 关键字的方式来表示这是可变参数。

下面看一个示例：

```
fun sum(vararg numbers: Double, multiple: Int = 1): Double {
    var total = 0.0
    for (number in numbers) {
```

```
        total += number
    }
    return total * multiple
}
```

上述代码声明了一个 sum 函数，用来计算传递给它的所有参数之和。参数列表 "numbers: Double" 表示这是 Double 类型的可变参数。在函数体中参数 numbers 被认为是一个 Double 数组，可以使用 for 循环遍历 numbers 数组，计算它们的总和，然后返回给调用者。

下面是三次调用 sum 函数的代码：

```
fun main() {
    println(sum(100.0, 20.0, 30.0))            //输出 150.0
    println(sum(30.0, 80.0))                   //输出 110.0
    println(sum(30.0, 80.0, multiple = 2))     //输出 220.0                    ①

    val doubleAry = doubleArrayOf(50.0, 60.0, 0.0)                            ②
    println(sum(30.0, 80.0, *doubleAry))       //输出 220.0                    ③
}
```

可以看到，每次所传递参数的个数是不同的，前两次调用时都省略了 multiple 参数，第三次调用时传递了 multiple 参数，此时 multiple 应该用命名参数形式传递，否则有编译错误。

如果已经有一个数组变量（见代码第②行），能否传递给可变参数呢？这需要使用展开运算符（*），见代码第③行在数组 doubleAry 前面加上星号（*），星号在这里是展开运算符，顾名思义就是将数组展开类似于 "50.0, 60.0, 0.0" 的形式。

注意 可变参数不是最后一个参数时，后面的参数需要采用命名参数形式传递。代码第①行 "30.0, 80.0" 是可变参数，后面 multiple 参数需要用命名参数形式传递。

9.4 表达式函数体

如果在函数体中表达式能够表示成单个表达式时，那么函数可以采用更加简单的表示方式。9.1 节的示例 rectangleArea 函数代码如下：

```
fun rectangleArea(width: Double, height: Double): Double {
    val area = width * height
    return area
}
```

重新编写 rectangleArea 函数，采用表达式体函数示例代码如下：

```
fun rectangleArea2(width: Double, height: Double): Double = width * height

fun main() {
    println("320×480 的长方形的面积:${rectangleArea2(320.0, 480.0)}")
}
```

表达式体函数去掉了大括号和 return 语句，直接返回表达式，而且可以省略函数返回类型。

9.5　局部函数

在本节之前声明的函数都是顶层函数，函数还可在类内部和另一个函数的内部声明，在类内部声明的函数称为成员函数，在另一个函数内部声明的函数称为局部函数。

示例代码：

```kotlin
fun calculate(n1: Int, n2: Int, opr: Char): Int {

    val multiple = 2

    //声明相加函数
    fun add(a: Int, b: Int): Int {                                      ①
        return (a + b) * multiple
    }

    //声明相减函数
    fun sub(a: Int, b: Int): Int = (a - b) * multiple                   ②

    return if (opr == '+') add(n1, n2) else sub(n1, n2)
}

fun main() {
    print(calculate(10, 5, '+'))         //输出结果是 30
    add(10, 5)                           //编译错误                       ③
    sub(10, 5)                           //编译错误                       ④
}
```

上述代码在 main 函数中声明了两个局部函数 add 和 sub，见代码第①行和第②行，其中 sub 函数采用表达式函数体形式声明。

局部函数可以访问所在外部函数 calculate 中的变量 multiple。另外，内部函数的作用域在外函数体内，因此直接访问局部函数会发生编译错误，见代码第③行和第④行。

9.6　匿名函数

Kotlin 中可以使用匿名函数，匿名函数不需要函数名，需要 fun 关键字声明，还需要有参数列表和返回类型声明，函数体中需要包含必要的 return 语句。

重构 9.5 节的示例，代码如下：

```kotlin
fun calculate(n1: Int, n2: Int, opr: Char): Int {

    val multiple = 2

    val resultFun = if (opr == '+')
        //声明相加匿名函数
        fun(a: Int, b: Int): Int {                                      ①
            return (a + b) * multiple
        }
```

```
    else
        //声明相减匿名函数
        fun(a: Int, b: Int): Int = (a - b) * multiple          ②
    return resultFun(n1, n2)
}

fun main() {
    println(calculate(10, 5, '+'))              //输出结果是 30
}
```

上述代码第①行是声明匿名函数，第②行是声明表达式函数体形式的匿名函数。这些匿名函数与有名函数非常类似，只是没有函数名。注意 resultFun 变量接收匿名函数，resultFun 变量是函数类型，有关函数类型将在 13.2 节介绍，这里不再赘述。

本章小结

通过对本章内容的学习，读者可以熟悉在 Kotlin 中如何声明函数与 Kotlin 中函数的返回类型，了解 Unit 与 Nothing 之间的区别。读者还会了解到如何调用函数，以及函数的参数、表达式函数体、局部函数和匿名函数等内容。

第二篇 面向对象与函数式编程

　　本篇包括 7 章内容，介绍了 Kotlin 语言面向对象和面向函数式编程的相关知识。内容包括面向对象、继承与多态、抽象类与接口等 Kotlin 语言面向对象的基础知识，以及高阶函数、Lambda 表达式、函数式编程 API 等函数式编程知识。

第 10 章　面向对象编程

第 11 章　继承与多态

第 12 章　抽象类与接口

第 13 章　函数式编程基石——高阶函数和 Lambda 表达式

第 14 章　泛型

第 15 章　数据容器——数组和集合

第 16 章　Kotlin 中函数式编程 API

面向对象编程

Kotlin 语言目前还是以面向对象编程为主，函数式编程为辅。面向对象是 Kotlin 重要的特性之一。本章将介绍 Kotlin 面向对象编程的知识。

10.1 面向对象概述

面向对象的编程思想：按照真实世界中客观事物的自然规律进行分析，客观世界中存在什么样的实体，构建的软件系统就存在什么样的实体。

例如：在真实世界的学校里，会有学生和老师等实体，学生有学号、姓名、所在班级等属性（数据），学生还有学习、提问、吃饭和走路等操作。学生只是抽象的描述，这个抽象的描述称为"类"。在学校里活动的是学生个体，即张同学、李同学等，这些具体的个体称为"对象"，"对象"也称为"实例"。

在现实世界有类和对象，面向对象软件世界也会有，只不过它们会以某种计算机语言编写的程序代码的形式存在，这就是面向对象编程（Object Oriented Programming，OOP）。

提示 函数式编程与面向对象编程有很大的差别，函数式编程将程序代码看作数学中的函数，函数本身可以作为另一个函数的参数或返回值，即高阶函数，业务逻辑被封装成函数。而面向对象编程是按照真实世界客观事物的自然规律进行分析，客观世界中存在什么样的实体，构建的软件系统就存在什么样的实体，被封装的业务逻辑称为对象。

10.2 面向对象三个基本特性

面向对象编程思想有三个基本特性：封装性、继承性和多态性。

10.2.1 封装性

在现实世界中封装的例子到处都是。例如：一台计算机内部极其复杂，有主板、CPU、硬盘和内存，而一般用户不需要了解它的内部细节，不需要知道主板的型号、CPU 主频、硬盘和内存的大小，于是计算机制造商用机箱把计算机封装起来，对外提供了一些接口，如鼠标、键盘和显示器等，这样用户使用计算机就变得非常方便。

那么，面向对象的封装与真实世界的目的是一样的。封装令外部访问者不能随意存取对象的内部数据，隐藏了对象的内部细节，只保留有限的对外接口。外部访问者不用关心对象的内部细节，使操作变得简单。

10.2.2　继承性

在现实世界中继承也是无处不在。例如：轮船与客轮之间的关系，客轮是一种特殊轮船，拥有轮船的全部特征和行为，即数据和操作。在面向对象中轮船是一般类，客轮是特殊类，特殊类拥有一般类的全部数据和操作，称为特殊类继承一般类。在面向对象计算机语言中一般类称为"父类"或"超类"，特殊类称为"子类"或"派生类"，本书采用"父类"和"子类"的说法。

提示　在有些语言（如 C++）中支持多继承，多继承就是一个子类可有多个父类，例如：客轮是轮船，也是交通工具，客轮的父类是轮船和交通工具。多继承会引起很多冲突问题，因此现在很多面向对象的语言都不支持多继承。Kotlin 语言是单继承的，即只能有一个父类，但可以实现多个接口，可以防止多继承所引起的冲突问题。

10.2.3　多态性

多态性是指在父类中成员变量和成员函数被子类继承之后，可以具有不同的状态或表现行为。有关多态性会在 11.4 节详细解释，这里不再赘述。

10.3　类声明

类是 Kotlin 中的一种重要的数据类型，是组成 Kotlin 程序的基本要素。它封装了一类对象的数据和操作。为了方便用户使用，Kotlin 中的类有很多种形式：标准类、枚举类、数据类、内部类、嵌套类和密封类等，此外还有抽象类和接口。

约定　默认情况下本书所提到的类就是指标准类。

Kotlin 中的类声明的语法与 Java 非常相似。使用 class 关键词声明，它们的语法格式如下：

```
class 类名 {
    声明类的成员
}
```

Kotlin 中的类成员包括：构造函数、初始化代码块、成员函数、属性、内部类和嵌套类、对象表达式声明。

声明动物（Animal）类代码如下：

```
class Animal {
    //类体
}
```

上述代码声明了动物（Animal）类，大括号中是类体，如果类体中没有任何的成员，可以省略大括号。代码如下：

```
class Animal
```

类体一般都会包括一些类成员，下面看一个声明属性示例：

```
//代码文件: com/zhijieketang/Animal.kt
```

```
class Animal {

    //动物年龄
    var age = 1
    //动物性别
    var sex = false
    //动物体重
    private val weight = 0.0

}
```

下面看一个声明成员函数示例：

```
class Animal {

    //动物年龄
    var age = 1
    //动物性别
    var sex = false
    //动物体重
    private val weight = 0.0

    private fun eat() {                                          ①
        //函数体
    }

    fun run(): Int {                                            ②
        //函数体
        return 10
    }

    fun getMaxNumber(n1: Int, n2: Int) = if (n1 > n2) n1 else n2  ③

}
```

上述代码第①行、第②行、第③行声明了三个成员函数。成员函数是在类中声明的函数，它的声明与顶层函数没有区别，只是在调用时需要类的对象才能调用，示例代码如下：

```
//代码文件: com/zhijieketang/HelloWorld.kt
package com.zhijieketang

import Animal

fun main() {
    val animal = Animal()                                      ①
    println(animal.getMaxNumber(12, 16)) //16                  ②
}
```

上述代码第①行中 Animal()表达式是实例化 Animal 类，创建一个 animal 对象。创建对象与 Java 相比省略了 new 关键字，与 Swift 相同。代码第②行是通过 animal 对象调用 getMaxNumber 成员函数。

约定　在 Java 等语言中将类的成员函数称为方法，而在 Kotlin 中有顶层函数和成员函数之分，为了保持命名一致，防止引起混淆，本书中将类的成员方法还是称为成员函数。

10.4　属性

属性是为了方便访问封装后的字段而设计的，属性本身并不存储数据，数据是存储在支持字段（backing field）中的。

提示　Kotlin 中属性可以在类中声明，称为成员属性。属性也可以在类之外，类似于顶层函数，称为顶层属性，事实上顶层属性就是全局变量。本章介绍的属性主要是类的成员属性。

10.4.1　什么是 JavaBean

JavaBean 是一种 Java 语言的可重用组件技术，它能够与 JSP（Java Server Page，Java 服务器页面）标签绑定，很多 Java 框架也使用 JavaBean。JavaBean 的字段（成员变量）往往被封装成为私有的，为了能够在类的外部访问这些字段，需要通过 getter 和 setter 访问器访问。动物（Animal）类 Java 代码如下：

```
//代码文件：com/zhijieketang/Animal.java

package com.zhijieketang;
public class Animal {
    //动物年龄
    private int age = 1;                              ①
    //动物性别
    private boolean sex = false;                      ②

    public int getAge() {                             ③
        return age;
    }

    public void setAge(int age) {                     ④
        this.age = age;
    }

    public boolean isSex() {                          ⑤
        return sex;
    }

    public void setSex(boolean sex) {                 ⑥
        this.sex = sex;
    }
}
```

可见 Kotlin 代码非常简洁，注意上述 Animal 类中的 age 和 sex 不是字段而是属性，一个属性对应一个字段以及 setter 和 getter 访问器，如果是只读属性则没有 setter 访问器。

如果使用 Kotlin 语言中同样的类，代码如下：

```
//代码文件：com/zhijieketang/Animal.kt
package com.zhijieketang
```

```
class Animal {

    //动物年龄
    var age = 1
    //动物性别
    var sex = false

}
```

10.4.2 声明属性

Kotlin 中声明属性的语法格式如下：

var|val 属性名 [：数据类型] [= 属性初始化]
       [getter 访问器]
        [setter 访问器]

从上述属性语法可见，属性的最基本形式与声明一个变量或常量是一样的。val 所声明的属性是只读属性。如果需要还可以重写属性的 setter 访问器和 getter 访问器。

约定　在本书的语法说明中，中括号（[]）部分表示可以省略；竖线（|）表示"或"关系，例如 var|val 表示可以使用 var 或 val 关键字，但两个关键字不能同时出现。

提示　属性本身并不真正地保存数据，数据被保存到支持字段（backing field）中，支持字段一般是不可见的，支持字段只能应用在属性访问器中，通过系统定义好的 field 变量访问。

示例代码如下：

```
//代码文件：com/zhijieketang/ HelloWorld.kt
package com.zhijieketang
//员工类
class Employee {
    var no: Int = 0                    //员工编号属性
    var job: String? = null            //工作属性                    ①
    var firstName: String = "Tony"                                  ②
    var lastName: String = "Guan"                                   ③
    var fullName: String                //全名                      ④
        get() {                                                     ⑤
            return "$firstName.$lastName"
        }
        set (value) {                                               ⑥
            val name = value.split(".")                             ⑦
            firstName = name[0]
            lastName = name[1]
        }

    var salary: Double = 0.0            //薪资属性                   ⑧
        set(value) {
            if (value >= 0.0) field = value                        ⑨
        }
```

```
    }

    //主函数
    fun main() {
        val emp = Employee()
        println(emp.fullName)//Tony.Guan
        emp.fullName = "Tom.Guan"
        println(emp.fullName)//Tom.Guan

        emp.salary = -10.0                     //不接收负值
        println(emp.salary)//0.0
        emp.salary = 10.0
        println(emp.salary)//10.0
    }
```

上述代码第①行是声明员工的 job，它是一个可空字符串类型。代码第②行是声明员工的 firstName 属性，代码第③行是声明员工的 lastName 属性。代码第④行是声明全名属性 fullName，fullName 属性值通过 firstName 属性和 lastName 属性拼接而成。代码第⑤行重写 getter 访问器，可以写成表达式形式。

代码第⑥行是重写 setter 访问器，value 是新的属性值，代码第⑦行是通过 String 的 split 函数分割字符串，返回的是 String 数组。

代码第⑧行是声明员工的薪资属性，薪资是不能为负数的，这里重写了 setter 访问器。代码第⑨行判断如果薪资大于或等于 0.0 时，才将新的属性值赋值给 field 变量，field 变量是访问支持字段（backing field），属于 field 软关键字。

提示　并不是所有的属性都有支持字段，例如上述代码中的 fullName 属性是通过另外的属性计算而来的，它没有支持字段，声明时不需要初始值。这种属性有点像是一个函数，在 Swift 语言中称为计算属性。

10.4.3　延迟初始化属性

假设公司管理系统中有两个类 Employee（员工）和 Department（部门），它们的类图如图 10-1 所示，它们有关联关系，Employee 所在部门的属性 dept 与 Department 关联起来。这种关联关系体现为：一个员工必然隶属于一个部门，一个员工实例对应于一个部门实例。

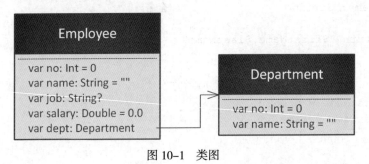

图 10-1　类图

下面看一下示例代码：

```
//代码文件: com/zhijieketang/HelloWorld.kt
package com.zhijieketang
```

```
//员工类
class Employee {
    ...
    var dept = Department()          //所在部门属性                    ①

}

//部门类
class Department {
    var no: Int = 0                  //部门编号属性
    var name: String = ""            //部门名称属性
}
//主函数
package com.zhijieketang

fun main() {
    val emp = Employee()
    ...
    println(emp.dept)
}
```

在创建 Employee 对象时，需要同时实例化 Employee 的所有属性，也包括实例化 dept（部门）属性，代码第①行声明 dept 属性的同时进行了初始化，创建 Department 对象。如果是一个新入职的员工，有时并不关心员工在哪个部门，只关心他的 no（编号）和 name（姓名）。上述代码虽然不使用 dept 对象，但是仍然会实例化它，这样会占用内存。Kotlin 可以将属性设置为延迟初始化，修改代码如下：

```
//代码文件: com/zhijieketang/HelloWorld.kt

//员工类
class Employee {

    ...
    lateinit var dept: Department    //所在部门属性                    ①
}

//部门类
class Department {
    var no: Int = 0                          //部门编号属性
    var name: String = ""                    //部门名称属性
}
```

主函数代码如下：

```
//代码文件: com/zhijieketang/HelloWorld.kt
//主函数
fun main() {

    val emp = Employee()
    println(emp.fullName)//Tony.Guan
    emp.fullName = "Tom.Guan"
```

```
println(emp.fullName)//Tom.Guan

emp.salary = -10.0                          //不接收负值
println(emp.salary)//0.0
emp.salary = 10.0
println(emp.salary)//10.0

emp.dept = Department()
println(emp.dept)
```

代码第①行在声明 dept 属性前面添加了关键字 lateinit，这样 dept 属性就被设置为延时初始化。顾名思义，延时初始化属性就是不必在类实例化时初始化它，可以根据需要在程序运行期初始化。而没有 lateinit 声明的非可空类型属性必须在类实例化时初始化。

提示 延时初始化的属性要求：不能是可空类型；只能使用 var 声明；lateinit 关键字应该放在 var 之前。

10.4.4 委托属性

Kotlin 提供一种委托属性，使用 by 关键字声明，示例代码如下：

```
//代码文件：com/zhijieketang/ch10.4.4.kt
package com.zhijieketang

import kotlin.reflect.KProperty

class User {
    var name: String by Delegate()                                              ①
}

class Delegate {
    operator fun getValue(thisRef: Any, property: KProperty<*>): String = property.
name                                                                            ②

    operator fun setValue(thisRef: Any?, property: KProperty<*>, value: String) { ③
        println(value)
    }
}

fun main() {

    val user = User()
    user.name = "Tom"                                                           ④
    println(user.name)                                                         ⑤

}
```

运行结果

```
Tom
name
```

上述代码第①行是声明委托属性，by 是委托运算符，它后面的 Delegate 就是属性 name 的委托对象，通过 by 运算符属性 name 的 setter 访问器被委托给 Delegate 对象的 setValue 函数，属性 name 的 getter 访问器被委托给 Delegate 对象的 getValue 函数。Delegate 对象不必实现任何接口，只需要实现 getValue 和 setValue 函数即可，见代码第②行和第③行。注意这两个函数前面都有 operator 关键字修饰，operator 所修饰的函数是运算符重载函数，本示例说明了 getValue 和 setValue 函数如何重载 by 运算符。

代码第④行给 name 属性赋值，这会调用委托对象的 setValue 函数，代码第⑤行是读取 name 数组值，这会调用委托对象的 getValue 函数。

10.4.5　惰性加载属性

实际开发中很少使用自己声明的委托属性，而是使用 Kotlin 标准库中提供的一些委托属性，如惰性加载属性和可观察属性。本节先介绍惰性加载属性。

惰性加载属性与延迟初始化属性类似，只有第一次访问该属性时才进行初始化。不同的是惰性加载属性使用 lazy 函数声明委托属性，而延迟初始化属性使用 lateinit 关键字修饰属性。另外，惰性加载属性必须使用 val 声明，而延迟初始化属性必须使用 var 声明。

示例代码如下：

```
//代码文件：com/zhijieketang/HelloWorld.kt
package com.zhijieketang

//员工类
open class Employee {

    var no: Int = 0                               //员工编号属性
    var firstName: String = "Tony"
    var lastName: String = "Guan"

    val fullName: String by lazy {                                      ①
        "$firstName.$lastName"
    }

    lateinit var dept: Department                                      ②
}

//部门类
class Department {
    var no: Int = 0                               //部门编号属性
    var name: String = ""                         //部门名称属性
}

//主函数
fun main() {

    val emp = Employee()
    println(emp.fullName)//Tony.Guan

    val dept = Department()
    dept.no = 20
```

```
    emp.dept = dept
```

上述代码第①行声明了惰性加载属性 fullName，by 后面是 lazy 函数，注意 lazy 不是关键字，而是函数。
lazy 函数后面跟着的是尾随 Lambda 表达式。惰性加载属性使用 val 声明。

代码第②行声明了延迟初始化属性 dept，使用关键字 lateinit。延迟初始化属性使用 var 声明。

10.4.6　可观察属性

另一个使用委托属性的示例是可观察属性，委托对象监听属性的变化，当属性变化时委托对象会被触
发。示例代码如下：

```
//代码文件：com/zhijieketang/HelloWorld.kt
package com.zhijieketang

import kotlin.properties.Delegates

//部门类
class Department {
    var no: Int = 0                                  //部门编号属性
    var name: String by Delegates.observable("<无>") { p, oldValue, newValue ->    ①

        println("$oldValue -> $newValue")
    }
}

//员工类
open class Employee {

    var no: Int = 0                                  //员工编号属性
    var firstName: String = "Tony"
    var lastName: String = "Guan"

    val fullName: String by lazy {
        "$firstName.$lastName"
    }

    lateinit var dept: Department            //所在部门属性

}

fun main() {

    val dept = Department()
    dept.no = 20
    dept.name = "技术部"                          //<无> -> 技术部                        ②
    dept.name = "市场部"                          //技术部 -> 市场部                        ③

}
```

上述代码第①行是声明 name 委托属性，by 关键字后面的 Delegates.observable 函数有两个参数：第一个

参数是委托属性的初始化值，第二个参数是属性变化事件的响应器，响应器是函数类型，具体调用时可使用 Lambda 表达式作为实际参数。在 Lambda 表达式中有三个参数，其中 p 是属性，oldValue 是属性的旧值，newValue 是属性的新值。

10.5　扩展

在"面向对象分析与设计方法学"（OOAD）中，为了增强一个类的新功能，可以通过继承机制从父类继承一些函数和属性，然后再根据需要在子类中添加一些函数和属性，这样就可以得到增强功能的新类了。但是这种方式受到了一些限制，继承过程比较烦琐，类继承性可能被禁止，有些功能也可能无法继承。

在 Kotlin 中可以使用一种扩展机制，在原始类型的基础上添加新功能。扩展是一种"轻量级"的继承机制，即使原始类型被限制继承，仍然可以通过扩展机制增强原始类型的功能。Kotlin 可以扩展原始类型的函数和属性，原始类型称为"接收类型"。扩展必须针对某种接收类型，所以顶层函数和属性没有扩展。

提示　对于扩展这种"轻量级"机制，很多 Java 程序员在使用 Kotlin 语言时不擅长使用，而是保守地使用继承机制。在设计基于 Kotlin 语言的程序时，要优先考虑扩展机制是否能够满足需求，如果不能，则再考虑继承机制。

10.5.1　扩展函数

在接收类型上扩展函数，具体语法如下：

```
fun 接收类型.函数名(参数列表) : 返回值类型 {
    函数体
    return 返回值
}
```

可见扩展函数与普通函数的区别是在函数名前面加上"接收类型."。接收类型可以是任何 Kotlin 数据类型，包括基本数据类型和引用类型。示例代码如下：

```
//代码文件：com/zhijieketang/HelloWorld.kt
package com.zhijieketang

//基本数据类型扩展
fun Double.interestBy(interestRate: Double): Double {              ①
    return this * interestRate
}

//自定义账户类
class Account {
    var amount: Double = 0.0              //账户金额
    var owner: String = ""                //账户名
}

//账户类函数扩展
fun Account.interestBy(interestRate: Double): Double {             ②
    return this.amount * interestRate
}
```

```kotlin
fun main() {

    val interest1 = 10_000.00.interestBy(0.0668)                       ③
    println("利息 1: $interest1")

    val account = Account()
    val interest2 = account.interestBy(0.0668)                         ④
    println("利息 2: $interest2")
}
```

上述代码第①行是声明基本数据 Double 扩展函数，代码第②行是声明自定义类 Account 扩展函数。在两个扩展函数中都使用了 this 关键字，this 表示当前类型的接收对象。

10.5.2 扩展属性

在接收类型上扩展属性，具体语法如下：

var|val 接收类型.属性名 [: 数据类型]
       [getter 访问器]
       [setter 访问器]

可见扩展属性与普通属性在声明时的区别是在属性名前面加上“接收类型.”。接收类型可以是任何 Kotlin 数据类型，包括基本数据类型和引用类型。

提示　Kotlin 扩展属性没有支持字段，所以扩展属性不能初始化，不能使用 field 变量。

示例代码如下：

```kotlin
//代码文件：com/zhijieketang/HelloWorld.kt
package com.zhijieketang

//部门类
class Department {
    var no: Int = 0                   //部门编号属性
    var name: String = ""             //部门名称属性
}


var Department.desc: String                                            ①
    get() {
        return "Department [no=${this.no}, name=${this.name}]"
    }

    set(value) {
        println(value)
        //println(field)           //编译错误                         ②
    }


val Int.errorMessage: String                                          ③
    get() = when (this) {
        -7 -> "没有数据。"
```

```
            -6 -> "日期没有输入。"
            -5 -> "内容没有输入。"
            -4 -> "ID 没有输入。"
            -3 -> "数据访问失败。"
            -2 -> "您的账号最多能插入 10 条数据。"
            -1 -> "用户不存在，请到 http://zhijieketang.com 注册。"
            else -> ""
        }

fun main() {

    val message = (-7).errorMessage                               ④
    println("Error Code: -7 , Error Message: $message")

    val dept = Department()
    dept.name ="画画的程序员"
    dept.no = 100
    println(dept.desc)
}
```

运行结果

```
Error Code: -7 , Error Message:  没有数据。
Department [no=100, name=画画的程序员]
```

上述代码第①行是声明一个扩展属性 desc，它的接收类型是部门类 Department，可见 desc 属性没有初始化，代码第②行是试图使用 field 变量，会发生编译错误。

代码第③行是声明 Int 类型的扩展属性 errorMessage，errorMessage 属性用于将错误编码转换为错误描述信息，其中使用了 when 表达式。代码第④行是访问 errorMessage 属性，(-7).errorMessage 是获得-7 编码对应的错误描述信息。注意整个"-7"（包括负号）是一个完整的 Int 对象，因此调用它的属性时需要将-7 作为一个整体用小括号括起来。

10.5.3 "成员优先"原则

无论是扩展属性还是扩展函数，如果接收类型成员中已经有相同的属性和函数，那么在调用属性和函数时，始终是调用接收类型的成员属性和函数。这就是"成员优先"原则。

示例代码如下：

```
//代码文件：com/zhijieketang/HelloWorld.kt
package com.zhijieketang

//部门类
class Department {
    var no: Int = 0                           //部门编号属性
    var name: String = ""                     //部门名称属性
    var desc: String = "成员: ${no} - ${name}"  //描述属性              ①

    fun display() : String {                                          ②
        return "成员: [no=${this.no}, name=${this.name}]"
    }
```

```
    }

    val Department.desc: String                                           ③
        get() {
            return "扩展: [no=${this.no}, name=${this.name}]"
        }

    fun Department.display() : String {                                   ④
        return  "扩展: [no=${this.no}, name=${this.name}]"
    }

    fun Department.display(f: String): String {                          ⑤
        return "扩展: $f, [no=${this.no}, name=${this.name}] "
    }

    fun main() {

        val dept = Department()
        dept.name = "画画的程序员"
        dept.no = 100

        println(dept.desc)                                                ⑥
        println(dept.display())                                           ⑦
        println(dept.display("My"))                                       ⑧

    }
```

输出结果

成员: 0 -
成员: [no=100, name=画画的程序员]
扩展: My, [no=100, name=画画的程序员]

上述代码第③行是声明一个扩展属性 desc，代码第①行也有一个相同名字的 desc 属性。代码第⑥行调用 desc 属性，实际上调用的是 desc 成员属性。

代码第④行是声明一个扩展函数 display，代码第②行也有一个相同的函数（函数名和参数列表全部相同）。代码第⑦行调用 display 函数，实际上调用的是 display 成员函数。但是如果只是函数名相同而参数列表不同（见代码第⑤行的 display(f: String)扩展函数），在接收类型中没有 display(f: String)成员函数，因此在代码第⑧行调用的是扩展函数。

10.5.4　定义中缀运算符

在前面的学习过程中已经接触到中缀运算符，中缀运算符本质上是一个函数。程序员也可以定义自己的中缀运算符。

注意　定义中缀运算符，就是要声明一个 infix 关键字修饰的函数，该函数只能有一个参数，该函数不能是顶层函数，只能是成员函数或扩展函数。

示例代码如下：

```
//代码文件: com/zhijieketang/HelloWorld.kt
package com.zhijieketang

//定义中缀函数 interestBy
infix fun Double.interestBy(interestRate: Double): Double {          ①
    return this * interestRate
}

//部门类
class Department {                                                  ②
    var no: Int = 10

    //定义中缀函数 rp
    infix fun rp(times: Int) {                                      ③
        repeat(times) {
            println(no)
        }
    }
}

fun main() {

    //函数调用
    val interest1 = 10_000.00.interestBy(0.0668)
    println("利息1: $interest1")

    //中缀运算符 interestBy
    val interest2 = 10_000.00 interestBy 0.0668                      ④
    println("利息1: $interest2")

    val dept = Department()                                          ⑤
    dept rp 3                          //中缀运算符 rp
}
```

输出结果

```
利息1: 668.0
利息1: 668.0
10
10
10
```

上述代码第①行声明中缀函数使用关键字 infix，它是 Double 的扩展函数，它有一个参数。在调用时函数名 interestBy 作为中缀运算符，见代码第④行。

代码第②行是声明一个部门类 Department，它的成员函数 rp 也声明中缀函数，见代码第③行。代码第⑤行是使用中缀运算符 rp。

提示 在 rp 函数体中调用 repeat 函数，repeat 函数是 Kotlin 标准库提供的内联函数，它的定义是 repeat(times: Int, action: (Int) -> Unit)，它可以反复执行 action，times 参数是执行的次数，action 是最后一个参数，可以用尾随 Lambda 表达式的形式调用。

10.6 构造函数

在 10.3 节使用了表达式 Animal()，后面的小括号是调用构造函数。构造函数是类中的特殊函数，用来初始化类的属性，它在创建对象之后自动调用。在 Kotlin 中构造函数有主次之分，主构造函数只能有一个，次构造函数可以有多个。

10.6.1 主构造函数

主构造函数涉及两个关键字 constructor 和 init。主构造函数在类头中或类名的后面声明，使用关键字 constructor 声明。示例代码如下：

```
//代码文件：com/zhijieketang/Rectangle.kt
package com.zhijieketang

class Rectangle constructor(w: Int, h: Int) {                         ①
    //矩形宽度
    var width: Int                                                   ②
    //矩形高度
    var height: Int                                                  ③
    //矩形面积
    var area: Int                                                    ④

    init {                          //初始化代码块                      ⑤
        width = w
        height = h
        area = w * h                //计算矩形面积
    }
}
```

Rectangle 是一个矩形类，它有三个属性（见代码第②行～第④行）。代码第①行是类头声明，其中 constructor(w: Int, h: Int)是主构造函数声明，主构造函数本身不能包含代码，所以需要借助初始化代码块，见代码第⑤行的 init 代码块，在 init 代码块中可以进行主构造函数需要的初始化处理。

Kotlin 语言的设计者们会觉得这样的代码很臃肿，需要进行简化。可以将属性与主构造函数的参数合并，在函数体中就不需要属性声明了。示例代码如下：

```
//代码文件：com/zhijieketang/Rectangle.kt
package com.zhijieketang

class Rectangle constructor(var width: Int, var height: Int) {
    //矩形面积
    var area: Int

    init {                                           //初始化代码块
        area = width * height                        //计算矩形面积
    }
}
```

Rectangle 类的 width 和 height 属性声明不在函数体中，而是放到了主构造函数的参数中，此时主构造函数的参数前面需要使用 val 或 var 声明。Kotlin 编译器会根据主构造函数的参数列表生成相应的属性。如果所有的属性都在主构造函数中初始化，可以省略 init 代码块，示例代码如下：

```
//代码文件：com/zhijieketang/User.kt
package com.zhijieketang
class User constructor(val name: String, var password: String)
```

上述代码是声明一个 User 类，它只有两个属性，它们都是在主构造函数中声明的，这样可以省略 init 代码块。类体中没有代码，可以省略大括号。

提示　如果主构造函数没有注解（Annotation）或可见性修饰符，constructor 关键字可以省略。

省略后的 User 类代码如下：

```
class User(val name: String, var password: String)
```

可见省略了 constructor 关键字的 User 类的声明非常简单，这是最简单形式的类声明了。但需要注意的是，下面的 User 类不能省略 constructor 关键字，因为 User 后面有 private 可见行修饰符。

```
class User private constructor(val name: String, var password: String)
```

主构造函数与普通函数类似，可以声明带有默认值的参数，这样一来虽然只有一个主构造函数，但调用时可以省略一些参数，类似于多个构造函数重载。示例代码如下：

```
//代码文件：com/zhijieketang/Animal.kt
package com.zhijieketang

class Animal(val age: Int = 0, val sex: Boolean = false)
```

上述代码声明了 Animal 类，它的主构造函数有两个参数，这两个参数都有默认值。调用代码如下：

```
//代码文件：com/zhijieketang/HelloWorld.kt
package com.zhijieketang


fun main() {
    val animal1 = Animal()
    val animal2 = Animal(10)
    val animal3 = Animal(sex = true)
    val animal4 = Animal(10,true)
}
```

上述代码在 main 函数中创建了 4 个 Animal 对象，都是使用同一个主构造函数，只是它们省略了不同参数。

10.6.2　次构造函数

由于主构造函数只能有一个，而且初始化时只有 init 代码块，有时候不够灵活，这时可以使用次构造函数。次构造函数在函数体中声明，使用关键字 constructor 声明，代码如下：

```
//代码文件：com/zhijieketang/Rectangle.kt

class Rectangle(var width: Int, var height: Int) {
```

```
                                                                       //矩形面积
        var area: Int

        init {                                          //初始化代码块
            area = width * height                        //计算矩形面积
        }

        constructor(width: Int, height: Int, area: Int) : this(width, height) {      ①
            this.area = area
        }

        constructor(area: Int) : this(200, 100) {//width=200 height=100              ②
            this.area = area
        }
    }
```

上述代码第①行和第②行分别声明了两个次构造函数，次构造函数需要调用主构造函数初始化部分的属性，次构造函数后面的 this(width,height) 和 this(200,100) 表达式就是调用当前对象的主构造函数。另外，当属性命名与参数命名有冲突的时候，属性可以加上"this.前缀"，this 表示当前对象。

调用 Rectangle 类代码如下：

```
//代码文件：com/zhijieketang/section6/ch10.6.1.2.kt
package com.zhijieketang.section6

fun main() {

    val rect1 = Rectangle(100, 90)
    val rect2 = Rectangle(10, 9,900)
    val rect3 = Rectangle(20000)

}
```

10.6.3 默认构造函数

如果一个非抽象类中根本看不到任何的构造函数，编译器会为其生成一个默认的构造函数，即无参数 public 的主构造函数。修改 10.6.1 节的 User 类代码如下：

```
//代码文件：com/zhijieketang/User.kt

//默认构造函数
class User {
    //用户名
    val username: String?
    //用户密码
    val password: String?

    init {
        username = null
        password = null
```

```
        }
    }
```

上述 User 类代码只有两个属性，看不到任何的构造函数，但还是可以调用无参数的构造函数创建 User 对象，代码如下：

```
//创建 User 对象
val user = User()
```

10.7 可见性修饰符

Kotlin 可见性修饰符有 4 种：公有、内部、保护和私有。具体规则如表 10-1 所示。

表 10-1 可见性修饰符的使用规则

可 见 性	修 饰 符	类成员声明	顶 层 声 明	说 明
公有	public	所有地方可见	所有地方可见	public是默认修饰符
内部	internal	模块中可见	模块中可见	不同于Java中的包
保护	protected	子类中可见		顶层声明中不能使用
私有	private	类中可见	文件中可见	

Kotlin 语言的可见性修饰符与 Java 等语言有较大的不同。首先 Kotlin 语言中的函数和属性可以是顶层声明也可以是类成员声明。其次，Kotlin 语言中没有 Java 语言的包私有可见性，而具有模块可见性（internal）。

10.7.1 可见性范围

首先，需要搞清楚可见性范围，可见性范围主要有三个：模块、源文件和类。其中源文件和类很好理解，下面重点介绍一下模块的概念。

模块就是多个文件编译在一起的集合，模块可以指如下内容：

- □ 一个 IntelliJ IDEA 模块（module）；
- □ 一个 Eclipse 项目；
- □ 一个 Maven 项目；
- □ 一个 Gradle 源代码集合；
- □ 一个 Ant 编译任务管理的源代码集合。

下面重点介绍在 IntelliJ IDEA 中创建模块。首先，通过选择菜单 File→New→Module 命令打开创建模块对话框，如图 10-2 所示。从图中可见，创建模块与创建 Kotlin/JVM 类型项目非常类似，包括后面的具体步骤也非常相似，请读者参考 3.1.1 节，这里不再赘述。如果创建的模块名是 module1，那么创建成功后会在左边的项目文件管理窗口中看到刚刚创建的模块 module1，如图 10-3 所示。

从图 10-3 所示可见项目中有两个模块：一个是本身项目就有的 HelloProj 模块；另一个是刚刚创建的 module1 模块。

注意 如果想让模块 HelloProj 访问 module1 模块中的属性、函数或类，在满足可见性的前提下，必须配置依赖关系。配置依赖关系 HelloProj 依赖于 module1 关系。

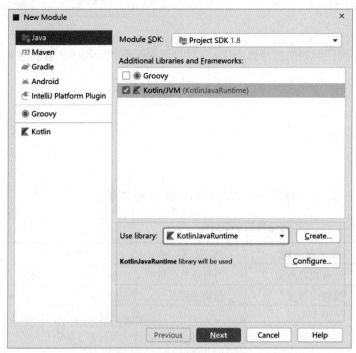

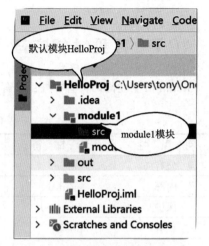

图 10-2　创建模块对话框　　　　　　　　　　图 10-3　创建模块完成

　　配置依赖关系可以通过选择菜单 File→Project Structure 命令打开 Structure 对话框，如图 10-4 所示。在模块列表中选择 HelloProj，然后单击"+"按钮，在弹出菜单中选择 Module Dependency，然后在弹出的如图 10-5 所示对话框中选择要依赖的模块 module1。选择好之后单击 OK 按钮。这个选中只是将被依赖模块添加到被选列表中，还需要在如图 10-6 所示的界面中选中 module1。配置好之后单击 OK 按钮确定，这样就实现了 HelloProj 依赖于 module1 的关系。

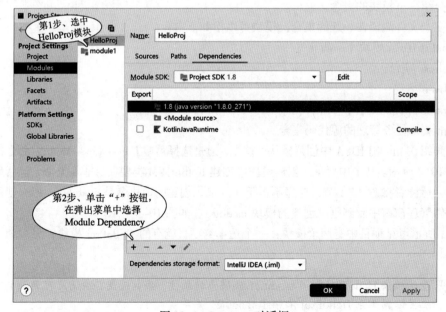

图 10-4　Structure 对话框

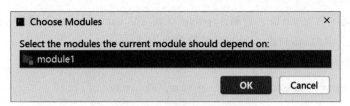

图 10-5　选择模块对话框

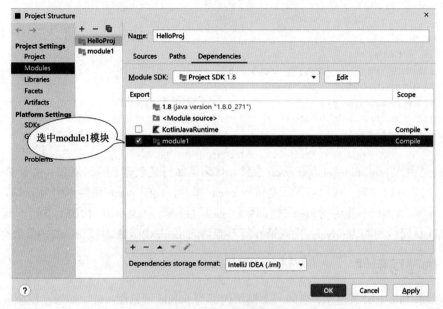

图 10-6　选中被依赖的模块

10.7.2　公有可见性

公有可见性使用 public 关键字，可以修饰顶层函数和属性，以及类成员函数和属性，所有被 public 修饰的函数和属性在任何地方都可见。

如果在模块 module1 中声明了一个 Person 类。示例代码如下：

```
//代码文件：代码/HelloProj/module1/src/com/zhijieketang/Person.kt
package com.zhijieketang

import java.util.*

class Person(
    val name: String,                    //名字
    private val birthDate: Date,         //出生日期
    internal val age: Int
)                                        //年龄
{
    internal fun display() {
        println("[name:$name, birthDate:$birthDate, age:$age]")
    }
}
```

上述代码 Person 类声明为 public，省略了 public 关键字，name 属性也声明为 public。birthDate 属性声明为 private，age 属性声明为 internal。display()函数声明为 internal。

在模块 HelloProj 中调用 Person 类。示例代码如下：

```
//代码文件：HelloProj/src/com/zhijieketang/HelloWorld.kt

import com.zhijieketang.Person                                            ①
import java.util.*

fun main() {
    val now = Date()
    val person = Person("Tony", now, 18)                                 ②
    println(person.name)                                                 ③
    //println(person.age)                //不能访问 age 属性            ④
    //println(person.birthDate)          //不能访问 birthDate 属性       ⑤
    //person.display()                   //不能访问 display()函数         ⑥
}
```

代码第①行是引入 com.zhijieketang.Person 文件，代码第②行是创建 Person 对象，由于 Person 类被声明为 public，所以这里可以访问。代码第③行是访问 name 属性，由于 name 属性声明为 public，所以这里可以访问该属性。代码第④行不能访问 age 属性，因为 age 属性声明为 internal。代码第⑤行不能访问 birthDate 属性，因为 birthDate 属性声明为 private。代码第⑥行不能访问 display()函数，因为 display()函数声明为 internal。

10.7.3 内部可见性

内部可见性使用 internal 关键字，在同一个模块内部与 public 可见性一样。如果在模块 module1 中访问 module1 中的 Person 类。示例代码如下：

```
//代码文件：/HelloProj/module1/src/com/zhijieketang/HelloWorld.kt
package com.zhijieketang

import java.util.*

fun main() {
    val now = Date()
    val person = Person("Tony", now, 18)
    println(person.name)
    println(person.age)
    //println(person.birthDate)                    //不能访问 birthDate 属性
    person.display()
}
```

从上述代码中可见，age 属性和 display()函数都可以访问，它们都声明为 internal，当前访问代码与 Person 类都在同一个模块中，所以可以访问它们。而 age 属性不能访问，这是因为 age 属性声明为 private。

10.7.4 保护可见性

保护可见性使用 protected 关键字，protected 可以保证无论父类和子类是否在同一个模块中，父类的 protected 属性和函数都可以被子类继承。

如果有一个父类 ProtectedClass，示例代码如下：

```
//代码文件：com/zhijieketang/ProtectedClass.kt
package com.zhijieketang

open class ProtectedClass {

    protected var x: Int = 0                                        ①

    init {
        x = 100
    }

    protected fun printX() {                                        ②
        println("Value Of x is $x")
    }
}
```

继承 ProtectedClass 类的子类 SubClass 代码如下：

```
//代码文件：com/zhijieketang/SubClass.kt
package com.zhijieketang

class SubClass : ProtectedClass() {

    fun display() {
        printX()            //printX()函数是从父类继承过来         ①
        println(x)          //x 属性是从父类继承过来               ②
    }
}
```

代码第①行可以访问 printX()函数，该函数是从父类继承过来。代码第②行可以访问 x 属性，该属性是从父类继承过来。

10.7.5 私有可见性

私有可见性使用 private 关键字，当 private 修饰类中的成员属性和函数时，这些属性和函数只能在类的内部可见。当 private 修饰顶层属性和函数时，这些属性和函数只能在当前文件中可见。

示例代码如下：

```
//代码文件：com/zhijieketang/PrivateClass.kt
package com.zhijieketang

class PrivateClass {                                                ①

    private var x: Int = 0                                          ②

    private fun printX() {                                          ③
        println("Value Of x is$x")
    }

    fun display() {                                                 ④
```

```
        x = 100
        printX()
    }
}
```

上述代码第①行声明 PrivateClass 类，代码第②行是声明 private 属性 x，代码第③行是声明 private 函数 printX()。代码第④行 display()函数中访问了 x 属性和 printX()函数，在同一个类的内部可以访问这些 private 成员。

调用 PrivateClass 代码如下：

```
//代码文件: com/zhijieketang/ktHelloWorld.kt
package com.zhijieketang

private var x: Int = 0                                                    ①

private fun printX() {                                                    ②
    println("Value Of x is$x")
}

fun main() {
    val p = PrivateClass()                                               ③
    //p.printX()              //PrivateClass 中 printX()函数不可见        ④
    //p.x                     //PrivateClass 中 x 属性不可见              ⑤

    println(x)                                                           ⑥
    printX()                                                             ⑦
}
```

上述代码第①行声明顶层 private 属性 x，代码第②行是声明顶层 private 函数 printX()。代码第③行是实例化 p 对象，代码第④行试图访问 p 的 printX()函数，会发生编译错误。代码第⑤行也会发生编译错误。代码第⑥行是访问顶层属性 x，代码第⑦行是访问顶层函数 printX()，它们都可以访问。

10.8 数据类

有时需要一种数据容器在各个组件之间传递。数据容器中只有一些用来保存数据的属性，例如 10.6.1 节的 User：

```
class User(val name: String, var password: String)
```

但是 10.6.1 节的 User 作为数据容器还不完善，最好重写 Any 的三个函数：

☐ equals：比较其他对象是否与当前对象"相等"，==运算符重载 equals 函数。

☐ hashCode：返回该对象的哈希码值，可以提高对 Hashtable 和 HashMap 对象的访问效率。

☐ toString：返回该对象的字符串表示。

提示 Any 是 Kotlin 所有类的根类，Kotlin 中所有类都直接或间接继承自 Any 类。

虽然重写 Any 的三个函数不是很麻烦，但是如果有很多个属性，代码量还是很多的。Kotlin 为此提供了一种数据类（Data Classes）。

10.8.1　声明数据类

数据类的声明很简单，只需要在类头 class 前面加上 data 关键字即可，修改 User 类如下：

```
data class User(val name: String, var password: String)
```

添加一个 data 关键字后 User 类变成了数据类，它的底层重写了 Any 的三个函数，并增加了一个 copy 函数。equals 函数的重写就是若所有属性全部相等，equals 才返回 true。toString 函数是将所有属性连接成一个字符串。

提示　使用 data 声明的数据类的主构造函数中参数一定声明为 val 或 var 的，不能省略。而普通类可以省略，例如 class User(name: String, password: String)代码可以编译通过，但 data class User(name: String, password: String)的代码不能编译通过。

示例代码如下：

```
//代码文件：com/zhijieketang/User.kt
package com.zhijieketang

data class User(val name: String, var password: String)                    ①
```

调用代码如下：

```
//代码文件：com/zhijieketang/HelloWorld.kt
package com.zhijieketang

fun main() {

    //创建 User 对象
    val user1 = User("Tony", "123")                                        ②
    val user2 = User("Tony", "123")                                        ③

    println(user1 == user2) //true                                         ④
    println(user1.toString()) //User(name=Tony, password=123)              ⑤
    println(user2.toString()) //User(name=Tony, password=123)              ⑥

    println(user1.hashCode())  //81040716                                  ⑦
    println(user2.hashCode())  //81040716                                  ⑧

}
```

输出结果如下：

```
true
User(name=Tony, password=123)
User(name=Tony, password=123)
81040716
81040716
```

代码第①行可以声明 User 数据类。代码第②行和第③行分别创建了两个对象。代码第④行比较 user1 和 user2 是否相等，若 name 属性和 password 属性都相等，结果为 true。从代码第⑤行和第⑥行可见，user1 和 user2 的 toString 函数输出结果都是 User(name=Tony, password=123)字符串。从代码第⑦行和第⑧行可见，

user1 和 user2 的 hashCode 函数输出结果也相等。

如果将代码第①行的 data 去掉变成普通类，输出结果如下：

```
false
com.zhijieketang.section8.User@5e2de80c
com.zhijieketang.section8.User@1d44bcfa
1580066828
491044090
```

从上面运行的结果可见数据类和普通类的不同。

10.8.2　使用 copy 函数

数据类中还提供了一个 copy 函数，通过 copy 函数可以复制一个新的数据类对象，示例代码如下：

```
//代码文件：com/zhijieketang/section8/HelloWorld.kt
package com.zhijieketang

fun main() {
    //创建 User 对象
    val user1 = User("Tony", "123")                              ①
    //复制 User 对象
    val user2 = user1.copy(name = "Tom")                         ②
    val user3 = user1.copy()                                     ③

    println(user1 == user2)   //false
    println(user1 == user3)   //true
    println(user1.toString()) //User(name=Tony, password=123)
    println(user2.toString()) //User(name=Tom, password=123)
    println(user3.toString()) //User(name=Tony, password=123)

    println(user1.hashCode())  //81040716
    println(user2.hashCode())  //2661184
    println(user3.hashCode())  //2661184
}
```

代码第①行创建 user1 对象。代码第②行和第③行使用 copy 函数复制两个对象，copy 函数参数与属性对应，而且每一个参数都有默认值，代码第②行的 user1.copy (name = "Tom")语句复制了 user1 并重新设置了 name 属性。代码第③行的 user1.copy()语句完全复制了 user1 给 user3，因此 user1 等于 user3。

10.8.3　解构数据类

数据对象是一个数据容器，可以理解为多个相关数据被打包到一个对象中。解构则是进行相反的操作，是将数据对象拆开，然后将内部的属性取出，赋值给不同的变量。解构不仅适用于数据对象，也适用于集合对象。

示例代码如下：

```
//代码文件：com/zhijieketang/HelloWorld.kt
package com.zhijieketang

fun main() {
```

```
    //创建 User 对象
    val user1 = User("Tony", "123")
    //解构
    val(name1,pwd1) = user1                                            ①
    println(name1)  //Tony
    println(pwd1)   //123
    val(name2, _) = user1              //省略解构 password              ②
    println(name2)  //Tony
}
```

代码第①行对 user1 对象进行解构,解构出来的数据分别赋值给 name1 和 pwd1。代码第②行也是对 user1 对象进行解构,但是接收第二个属性的变量却是下画线 "_",这说明不需要解构第二个属性值。

10.9　枚举类

枚举用来管理一组相关的有限个常量的集合,使用枚举可以提高程序的可读性,使代码更清晰且更易于维护。Kotlin 中提供枚举类型。

10.9.1　声明枚举类

Kotlin 中使用 enum 和 class 两个关键词声明枚举类,枚举的语法格式如下:

```
enum class 枚举名 {
    枚举常量列表
}
```

enum 是软关键字与 class 关键字结合使用,只有在声明枚举类时 enum 才作为关键字使用,其他场景可以作为标识符使用。"枚举名"是该枚举类的名称。它首先应该是有效的标识符,其次应该遵守 Kotlin 命名规范。它应该是一个名称,如果采用英文单词命名,首字母应该大写,且应尽量用一个英文单词。"枚举常量列表"是枚举的核心,它由一组相关常量组成,每一个常量就是枚举类的一个实例。

如果采用枚举类来表示工作日,最简单的枚举类 WeekDays 的具体代码如下:

```
//代码文件: com/zhijieketang/WeekDays.kt
package com.zhijieketang

//最简单形式的枚举类
enum class WeekDays {
    //枚举常量列表
    MONDAY, TUESDAY, WEDNESDAY, THURSDAY, FRIDAY

}
```

在枚举类 WeekDays 中声明了 5 个常量,使用枚举类 WeekDays 代码如下:

```
//代码文件: com/zhijieketang/section9/HelloWorld.kt
package com.zhijieketang

fun main() {
    //day 工作日变量
    val day = WeekDays.FRIDAY                                          ①
```

```
        println(day)                                               ②
        when (day) {
            WeekDays.MONDAY -> println("星期一")
            WeekDays.TUESDAY -> println("星期二")
            WeekDays.WEDNESDAY -> println("星期三")
            WeekDays.THURSDAY -> println("星期四")
            else //case FRIDAY:
            -> println("星期五")
        }
    }
```

输出结果如下：

```
FRIDAY
星期五
```

上述代码第①行中 day 是 WeekDays 枚举类型，取值是 WeekDays.FRIDAY，是把枚举类 WeekDays 的 FRIDAY 实例赋值给 day。代码第②行的 day 对象日志输出结果不是整数，而是 FRIDAY。

枚举类与 when 能够很好地配合使用，在 when 中使用枚举类型时，when 中的分支应该对应枚举常量。当使用 else 时，else 应该只表示等于最后一个枚举常量。上述示例代码中使用 else 分支表示的是 FRIDAY 的情况。

10.9.2　枚举类构造函数

枚举类可以像其他类一样包含属性和函数，可以通过构造函数初始化属性。对 10.9.1 节的示例添加构造函数，代码如下：

```
//代码文件：com/zhijieketang/WeekDays.kt
package com.zhijieketang

//枚举类构造函数
enum class WeekDays(private val wname: String,
                    private val index: Int) {                      ①
    //枚举常量列表
    MONDAY("星期一", 0), TUESDAY("星期二", 1),
        WEDNESDAY("星期三", 2), THURSDAY("星期四", 3), FRIDAY("星期五", 4);  ②

    //重写父类中的 toString()函数
    override fun toString(): String {                              ③
        return "$wname-$index"
    }
}
```

调用代码如下：

```
//代码文件：com/zhijieketang/HelloWorld.kt
package com.zhijieketang

fun main() {
    //day工作日变量
    val day = WeekDays.FRIDAY
    //打印 day 默认调用枚举 toString 函数
```

```
    println(day)                        //星期五-4
}
```

注意 在枚举类中如果有其他属性或函数等成员，枚举常量列表必须是类体中的第一行，而且语句结束一定不能省略分号（;），见代码第②行。

代码第①行是添加构造函数，枚举类中的构造函数只能是私有的，这也说明了枚举类对象不允许在外部通过构造函数创建。枚举类的构造函数只是为了在枚举类内部创建枚举常量使用，所以一旦添加了有参数的构造函数，"枚举常量列表"也需要修改，见代码②行，每一个枚举常量就是一个实例，都会调用构造函数，其中("星期一",0)就是调用构造函数。

代码第③行是重写 toString 函数，它是由 Any 类提供的函数。

10.9.3 枚举常用属性和函数

枚举本身有一些常用的属性和函数：

□ ordinal 属性：返回枚举常量的顺序，这个顺序根据枚举常量声明的顺序而定，顺序从零开始。

□ values()函数：返回一个包含全部枚举常量的数组。

□ valueOf(value: String)函数：value 是枚举常量对应的字符串，返回一个包含枚举类型实例。

WeekDays 枚举类代码如下：

```
//代码文件: com/zhijieketang/ HelloWorld .kt
package com.zhijieketang

fun main() {

    //返回一个包含全部枚举常量的数组
    val allValues = WeekDays.values()                               ①
    //遍历枚举常量数值
    for (value in allValues) {
        println("${value.ordinal} - $value")                        ②
    }

    //创建 WeekDays 对象
    val day1 = WeekDays.FRIDAY
    val day2 = WeekDays.valueOf("FRIDAY")                           ③

    println(day1 === WeekDays.FRIDAY) //true                        ④
    println(day1 == WeekDays.FRIDAY) //true                         ⑤
    println(day1 === day2)  //true                                  ⑥

}
```

输出结果：

```
0 - 星期一-0
1 - 星期二-1
2 - 星期三-2
3 - 星期四-3
4 - 星期五-4
```

```
true
true
true
```

上述代码第①行是通过 values 函数获得所有枚举常量的数组，代码第②行是获得枚举常量 value，其中 value.ordinal 获得当前枚举常量的顺序。

代码第③行是通过 valueOf 函数获得枚举对象 WeekDays.FRIDAY，参数是枚举常量对应的字符串。

代码第④行 ~ 第⑥行是比较枚举对象，它们比较的结果都是 true。

注意 在普通类中===比较的是两个引用是否指向同一个对象，==比较的是对象内容是否相同。但是，枚举引用类型中===和==是一样的，都是比较两个引用是否指向同一个实例，枚举类中每个枚举常量无论何时都只有一个实例。

10.10 嵌套类

Kotlin 语言中允许在一个类的内部声明另一个类，称为"嵌套类"（Nested Classes）。还有一种特殊形式的嵌套类——"内部类"（Inner Classes）。封装嵌套类的类称为"外部类"，嵌套类与外部类之间存在逻辑上的隶属关系。

10.10.1 一般嵌套类

一般嵌套类可以声明为 public、internal、protected 和 private，即 4 种可见性声明都可以。嵌套类示例代码如下：

```
//代码文件: com/zhijieketang/ HelloWorld.kt
package com.zhijieketang

//外部类
class View {                                                    ①

    //外部类属性
    val x = 20

    //嵌套类
    class Button {                                              ②
        //嵌套类函数
        fun onClick() {
            println("onClick...")
            //不能访问外部类的成员
            //println(x)                //编译错误             ③
        }
    }

    //测试调用嵌套类
    fun test() {                                               ④
        val button = Button()                                  ⑤
        button.onClick()                                       ⑥
```

```
    }
}
```

上述代码第①行声明外部类 View，而代码第②行在 View 内部声明嵌套类 Button，嵌套类不能引用外部类，也不能引用外部类的成员，见代码第③行试图访问外部类的 x 属性，会发生编译错误。代码第④行 test 函数用来调用嵌套类，代码第⑤行是实例化嵌套类 Button，代码第⑥行是调用嵌套类的 onClick 函数，可见在外部类中可以访问嵌套类。

在 main 函数测试嵌套类代码如下：

```
//代码文件：com/zhijieketang/ HelloWorld.kt

fun main() {

    val button = View.Button()
    button.onClick()

    // 测试调用嵌套类
    val view = View()
    view.test()
}
```

代码 val button = View.Button()是实例化嵌套类。在外部类以外访问嵌套类，需要使用"外部类.嵌套类"形式。

提示　如果不看嵌套类的代码或文档，View.Button 形式看起来像是 View 包中的 Button 类，事实上它是 View 类中的嵌套类 Button。View.Button 形式客观上能够提供有别于包的命名空间，将 View 相关的类集中管理起来，View.Button 可以防止命名冲突。

10.10.2　内部类

内部类是一种特殊的嵌套类，一般的嵌套类不能访问外部类引用，不能访问外部类的成员，而内部类可以。

内部类示例代码如下：

```
//代码文件：com/zhijieketang/HelloWorld.kt
package com.zhijieketang

//外部类
class Outer {

    //外部类属性
    val x = 10

    //外部类函数
    fun printOuter() {
        println("调用外部函数...")
    }

    //测试调用内部类
```

```
fun test() {
    val inner = Inner()
    inner.display()
}

//内部类
 inner class Inner {                                                    ①

    //内部类属性
    private val x = 5

    //内部类函数
    fun display() {
        //访问外部类的属性 x
        println("外部类属性 x = " + this@Outer.x)                       ②
        //访问内部类的属性 x
        println("内部类属性 x = " + this.x)                             ③
        println("内部类属性 x = $x")                                    ④

        //调用外部类的成员函数
        this@Outer.printOuter()                                        ⑤
        printOuter()                                                   ⑥
    }
}
}
```

上述代码第①行声明了内部类 Inner，在 class 前面加 inner 关键字。内部类 Inner 有一个成员变量 x 和成员函数 display()，在 display()函数中代码第②行是访问外部类的 x 成员变量，代码第③行和第④行都是访问内部类的 x 成员变量。代码第⑤行和第⑥行都是访问外部类的 printOuter()成员函数。

提示 在内部类中 this 是引用当前内部类对象，见代码第③行。而要引用外部类对象需要使用"this@类名"，见代码第②行。另外，如果内部类和外部类的成员命名没有冲突，在引用外部类成员时可以不用加"this@类名"，如代码第⑥行的 printOuter()函数只有在外部类中声明，所以可以省略 this@Outer。

测试内部代码如下：

```
//代码文件: com/zhijieketang/HelloWorld.kt
package com.zhijieketang

fun main() {

    //通过外部类访问内部类
    val outer = Outer()
    outer.test()

    //直接访问内部类
    val inner = Outer().Inner()                                        ①
    inner.display()

}
```

运行结果如下：

```
外部类属性 x = 10
内部类属性 x = 5
内部类属性 x = 5
调用外部函数...
调用外部函数...
外部类属性 x = 10
内部类属性 x = 5
内部类属性 x = 5
调用外部函数...
调用外部函数...
```

一般情况下，内部类不能在外部类之外调用，只是为外部类使用的。但是如果一定要在外部类之外访问内部类，Kotlin 也是支持的，见代码第①行的内部类是实例化内部类对象，Outer().Inner()表达式说明先实例化外部类 Outer，再实例化内部类 Inner。

10.11 强大的 object 关键字

object 关键字在声明一个类的同时创建这个类的对象。具体而言它有三方面的应用：对象表达式、对象声明和伴生对象。

10.11.1 对象表达式

object 关键字可以声明对象表达式，对象表达式用来替代 Java 中的匿名内部类。就是在声明一个匿名类的同时创建匿名类的对象。

对象表达式示例如下：

```kotlin
//代码文件: com/zhijieketang/HelloWorld.kt
package com.zhijieketang

//声明 View 类
class View {

    fun handler(listener: OnClickListener) {
        listener.onClick()
    }
}

//声明 OnClickListener 接口
interface OnClickListener {
    fun onClick()
}

fun main() {

    var i = 10
    val v = View()
    //对象表达式作为函数参数
```

```
        v.handler(object : OnClickListener {                                ①

            override fun onClick() {
                println("对象表达式作为函数参数...")
                println(++i)                                                ②
            }

        })
    }
```

上述代码第①行中 v.handler 函数的参数是对象表达式，object 说明表达式是对象表达式，该表达式声明了一个实现 OnClickListener 接口的匿名类，同时创建对象。另外，在对象表达式中可以访问外部变量，并且可以修改，见代码第②行。

对象表达式的匿名类可以实现接口，也可以继承具体类或抽象类，示例代码如下：

```
//代码文件: com/zhijieketang/HelloWorld.kt
package com.zhijieketang

//声明 Person 类
open class Person(val name: String, val age: Int)                           ①

fun main() {

    //对象表达式赋值
    val person = object : Person("Tony", 18), OnClickListener {             ②
        //实现接口 onClick 函数
        override fun onClick() {
            println("实现接口 onClick 函数...")
        }

        //重写 toString 函数
        override fun toString(): String {
            return ("Person[name=$name, age=$age]")
        }
    }
    println(person)
}
```

上述代码第①行是声明一个 Person 具体类，代码第②行是声明对象表达式，该表达式声明实现 OnClickListener 接口，且继承 Person 类的匿名类，之间用逗号（,）分隔。Person("Tony", 18)是调用 Person 构造函数。注意接口没有构造函数，所以在表达式中 OnClickListener 后面没有小括号。

有的时候没有指定具体的父类也可以使用对象表达式，示例代码如下：

```
//代码文件: com/zhijieketang/HelloWorld.kt
package com.zhijieketang

fun main() {

    //无具体父类对象表达式
    var rectangle = object {                                                ①
```

```
        //矩形宽度
        var width: Int = 200
        //矩形高度
        var height: Int = 300

        //重写 toString 函数
        override fun toString(): String {
            return ("[width=$width, height=$height]")
        }
    }

    println(rectangle)
}
```

代码第①行是声明一个对象表达式，没有指定具体的父类和实现接口，直接在 object 后面的大括号中编写类体代码。

10.11.2　对象声明

单例设计模式（Singleton）可以保证在整个系统运行过程中只有一个实例，单例设计模式在实际开发中经常使用设计模式。Kotlin 把单例设计模式上升到语法层面，对象声明将单例设计模式的细节隐藏起来，使得在 Kotlin 中使用单例设计模式变得非常简单。

提示　下列代码是 Java 代码实现的单例设计模式，单例类的构造函数是私有的，并提供一个静态函数返回单例对象。

```
public final class Singleton {
    private static final Singleton INSTANCE = new Singleton();

    private Singleton() {}

    public static Singleton getInstance() {
        return INSTANCE;
    }
}
```

对象声明示例代码如下：

```
//代码文件: com/zhijieketang/HelloWorld.kt
package com.zhijieketang

interface DAOInterface {
    //插入数据
    fun create(): Int
    //查询所有数据
    fun findAll(): Array<Any>?
}

object UserDAO : DAOInterface {                                    ①
    //保存所有数据属性
```

```kotlin
    private var datas: Array<Any>? = null

    override fun findAll(): Array<Any>? {
        //TODO 查询所有数据
        return datas
    }

    override fun create(): Int {
        //TODO 插入数据
        return 0
    }
}

fun main() {

    UserDAO.create()                                                     ②
    var datas = UserDAO.findAll()                                        ③
}
```

上述代码第①行是对象声明，声明 UserDAO 单例对象，object 关键字后面是类名。在对象声明的同时可以指定对象实现接口或父类，本示例中指定实现 DAOInterface 接口。在类体中可以有自己的成员函数和属性。在调用时，可以通过类名直接访问单例对象的函数和属性，见代码第②行和第③行。

10.11.3 伴生对象

Java 类有实例成员和静态成员，实例成员隶属于类的个体，静态成员隶属于类本身。例如，有一个 Account（银行账户）类，它有三个成员属性：amount（账户金额）、interestRate（利率）和 owner（账户名）。在这三个属性中，amount 和 owner 会因人而异，不同账户的 amount 和 owner 内容是不同的，而所有账户的 interestRate 都是相同的。amount 和 owner 的成员属性与账户个体有关，称为"实例属性"，interestRate 成员属性与个体无关，或者说该属性是与所有账户个体共享的，这种变量称为"静态属性"或"类属性"。

1. 声明伴生对象

在很多语言中静态成员的声明使用 static 关键字修饰，而 Kotlin 没有 static 关键字，也没有静态成员，它是通过声明伴生对象实现 Java 静态成员的访问方式。示例代码如下：

```kotlin
//代码文件：/10.11.3 -1/HelloProj/src/com/zhijieketang/HelloWorld.kt

package com.zhijieketang

class Account {

    //实例属性账户金额
    var amount = 0.0
    //实例属性账户名
    var owner: String? = null

    //实例函数
    fun messageWith(amt: Double): String {
        //实例函数可以访问实例属性、实例函数、静态属性和静态函数
```

```
        val interest = Account.interestBy(amt)                          ①
        return "${owner}的利息是$interest"
    }

    companion object {                                                  ②

        //静态属性利率
        var interestRate: Double = 0.0                                  ③

        //静态函数
        fun interestBy(amt: Double): Double {                           ④
            //静态函数可以访问静态属性和其他静态函数
            return interestRate * amt
        }

        //静态代码块
        init {                                                          ⑤
            println("静态代码块被调用...")
            //初始化静态属性
            interestRate = 0.0668
        }
    }                                                                   ⑥
}

fun main() {
    val myAccount = Account()                                           ⑦
    //访问伴生对象属性
    println(Account.interestRate)                                       ⑧
    //访问伴生对象函数
    println(Account.interestBy(1000.0))                                 ⑨
}
```

输出结果

```
静态代码块被调用...
0.0668
66.8
```

上述代码第②行～第⑥行是声明伴生对象，使用关键字 companion 和 object。作为对象可以有成员属性和函数，代码第③行是声明 interestRate 属性，伴生对象的属性可以在容器类（Account）外部通过容器类名直接访问，见代码第⑧行的 Account.interestRate 表达式，这种表达式形式与 Java 等语言中访问静态属性是类似的。代码第④行声明伴生对象函数，调用该属性见代码第①行和第⑨行。代码第⑤行是伴生对象的 init 初始化代码块，它相当于 Java 中的静态代码，C#中的静态构造函数，它可以初始化静态属性，该代码块会在容器类 Account 第一次访问时调用，代码第⑦行是第一次访问 Account 类，此时会调用伴生对象的 init 初始化代码块。

注意　伴生对象函数可以访问自己的属性和函数，但不能访问容器类中的成员属性和函数。容器类可以访问伴生对象的函数和属性。

2. 伴生对象非省略形式

在上面的示例中，事实上省略了伴生对象的名字，声明伴生对象时还可以添加继承父类或实现接口。示例代码如下：

```
//代码文件：10.11.3 -2/HelloProj/src/com/zhijieketang/HelloWorld.kt
package com.zhijieketang


import java.util.*

//声明OnClickListener接口
interface OnClickListener {
    fun onClick()
}

class Account {

    //实例属性账户金额
    var amount = 0.0
    //实例属性账户名
    var owner: String? = null

    //实例函数
    fun messageWith(amt: Double): String {
        //实例函数可以访问实例属性、实例函数、静态属性和静态函数
        val interest = Account.interestBy(amt)
        return "${owner}的利息是${interest}"
    }

    companion object Factory : Date(), OnClickListener {          ①
        override fun onClick() {
        }

        //静态属性利率
        var interestRate: Double = 0.0

        //静态函数
        fun interestBy(amt: Double): Double {
            //静态函数可以访问静态属性和其他静态函数
            return interestRate * amt
        }

        //静态代码块
        init {
            println("静态代码块被调用...")
            //初始化静态属性
            interestRate = 0.0668
        }
    }
}
```

```
fun main() {
    val myAccount = Account()
    //访问伴生对象属性
    println(Account.interestRate)
    println(Account.Factory.interestRate)                          ②
    //访问伴生对象函数
    println(Account.interestBy(1000.0))
    println(Account.Factory.interestBy(1000.0))                    ③
}
```

上述代码第①行是声明伴生对象，其中 Factory 是伴生对象名，Date()是继承 Date 类，OnClickListener 是实现该接口。一旦显示指定伴生对象名，在调用时可以加上伴生对象名，见代码第②行和第③行，当然省略伴生对象名也可以调用它的属性和函数。

3. 伴生对象扩展

伴生对象中可以添加扩展函数和属性，示例代码如下：

```
//代码文件: 10.11.3 -3/HelloProj/src/com/zhijieketang/HelloWorld.kt
package com.zhijieketang

//伴生对象声明扩展函数
fun Account.Factory.display() {
    println(interestRate)
}
...
//访问伴生对象扩展函数
Account.Factory.display()
Account.display()
```

从上述代码可见，调用伴生对象的扩展函数与访问普通函数没有区别。

本章小结

本章主要介绍了面向对象的基础知识。首先介绍了面向对象的一些基本概念、面向对象三个基本特性；然后介绍了类声明、属性、扩展、构造函数和可见性修饰符；最后介绍了数据类、枚举类、嵌套类和使用 object 关键字。

第 11 章

继承与多态

类的继承性是面向对象语言的基本特性，多态性的前提是继承性。Kotlin 支持继承性和多态性。本章讨论 Kotlin 的继承性和多态性。

11.1 Kotlin 中的继承

为了了解继承性，先看这样一个场景：一位面向对象的程序员小赵，在编程过程中需要描述和处理个人信息，于是定义了类 Person，如下所示：

```
//代码文件: chapter11/11.1-1/HelloProj/src/com/zhijieketang/Person.kt
package com.zhijieketang

import java.util.*

class Person : Any() {
    //名字
    val name: String? = null

    //年龄
    val age: Int = 0

    //出生日期
    val birthDate: Date? = null

    open val info: String
        get() = ("Person [name=$name,age=$age,birthDate=$birthDate]")
}
```

一周以后，小赵又遇到了新的需求，需要描述和处理学生信息，于是他又定义了一个新的类 Student，如下所示：

```
//代码文件: chapter11/11.1-1/HelloProj/src/com/zhijieketang/Student.kt

package com.zhijieketang


import java.util.*
```

```
class Student {
    //所在学校
    val school: String? = null
    //名字
    val name: String? = null
    //年龄
    val age: Int = 0
    //出生日期
    val birthDate: Date? = null

    val info: String
        get() = ("Person [name=$name, age=$age, birthDate=$birthDate]")

}
```

很多人能够理解小赵的做法并相信这是可行的，但问题在于 Student 和 Person 这两个类的结构太接近了，后者只比前者多了一个属性 school，却要重复定义其他所有的内容，实在让人"不甘心"。Kotlin 提供了解决类似问题的机制，那就是类的继承，代码如下：

//代码文件：chapter11/11.1-2/HelloProj/src/com/zhijieketang/Student.kt

```
package com.zhijieketang

import java.util.*

class Student : Person() {                                                    ①
    //所在学校
    val school: String? = null
/*    //名字
    val name: String? = null
    //年龄
    val age: Int = 0
    //出生日期
    val birthDate: Date? = null*/

    override val info: String
        get() = ("Person [name=$name,age=$age,birthDate=$birthDate]")

}
```

由上述代码可见，Student 类继承了 Person 类中的成员属性和函数，代码第①行声明 Student 类继承 Person 类，继承使用的冒号（:），冒号前是子类，冒号后是父类。

提示　如果在类的声明中没有指明其父类，则默认父类为 Any 类，kotlin.Any 类是 Kotlin 的根类，所有 Kotlin 类（包括数组）都直接或间接继承了 Any 类，在 Any 类中定义了一些有关面向对象机制的基本函数，如 equals、toString 和 hashCode 等函数。

子类能够继承父类，那么父类需要声明为 open，在 Kotlin 中默认类不能被继承，必须声明为 open。所以 Person 示例代码如下：

```
//代码文件: chapter11/11.1-2/HelloProj/src/com/zhijieketang/Person.kt

package com.zhijieketang

import java.util.*

open class Person {                                                    ①

    //名字
    val name: String? = null

    //年龄
    val age: Int = 0

    //出生日期
    val birthDate: Date? = null

    open val info: String
        get() = ("Person [name=$name,age=$age,birthDate=$birthDate]")
}
```

见代码第①行类需要声明为 open。

提示 一般情况下，一个子类只能继承一个父类，这称为"单继承"；但有的情况下，一个子类可以有多个不同的父类，这称为"多重继承"。在 Kotlin 中，类的继承只能是单继承，而多重继承可以通过实现多个接口实现。也就是说，在 Kotlin 中，一个类只能继承一个父类，但是可以实现多个接口。

11.2　调用父类构造函数

当子类实例化时，不仅需要初始化子类成员属性，还需要初始化父类成员属性，初始化父类成员属性需要调用父类构造函数。

修改 11.1 节的示例，父类 Person 代码如下：

```
//代码文件: com/zhijieketang/Person.kt
package com.zhijieketang

import java.util.*

open class Person(val name: String,
                  val age: Int,
                  val birthDate: Date) {                        //主构造函数
    //次构造函数
    constructor(name: String, age: Int) : this(name, age, Date())

    override fun toString(): String {
        return ("Person [name=$name, age=$age, birthDate=$birthDate]")
    }

}
```

Person 类中有两个构造函数，分别是一个主构造函数和一个次构造函数。子类 Student 继承 Person 类有多种实现方式，下面分别介绍。

11.2.1　使用主构造函数

在子类 Student 中可以声明主构造函数和次构造函数。示例代码如下：

```
//代码文件: com/zhijieketang/Student.kt
package com.zhijieketang

import java.util.*

class Student(name: String,
          age: Int,
          birthDate: Date,
          val school: String) : Person(name, age, birthDate) { //主构造函数      ①

    constructor(name: String,                              //次构造函数
          age: Int,
          school: String) : this(name, age, Date(), school)   // super(name,
age, Date())
                                                              ②

    constructor(name: String,                              //次构造函数
          school: String) : this(name, 18, school)   // super(name, 18, Date())③
}
```

上述代码第①行是声明子类 Student 的主构造函数，主构造函数中的 val school: String 参数会生成属性 school，Person(name, age, birthDate)表达式是调用父类构造函数。代码第②行是声明子类 Student 的次构造函数，this(name, age, Date(), school)是调用自己的主构造函数帮助完成初始化，如果将 this(name, age, Date(), school)表达式换成 super(name, age, Date())则会发生编译错误，super(name, age, Date())是在次构造函数中调用父类构造函数。代码第③行也是声明子类 Student 的次构造函数，this(name, 18, school)是调用代码第②行的次构造函数帮助完成初始化，如果将 this(name, 18, school)表达式换成 super(name, 18, Date())则会发生编译错误，super(name, 18, Date())是在次构造函数中调用父类构造函数。

提示　子类继承父类时，子类中一旦声明了主构造函数，那么子类的次构造函数不能直接调用父类构造函数，只能调用自己的主构造函数。例如上述代码第②行只能调用 this(name, age, Date(), school)而不能调用 super(name, age, Date())。

11.2.2　使用次构造函数重载

在子类 Student 中可以不声明主构造函数，可以声明多个次构造函数。示例代码如下：

```
//代码文件: com/zhijieketang/section2/s2/Student.kt
package com.zhijieketang.section2.s2

import com.zhijieketang.section2.Person
import java.util.*
```

```kotlin
class Student : Person {

    //所在学校
    private var school: String? = null

    constructor(name: String,
                age: Int,
                birthDate: Date,
                school: String) : super(name, age, birthDate) {      ①
        this.school = school
    }

    constructor(name: String,
                age: Int,
                school: String) : this(name, age, Date(), school) {   ②
        this.school = school
    }
}
```

上述代码第①行和第②行都是声明次构造函数，其中代码第①行的次构造函数中 super(name, age, birthDate)表达式是调用父类构造函数，代码第②行的次构造函数中 this(name, age, Date(), school)表达式是调用代码第①行自己的次构造函数。

提示 子类继承父类时，子类中如果没有声明主构造函数，则子类的次构造函数能直接调用父类构造函数，见上述代码第①行。

11.2.3 使用参数默认值调用构造函数

一个类有多个构造函数时，多个构造函数之间构成了重载关系，Kotlin 从语法角度是支持重载的，但更推荐使用参数默认值调用构造函数。

示例代码如下：

```kotlin
//代码文件：com/zhijieketang/Student.kt
package com.zhijieketang

import java.util.*

class Student : Person {

    //所在学校
    private var school: String? = null

    constructor(name: String,
                age: Int = 18,
                birthDate: Date = Date(),
                school: String) : super(name, age, birthDate) {
        this.school = school
    }

}
```

上述代码中声明了一个次构造函数，它有 4 个参数，其中 age 和 birthDate 参数提供了默认值。这样声明相当于提供了 3 个构造函数，调用代码如下：

```
//代码文件: com/zhijieketang/Student.kt
package com.zhijieketang


import java.util.*

fun main() {
    val stu1 = Student("Tony", 20, Date(), "清华大学")
    val stu2 = Student("Tony", birthDate = Date(9823456), school = "清华大学")
    val stu3 = Student("Tony", school = "清华大学")
}
```

11.3　重写成员属性和函数

子类继承父类后，在子类中有可能声明了与父类一样的成员属性或函数，那么会出现什么情况呢？

11.3.1　重写成员属性

子类成员属性与父类一样，会重写（Override）父类中的成员属性，也就是屏蔽了父类成员属性。示例代码如下：

```
//代码文件: com/zhijieketang/HelloWorld.kt
package com.zhijieketang

open class ParentClass {
    //x 成员属性
    open var x = 10                                              ①
}

internal class SubClass : ParentClass() {
    //屏蔽父类 x 成员属性
    override var x = 20                                          ②

    fun print() {
        //访问子类 x 成员属性
        println("x = $x")                                       ③
        //访问父类 x 成员属性
        println("super.x = " + super.x)                         ④
    }
}
```

调用代码如下：

```
//代码文件: com/zhijieketang/HelloWorld.kt
package com.zhijieketang
fun main() {
    //实例化子类 SubClass
```

```
    val pObj = SubClass()
    //调用子类 print 函数
    pObj.print()
}
```

运行结果如下：

```
x = 20
super.x = 10
```

上述代码第①行是在 ParentClass 类中声明 x 成员属性，代码第②行它的子类 SubClass 也声明了 x 成员属性，它会屏蔽父类中的 x 成员属性。代码第③行的 x 是子类中的 x 成员属性,如果要调用父类中的 x 成员属性，则需要 super 关键字，见代码第④行的 super.x。

提示　子类继承父类时，子类可以重写父类中的成员属性，默认情况下属性是不能被重写的，它们需要声明为 open。另外，在子类中重写属性需要有 override 关键字声明。

11.3.2　重写成员函数

如果子类函数完全与父类函数相同，即子类函数和父类函数有相同的函数名、相同的参数列表和相同的返回类型，只是函数体不同，这称为子类重写（Override）父类函数。

示例代码如下：

```
//代码文件：com/zhijieketang/HelloWorld.kt
package com.zhijieketang

open class ParentClass {
    //x 成员属性
    open var x: Int = 0                                        ①

    open protected fun setValue() {                           ②
        x = 10                                               ③
    }
}

class SubClass : ParentClass() {
    //屏蔽父类 x 成员属性
    override var x: Int = 0                                    ④

    public override fun setValue() {      //重写父类函数        ⑤
        //访问子类对象 x 成员属性
        x = 20                                               ⑥
        //调用父类 setValue()函数
        super.setValue()                                     ⑦
    }

    fun display() {
        //访问子类对象 x 成员属性
        println("x = $x")
        //访问父类 x 成员属性
```

```
        println("super.x = " + super.x)
    }
}
```

调用代码如下：

```
//代码文件：com/zhijieketang/HelloWorld.kt
package com.zhijieketang

fun main() {

    //实例化子类 SubClass
    val pObj = SubClass()
    //调用 setValue 函数
    pObj.setValue()
    //调用子类 print 函数
    pObj.display()
}
```

上述代码第②行是在 ParentClass 类声明 setValue 函数，那么在它的子类 SubClass 代码第⑤行重写父类中的 setValue 函数，在声明函数时添加 override 关键字声明。当在 main 函数中调用子类 setValue 函数时，首先在代码第⑥行修改 x 属性为 20，紧接着在代码第⑦行调用父类的 setValue 函数，在该函数中将 x 属性修改为 10。注意此时修改的属性是子类中的 x 属性（代码第④行声明的属性），而不是父类中的 x 属性（代码第①行声明的属性），所以最后的输出结果如下：

```
x = 10
super.x = 0
```

注意 函数重写时应遵循的原则：重写后的函数不能比原函数有更严格的可见性（可以相同）。例如将代码第②行访问控制 public 修改为 private，会发生编译错误，因为父类原函数是 protected。具体规则如表 11-1 所示。

表 11-1 子类重写父类后使用的可见性修饰符

父类成员修饰符	子类重写成员修饰符			
	public	internal	protected	private
public	可用	不可用	不可用	不可用
internal	可用	可用	不可用	不可用
protected	可用	不可用	可用	不可用

11.4 多态

发生多态要有三个前提条件：
（1）继承。多态发生一定要在子类和父类之间。
（2）重写。子类重写了父类的函数。
（3）声明对象类型是父类类型，对象是子类的实例。
下面通过一个示例理解什么是多态。如图 11-1 所示，父类 Figure（几何图形）有一个 onDraw（绘图）

函数，Figure（几何图形）有两个子类 Ellipse（椭圆形）和 Triangle（三角形），Ellipse 和 Triangle 重写 onDraw 函数。Ellipse 和 Triangle 都有 onDraw 函数，但具体实现的方式不同。

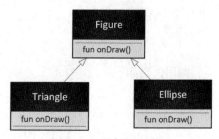

图 11-1　几何图形类图

具体代码如下：

```kotlin
//代码文件: com/zhijieketang/Ellipse.kt
package com.zhijieketang

open class Figure {

    //绘制几何图形函数
    open fun onDraw() {
        println("绘制 Figure...")
    }
}
```

```kotlin
//代码文件: com/zhijieketang/Ellipse.kt
package com.zhijieketang

//几何图形椭圆形
class Ellipse : Figure() {
    //绘制几何图形函数
    override fun onDraw() {
        println("绘制椭圆形...")
    }
}
```

```kotlin
//代码文件: com/zhijieketang/Ellipse.kt
package com.zhijieketang

//几何图形三角形
class Triangle : Figure() {
    //绘制几何图形函数
    override fun onDraw() {
        println("绘制三角形...")
    }
}
```

调用代码如下：

```kotlin
//代码文件: com/zhijieketang/ch11.4.1.kt
package com.zhijieketang

fun main() {

    //f1 变量是父类类型，指向父类实例
    val f1 = Figure()                               ①
    f1.onDraw()

    //f2 变量是父类类型，指向子类实例，发生多态
    val f2: Figure = Triangle()                     ②
```

```
    f2.onDraw()

    //f3 变量是父类类型，指向子类实例，发生多态
    val f3: Figure = Ellipse()                                    ③
    f3.onDraw()

    //f4 变量是子类类型，指向子类实例
    val f4 = Triangle()                                           ④
    f4.onDraw()
}
```

上述代码第②行和第③行都符合多态的三个前提，因此会发生多态。而代码第①行和第④行都不符合，没有发生多态。

运行结果如下：

```
绘制 Figure...
绘制三角形...
绘制椭圆形...
绘制三角形...
```

从运行结果可知，多态发生时，根据引用变量指向的实例调用它的函数，而不是根据引用变量的类型调用它的函数。

11.4.1 使用 is 和!is 进行类型检查

有时候需要在运行时判断一个对象是否属于某个类型，这时可以使用 is 或!is 运算符，语法格式如下：

```
obj  is  type                    //obj 对象是 type 类型实例，则返回 true
obj  !is  type                   //obj 对象不是 type 类型实例，则返回 true
```

其中 obj 是一个对象，type 是数据类型。

为了介绍引用类型检查，先看一个示例，如图 11-2 所示的类图，展示了继承层次树，Person 类是根类，Student 是 Person 的直接子类，Worker 是 Person 的直接子类。

继承层次树中具体实现代码如下：

```
//代码文件：com/zhijieketang/Person.kt
package com.zhijieketang

open class Person(val name: String, val age:
Int) {

    override fun toString(): String {
        return ("Person [name=$name,age=$age]")
    }
}
```

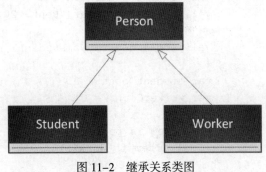

图 11-2　继承关系类图

```
//代码文件：com/zhijieketang/section4/s2/Student.kt
package com.zhijieketang.section4.s2
```

```kotlin
class Student(name: String, age: Int, private val school: String) : Person(name, age) {

    override fun toString(): String {
        return ("Student [school=$school,name=$name,age=$age]")
    }
}
```

//代码文件：com/zhijieketang/section4/s2/Worker.kt
```kotlin
package com.zhijieketang.section4.s2

class Worker(name: String, age: Int, private val factory: String) : Person(name, age) {

    override fun toString(): String {
        return ("Worker [factory=$factory,name=$name,age=$age]")
    }
}
```

调用代码如下：

//代码文件：com/zhijieketang/ch11.4.2.kt
```kotlin
package com.zhijieketang

fun main() {

    val student1 = Student("Tom", 18, "清华大学")                          ①
    val student2 = Student("Ben", 28, "北京大学")
    val student3 = Student("Tony", 38, "香港大学")                          ②

    val worker1 = Worker("Tom", 18, "钢厂")                              ③
    val worker2 = Worker("Ben", 20, "电厂")                              ④

    val people = arrayOf(student1, student2, student3, worker1, worker2)   ⑤

    var studentCount = 0
    var workerCount = 0

    for (item in people) {                                             ⑥
        if (item is Worker) {                                          ⑦
            workerCount++
        } else if (item is Student) {                                  ⑧
            studentCount++
        }
    }
    println("工人人数：$workerCount，学生人数：$studentCount")
    println(worker2 !is Worker)                                        ⑨
    println(0 is Int)                                                  ⑩
}
```

输出结果如下：

工人人数：2，学生人数：3
false
true

上述代码第①行～第②行创建了 3 个 Student 实例，代码第③行～第④行创建了两个 Worker 实例，然后程序把这 5 个实例放入 people 数组中。

代码第⑥行使用 for 语句循环 people 数组集合，当从 people 数组中取出元素时，元素类型是 people 类型，但是实例不知道是哪个子类（Student 和 Worker）实例。代码第⑦行 item is Worker 表达式是判断数组中的元素是否为 Worker 实例；类似地，第⑧行 item is Student 表达式是判断数组中的元素是否为 Student 实例。

代码第⑨行是使用!is 判断 worker2 是否为 Worker 实例，结果为 false。

代码第⑩行是使用 is 判断基本数据类型 0 是否为 Int 类型实例，可见 is 和!is 也可以用于基本数据类型。

11.4.2 使用 as 和 as?进行类型转换

在 5.3 节介绍过数值类型的相互转换，引用类型也可以进行转换，但并不是所有的引用类型都能互相转换，只有属于同一棵继承层次树中的引用类型才可以转换。

在 11.4.1 节的示例上修改代码如下：

```
//代码文件: com/zhijieketang/HelloWorld.kt
package com.zhijieketang

fun main() {

    val p1: Person = Student("Tom", 18, "清华大学")
    val p2: Person = Worker("Tom", 18, "钢厂")

    val p3 = Person("Tom", 28)
    val p4 = Student("Ben", 40, "清华大学")
    val p5 = Worker("Tony", 28, "钢厂")
    ...

}
```

上述代码创建了 5 个实例 p1、p2、p3、p4 和 p5，它们的类型都是 Person 继承层次树中的引用类型，p1 和 p4 是 Student 实例，p2 和 p5 是 Worker 实例，p3 是 Person 实例。首先，对象类型转换一定发生在继承的前提下，p1 和 p2 都声明为 Person 类型，而实例是由 Person 的子类实例化的。

表 11-2 归纳了 p1、p2、p3、p4 和 p5 这 5 个实例与 Worker、Student 和 Person 这 3 种类型之间的转换关系。

表 11-2 类型转换

对　　象	Person类型	Worker类型	Student类型	说　　明
p1	支持	不支持	支持（向下转型）	类型：Person 实例：Student
p2	支持	支持（向下转型）	不支持	类型：Person 实例：Worker

续表

对　象	Person类型	Worker类型	Student类型	说　明
p3	支持	不支持	不支持	类型：Person 实例：Person
p4	支持（向上转型）	不支持	支持	类型：Student 实例：Student
p5	支持（向上转型）	支持	不支持	类型：Worker 实例：Worker

引用类型转换有两个方向：将父类引用类型变量转换为子类类型，这种转换称为向下转型（downcast）；将子类引用类型变量转换为父类类型，这种转换称为向上转型（upcast）。向下转型需要使用 as 或 as?运算符进行强制转换；而向上转型是自动的，也可以使用 as 运算符。

提示 使用 as 运算符强制转换的过程中，如果类型不兼容会发生运行期异常，抛出 ClassCastException 异常。如果使用 as?运算符进行转换，在类型不兼容时返回空值，不会抛出异常，所以 as?运算符称为"安全转换"运算符。

下面通过示例详细说明向下转型和向上转型，在 main 函数中添加如下代码：

```
//向上转型
val p41: Person = p4 //as Person                                      ①
val p51 = p5 as Person                                               ②

//向下转型
val p11= p1 as Student                                               ③
val p21= p2 as Worker                                                ④

val p211 = p2 as? Student        //使用 as 会发生运行时异常            ⑤
val p111 = p1 as? Worker         //使用 as 会发生运行时异常            ⑥
val p311 = p3 as? Student        //使用 as 会发生运行时异常            ⑦
```

上述代码第①行将 p4 对象转换为 Person 类型，p4 本质上是 Student 实例，这是向上转型，这种转换是自动的，可以使用 as 进行强制类型转换。代码第②行没有声明 p51 类型，而是将 p5 对象转换为 Person 类型，这个过程可以成功。

代码第③行～第④行是向下类型转换，它们的转型都能成功。而代码第⑤行～第⑦行的转换类型是不兼容的，如果用 as 进行转换会发生运行时异常（ClassCastException），所以这里使用了 as?进行转换，当然转换的结果都是空值。

11.5　密封类

如果一个类的子类个数是有限的，那么在 Kotlin 中可以把这种父类定义为密封类（Sealed Classes），密封类是一种抽象类，它限定了子类个数。密封类类似于枚举类，枚举类中每个常量实例只能有一个，而密封类的子类实例可以有多个。

下面通过示例介绍密封类的使用，在进行数据库操作时，会出现成功和失败两种情况。如果采用密封类设计，代码如下：

```
//代码文件: com/zhijieketang/HelloWorld.kt
package com.zhijieketang
sealed class Result                                                    ①
class Success(val message: String) : Result()                         ②
class Failure(val error: Error) : Result()                            ③

fun onResult(result: Result) {
    when (result) {                                                    ④
        is Success -> println("${result}输出成功消息: ${result.message}")
        is Failure -> println("${result}输出失败消息: ${result.error.message}")
        //else -> 不再需要
    }
}

fun main() {

    val result1 = Success("数据更新成功")
    onResult(result1)
    val result2 = Failure(Error("主键重复，插入数据失败"))
    onResult(result2)
}
```

上述代码第①行是声明一个密封类 Result，使用 sealed 修饰。密封类本身就是抽象的，不需要 abstract 修饰，一定也是 open 的，密封类不能实例化。代码第②行和第③行都是声明密封类的子类，但是 Success 和 Failure 的内部结构是不同的，Success 有一个字符串属性 message，而 Failure 有一个 Error 类型属性。

代码第④行使用 when 结果判定密封类实例，注意不再需要 else 结构。

提示　密封类与枚举类的区别：密封类子类与枚举类常量成员是对应的，密封类子类可以有不同的内部结构，子类可以有多个构造函数，可以创建多个不同的实例。而枚举类常量成员的构造函数是固定的，由枚举类定义好的，每一个枚举类常量只能创建一个实例。

密封类的子类还可以写成嵌套类形式，这是 Kotlin 1.1 之前版本的密封类规范，Kotlin 1.1 仍然可以使用这些形式。示例代码如下：

```
sealed class ContentType {                                            ①
    class Text(val body: String) : ContentType()                      ②
    class Image(val url: String, val caption: String) : ContentType() ③
    class Audio(val url: String, val duration: Int) : ContentType()   ④
}

fun renderCotent(contentType: ContentType): Unit {
    when (contentType) {                                               ⑤
        is ContentType.Text -> println("文本: ${contentType.body}")    ⑥
        is ContentType.Audio -> println("音频:${contentType.duration}秒") ⑦
        is ContentType.Image -> println("图片: ${contentType.caption}") ⑧
    }
}
```

上述代码第①行是声明密封类 ContentType，它表示浏览器能够渲染的内容。ContentType 内部嵌套三个子类，代码第②行 Text 是文本子类，代码第③行 Image 是图片子类，代码第④行 Audio 是音频子类，这三个子类都有不同的结构和不同的构造函数。

代码第⑤行使用 when 结构判断 ContentType 子类实例，代码第⑥行～第⑧行是判断为文本子类实例，注意访问子类时需要添加前缀 ContentType。

本章小结

本章首先介绍了 Kotlin 中的继承概念，在继承时会发生函数的重写和属性的隐藏；然后介绍了 Kotlin 中的多态概念，广大读者需要熟悉多态发生的条件，掌握引用类型检查和类型转换；最后介绍了密封类。

第 12 章

抽象类与接口

设计良好的软件系统应该具备"可复用性"和"可扩展性"，能够满足用户需求的不断变更。使用抽象类和接口是实现"可复用性"和"可扩展性"重要的设计手段。

12.1 抽象类

Kotlin 语言提供了两种类：具体类和抽象类。前面章节接触的类都是具体类。本节介绍抽象类。

12.1.1 抽象类概念

在 11.4 节介绍多态时，使用过几何图形类示例，其中 Figure（几何图形）类中有一个 onDraw（绘图）函数，Figure 有两个子类 Ellipse（椭圆形）和 Triangle（三角形），Ellipse 和 Triangle 重写 onDraw 函数。

作为父类 Figure（几何图形）并不知道在实际使用时有多少个子类，目前有椭圆形和三角形，那么不同的用户需求可能会有矩形或圆形等其他几何图形，而 onDraw 函数只有确定是哪一个子类后才能具体实现。Figure 中的 onDraw 函数不能具体实现，所以只能是一个抽象函数。在 Kotlin 中具有抽象函数的类称为"抽象类"，Figure 是抽象类，其中的 onDraw 函数是抽象函数。如图 12-1 所示类图中 Figure 是抽象类，Ellipse 和 Triangle 是 Figure 子类实现 Figure 的抽象函数 onDraw。

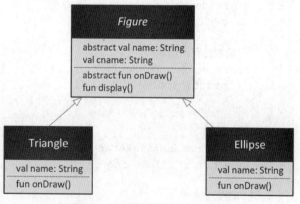

图 12-1 抽象类几何图形类图

12.1.2 抽象类声明和实现

在 Kotlin 中抽象类和抽象函数的修饰符是 abstract，声明抽象类 Figure 示例代码如下：

```
//代码文件: com/zhijieketang/Figure.kt
package com.zhijieketang

abstract class Figure {
    //绘制几何图形函数
```

①

```
    abstract fun onDraw()                   //抽象函数              ②

    abstract val name: String               //抽象属性              ③
    val cname: String = "几何图形"           //具体属性              ④

    fun display() {                         //具体函数              ⑤
        println(name)
    }
}
```

代码第①行是声明抽象类，在类前面加上 abstract 修饰符，这里不需要使用 open 修饰符，默认是 open。代码第②行声明抽象函数，函数前面的修饰符也是 abstract，也不需要使用 open 修饰符，默认也是 open，抽象函数没有函数体。代码第③行的属性是抽象属性，所谓"抽象属性"是没有初始值，没有 setter 或 getter 访问器。代码第④行的属性是具体属性，所谓"具体属性"它有初始值或者有 setter 或 getter 访问器。代码第⑤行是具体函数，它有函数体。

注意 如果一个成员函数或属性被声明为抽象，那么这个类也必须声明为抽象。而一个抽象类中，可以有 0～n 个抽象函数或属性以及 0～n 个具体函数或属性。

设计抽象类目的就是让子类实现，否则抽象就没有任何意义，实现抽象类示例代码如下：

```
//代码文件：com/zhijieketang/Ellipse.kt
package com.zhijieketang

//几何图形椭圆形
class Ellipse : Figure() {
    override val name: String                                        ①
        get() = "椭圆形"

    //绘制几何图形函数
    override fun onDraw() {                                          ②
        println("绘制椭圆形...")
    }
}
```

```
//代码文件：com/zhijieketang/Triangle.kt
package com.zhijieketang

//几何图形三角形
class Triangle(override val name: String) : Figure() {              ③
    //绘制几何图形函数
    override fun onDraw() {                                          ④
        println("绘制三角形...")
    }
}
```

上述代码声明了两个具体类 Ellipse 和 Triangle，它们实现（重写）了抽象类 Figure 的抽象函数 onDraw，见代码第②行和第④行。代码第①行是在 Ellipse 中实现 name 属性，此时父类 Figure 中 name 属性是抽象的。代码第③行在构造函数中提供了 name 属性，从而实现了 name 属性。比较代码第①行和第③行实现 name 属性的方式有所不同，但是最终效果是一样的。

调用代码如下：

```
//代码文件：com/zhijieketang/HelloWorld.kt
package com.zhijieketang
fun main() {
    //f1 变量是父类类型，指向实现类实例，发生多态
    val f1: Figure = Triangle("三角形")          ①
    f1.onDraw()
    f1.display()                                  ②

    //f2 变量是父类类型，指向实现类实例，发生多态
    val f2: Figure = Ellipse()
    f2.onDraw()
    println(f2.cname)                             ③
}
```

上述代码中实例化两个具体类 Triangle 和 Ellipse，对象 f1 和 f2 是 Figure 引用类型。代码第①行是实例化 Triangle 对象，代码第②行是调用抽象类中的具体函数 display()。代码第③行是调用抽象类中的具体属性 cname。

注意　抽象类不能被实例化,只有具体类才能被实例化。

12.2　使用接口

比抽象类更加抽象的是接口，接口中主要包含抽象函数和抽象属性，但是根据需要可以有具体函数和具体属性。

提示　接口和抽象类都可以有抽象函数和属性，也可以有具体函数和属性。那么接口和抽象类有什么区别呢？接口不能维护一个对象状态，而抽象类可以，因为维护一个对象状态需要支持字段，而接口中无论是具体属性还是抽象属性，后面都没有支持字段。

12.2.1　接口概念

其实 12.1.1 节的抽象类 Figure 可以更加彻底地变为 Figure 接口，虽然接口中可以有抽象函数和属性，也有具体函数和属性，但接口不保存状态。将 12.1.1 节的几何图形类改成接口后，类图如图 12-2 所示。

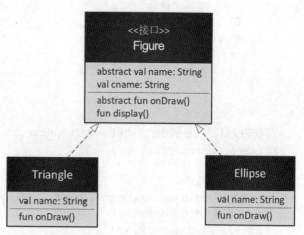

图 12-2　接口几何图形类图

12.2.2　接口声明和实现

在 Kotlin 中接口的声明使用的关键字是 interface，声明接口 Figure 示例代码如下：

```
//代码文件：/com/zhijieketang/Figure.kt
```

```kotlin
package com.zhijieketang

interface Figure {                                            ①
    //绘制几何图形函数
    fun onDraw()                    //抽象函数              ②

    val name: String                //抽象属性              ③

    val cname: String               //具体属性              ④
        get() = "几何图形"

    fun display() {                 //具体函数              ⑤
        println(name)
    }
}
```

代码第①行声明 Figure 接口，声明接口使用 interface 关键字。代码第②行声明抽象函数，抽象函数没有函数体。代码第③行的属性是抽象属性，抽象属性没有初始值，没有 setter 或 getter 访问器。代码第④行是具体属性，具体属性不能有初始值只能有 getter 访问器，说明该属性后面没有支持字段。代码第⑤行是具体函数，它有函数体。

实现接口 Figure 示例代码如下：

```kotlin
//代码文件：/com/zhijieketang/Ellipse.kt
package com.zhijieketang

//几何图形椭圆形
class Ellipse : Figure {
    override val name: String
        get() = "椭圆形"

    //绘制几何图形函数
    override fun onDraw() {
        println("绘制椭圆形...")
    }
}
```

```kotlin
//代码文件：/com/zhijieketang/Triangle.kt
package com.zhijieketang

//几何图形三角形
class Triangle(override val name: String) : Figure {
    // 绘制几何图形函数
    override fun onDraw() {
        println("绘制三角形...")
    }
}
```

上述代码声明了两个具体类 Ellipse 和 Triangle，它们实现了接口 Figure 中的抽象函数 onDraw 和抽象属性 name。

调用代码如下：

```
//代码文件：/com/zhijieketang/ch12.2.2.kt
package com.zhijieketang

fun main() {
    //f1 变量是接口类型，指向实现类实例，发生多态
    val f1: Figure = Triangle("三角形")
    f1.onDraw()
    f1.display()

    //f2 变量是接口类型，指向实现类实例，发生多态
    val f2: Figure = Ellipse()
    f2.onDraw()
    println(f2.cname)
}
```

上述代码中实例化两个具体类 Triangle 和 Ellipse，对象 f1 和 f2 是 Figure 接口引用类型。代码与 12.1.2 节抽象类调用类似，这里不再赘述。

注意　接口与抽象类一样都不能被实例化。

12.2.3　接口与多继承

在 C++语言中一个类可以继承多个父类，但这会有潜在的风险，如果两个父类有相同的函数，那么子类将继承哪一个父类函数呢？这就是 C++ 多继承所导致的冲突问题。

在 Kotlin 中只允许继承一个类，但可实现多个接口。通过实现多个接口方式满足多继承的设计需求。多个接口中即便有相同抽象函数，子类实现它们也不会有冲突。

图 12-3 所示是多继承类图，其中有两个接口 InterfaceA 和 InterfaceB，从类图中可见两个接口中都有一个相同的函数 methodB()。AB 实现了这两个接口，继承了 Any 父类。

接口 InterfaceA 和 InterfaceB 代码如下：

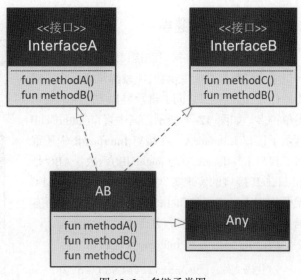

图 12-3　多继承类图

```
//代码文件：/com/zhijieketang/section2/InterfaceA.kt
package com.zhijieketang

interface InterfaceA {
    fun methodA()
    fun methodB()
}
```

```
//代码文件：/com/zhijieketang/InterfaceB.kt
package com.zhijieketang
```

```
interface InterfaceB {
    fun methodB()
    fun methodC()
}
```

从代码中可见两个接口都有两个抽象函数，其中函数 methodB()和 methodA()定义完全相同。实现接口 InterfaceA 和 InterfaceB 的 AB 类代码如下：

```
//代码文件：/com/zhijieketang/AB.kt
package com.zhijieketang

class AB : Any(), InterfaceA, InterfaceB {                                    ①
    override fun methodC() {}
    override fun methodA() {}
    override fun methodB() {}                                                 ②
}
```

上述代码第①行声明 AB 类，继承了 Any 类，实现了两个接口。注意先声明继承父类，并指定调用父类的哪个构造函数，然后再声明接口，它们之间使用逗号（,）分隔。在 AB 类中的代码第②行实现 methodB() 函数，这个函数既实现了 InterfaceA 又实现了 InterfaceB。

12.2.4 接口继承

Kotlin 语言中允许接口和接口之间继承。由于接口中的函数都是抽象函数，所以继承之后也不需要做什么，因此接口之间的继承要比类之间的继承简单得多。如图 12-4 所示，其中接口 InterfaceB 继承了接口 InterfaceA，在接口 InterfaceB 中还重写了接口 InterfaceA 中的 methodB()函数。ABC 是 InterfaceB 接口的实现类，从图 12-4 中可见 ABC 需要实现 InterfaceA 和 InterfaceB 接口中的所有函数。

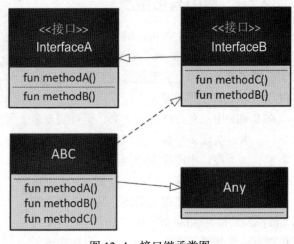

图 12-4　接口继承类图

接口 InterfaceA 和 InterfaceB 代码如下：

```
//代码文件：com/zhijieketang/InterfaceA.kt
package com.zhijieketang

interface InterfaceA {
    fun methodA()
    fun methodB()
}

//代码文件：com/zhijieketang/InterfaceB.kt
package com.zhijieketang

interface InterfaceB : InterfaceA {
```

```
    override fun methodB()
    fun methodC()
}
```

接口 InterfaceB 继承了接口 InterfaceA，声明时也使用冒号（:）。接口 InterfaceB 中的 **methodB()** 函数重写了接口 InterfaceA。事实上在接口中重写抽象函数，并没有实际意义，因为它们都是抽象的，都是留给子类实现的。

实现接口 InterfaceB 的 ABC 类代码如下：

```
//代码文件：/com/zhijieketang/ABC.kt
package com.zhijieketang

class ABC : InterfaceB {
    override fun methodA() {}
    override fun methodB() {}
    override fun methodC() {}
}
```

ABC 类实现了接口 InterfaceB，事实上是实现接口 InterfaceA 和接口 InterfaceB 中所有函数，相当于同时实现接口 InterfaceA 和接口 InterfaceB。

12.2.5　接口中具体函数和属性

在 Kotlin 中，接口主要成员是抽象函数和属性，但是也有具体函数和属性。接口中的抽象函数和属性是必须要实现的，而具体函数和属性是可选实现的，根据自己的业务需求选择是否重写它们。

接口中的具体属性和抽象属性在前面已经介绍过了，本节重点介绍在接口中使用具体函数。示例代码如下：

```
//代码文件：/com/zhijieketang/InterfaceA.kt
package com.zhijieketang

interface InterfaceA {

    fun methodA()
    fun methodB(): String

    fun methodC(): Int {
        return 0
    }

    fun methodD(): String {
        return "这是默认函数..."
    }
}
```

在接口 InterfaceA 中声明了两个抽象函数 **methodA** 和 **methodB**，以及两个具体函数 **methodC** 和 **methodD**，并给出了具体实现。

实现接口示例代码如下：

```
//代码文件：/com/zhijieketang/ABC.kt
package com.zhijieketang
```

```kotlin
class ABC : InterfaceA {

    override fun methodA() {}

    override fun methodB(): String {
        return "实现methodB 函数..."
    }

    override fun methodC(): Int {
        return 500
    }
}
```

实现接口时，接口中原有的抽象函数在实现类中必须实现。抽象函数可以根据需要选择是否重写。上述代码中 ABC 类实现了 InterfaceA 接口中的两个抽象函数，并重写了 methodB 函数。

调用代码如下：

```kotlin
//代码文件: /com/zhijieketang/section2/s5/ch12.2.5.kt
package com.zhijieketang.section2.s5

fun main() {

    //声明接口类型，实例是实现类，发生多态
    val abc = ABC()

    //访问 methodB 函数
    println(abc.methodB())

    //访问函数 methodC
    println(abc.methodC())                                      ①

    //访问函数 methodD                                           ②
    println(abc.methodD())

}
```

运行结果：

```
实现methodB 函数...
500
这是默认函数...
```

从运行结果可见，代码第①行调用函数 methodC，它是调用类 AB 中的实现。代码第②行调用函数 methodD，是调用接口 InterfaceA 中的实现。

本章小结

通过对本章的学习，读者可以了解抽象类和接口的概念，掌握如何声明抽象类和接口，如何实现抽象类和接口，熟悉抽象类和接口的区别。

第 13 章

函数式编程基石——

高阶函数和 Lambda 表达式

函数式编程（functional programming）思想虽然与面向对象一样历史悠久，但是支持函数式编程的计算机语言却是近几年才出现的。这些语言有 Swift、Python、Java 8 和 C++ 11 等，作为新生的语言，Kotlin 也支持函数式编程。本章将介绍 Kotlin 语言中函数式编程重要的基础知识——高阶函数和 Lambda 表达式。

13.1 函数式编程简介

函数式编程是一种编程典范，也就是面向函数的编程。在函数式编程中一切都是函数。

函数式编程核心概念如下。

（1）函数是"一等公民"：是指函数与其他数据类型是一样的，处于平等的地位。函数可以作为其他函数的参数传入，也可以作为其他函数的返回值返回。

（2）使用表达式，不用语句：函数式编程关心输入和输出，即参数和返回值。在程序中使用表达式可以有返回值，而使用语句没有。例如控制结构中的 if 和 when 结构都属于表达式。

（3）高阶函数：函数式编程支持高阶函数，所谓高阶函数就是一个函数可以作为另外一个函数的参数或返回值。

（4）无副作用：是指函数执行过程会返回一个结果，不会修改外部变量，这就是"纯函数"，同样的输入参数一定会有同样的输出结果。

Kotlin 语言支持函数式编程，提供了高阶函数和 Lambda 表达式。

13.2 高阶函数

函数式编程的关键是高阶函数的支持。一个函数可以作为另一个函数的参数，或者返回值，那么这个函数就是"高阶函数"。本节介绍高阶函数。

13.2.1 函数类型

现有如下 3 个函数的定义：

```
//代码文件：/com/zhijieketang/HelloWorld.kt
package com.zhijieketang
```

```
//定义计算长方形面积函数
```

```kotlin
//函数类型(Double, Double) -> Double
fun rectangleArea(width: Double, height: Double): Double {     ①

    return  width * height
}

//定义计算三角形面积函数
//函数类型(Double, Double) -> Double
fun triangleArea(bottom: Double, height: Double) = 0.5 * bottom * height     ②

fun sayHello() {                //函数类型()->Unit                ③
    print("Hello, World")
}


fun main() {

    val getArea: (Double, Double) -> Double = ::triangleArea     ④
    //调用函数
    val area = getArea(50.0, 40.0)                               ⑤
    print(area) //1000.0
}
```

上述代码中，函数 rectangleArea 和 triangleArea 具有相同的函数类型(Double, Double) -> Double。函数类型就是把函数参数列表中的参数类型保留下来，再加上箭头符号和返回类型，形式如下：

参数列表中的参数类型 -> 返回类型

每一个函数都有函数类型，即便是函数列表中没有参数或没有返回值的函数也有函数类型，如代码第③行的 sayHello()函数，sayHello()函数的函数类型是()->Unit。

13.2.2　函数字面量

函数类型可以声明变量，那么函数类型变量能够接收什么样的数据？即函数字面量能够用什么表示？函数字面量可以有三种表示：

（1）函数引用。引用到一个已经定义好的、有名字的函数，它可以作为函数字面量。

（2）匿名函数。没有名字的函数，即匿名函数，它也可以作为函数字面量。

（3）Lambda 表达式。Lambda 表达式是一种匿名函数，可以作为函数字面量。

示例代码如下：

```kotlin
//代码文件：/com/zhijieketang/HelloWorld.kt
package com.zhijieketang

fun calculate(opr: Char): (Int, Int) -> Int {

    //加法函数
    fun add(a: Int, b: Int): Int {
        return a + b
    }
```

```
//减法函数
fun sub(a: Int, b: Int): Int {
    return a - b
}

val result: (Int, Int) -> Int =
        when (opr) {
            '+' -> ::add                                        ①
            '-' -> ::sub                                        ②
            '*' -> {
                //乘法匿名函数
                fun(a: Int, b: Int): Int {                      ③
                    return (a * b)
                }
            }
            else -> { a, b -> (a / b) }    //除法 Lambda 表达式   ④
        }
    return result
}

fun main() {
    val f1 = calculate('+')                                     ⑤
    println(f1(10, 5))                       //调用 f1 变量       ⑥
    val f2 = calculate('-')
    println(f2(10, 5))
    val f3 = calculate('*')
    println(f3(10, 5))
    val f4 = calculate('/')
    println(f4(10, 5))
}
```

上述代码第①行和第②行是函数引用，采用"双冒号加函数名"的形式引用，add 和 sub 是两个局部函数，它们的函数引用表示方式是::add 和::sub，它们可以作为函数字面量赋值给 result 变量。代码第③行声明匿名函数，匿名函数不需要函数名，它是一个表达式，直接赋值给 result 变量。代码第④行采用 Lambda 表达式，也可以赋值给 result 变量。

获得一个函数类型的变量之后如何使用呢？答案是可以把它当作函数一样调用。例如代码第⑤行 val f1 = calculate('+')中 f1 是一个函数类型变量，事实上 f1 就是指向 add 函数的变量。代码第⑥行调用 f1 函数类型变量，事实上就是在调用 add 函数。其他的变量以此类推，不再赘述。

13.2.3　函数作为另一个函数返回值使用

若可以把一个函数作为另一个函数的返回值使用，说明这个函数属于高阶函数。13.2.2 节的 calculate 函数的返回类型就是(Int, Int) -> Int 函数类型，说明 calculate 是高阶函数。

下面再介绍一个函数作为另一个函数返回值使用的示例：

```
//代码文件：com/zhijieketang/HelloWorld.kt
package com.zhijieketang

//定义计算长方形面积函数
```

```
// 函数类型(Double, Double) -> Double
fun rectangleArea(width: Double, height: Double): Double {
    return width * height
}

//定义计算三角形面积函数
//函数类型(Double, Double) -> Double
fun triangleArea(bottom: Double, height: Double) = 0.5 * bottom * height

fun getArea(type: String): (Double, Double) -> Double {            ①

    var returnFunction: (Double, Double) -> Double                 ②

    when (type) {
        "rect" ->                                //rect 表示长方形
            returnFunction = ::rectangleArea                       ③
        else ->                                  //tria 表示三角形
            returnFunction = ::triangleArea                        ④
    }

    return returnFunction                                          ⑤
}

fun main() {

    //获得计算三角形面积函数
    var area: (Double, Double) -> Double = getArea("tria")         ⑥
    println("底 10 高 15，计算三角形面积：${area(10.0, 15.0)}")      ⑦

    //获得计算长方形面积函数
    area = getArea("rect")                                         ⑧
    println("宽 10 高 15，计算长方形面积：${area(10.0, 15.0)}")      ⑨
}
```

上述代码第①行定义函数 getArea，其返回类型是(Double, Double) –> Double，这说明返回值是一个函数类型。第②行代码声明 returnFunction 变量，显式指定它的类型是(Double, Double) -> Double 函数类型。第③行代码是在类型 type 为 rect（即长方形）的情况下，把 rectangleArea 函数引用赋值给 returnFunction 变量，这种赋值能够成功是因为 returnFunction 类型是(Double, Double) -> Double 函数类型。第④行与第③行代码一样，不再解释。第⑤行代码将 returnFunction 变量返回。

代码第⑥行和第⑧行调用函数 getArea，返回值 area 是函数类型变量。第⑦行和第⑨行中的 area(10,15) 调用函数的参数列表是(Double, Double)。

上述代码运行结果如下：

底 10 高 15，计算三角形面积：75.0
宽 10 高 15，计算长方形面积：150.0

13.2.4 函数作为参数使用

高阶函数还可以接收另一个函数作为参数使用。下面来看一个函数作为参数使用的示例：

```kotlin
//代码文件: com/zhijieketang/HelloWorld.kt
package com.zhijieketang

//定义计算长方形面积函数
// 函数类型(Double, Double) -> Double
fun rectangleArea(width: Double, height: Double): Double {
    return width * height
}

//定义计算三角形面积函数
//函数类型(Double, Double) -> Double
fun triangleArea(bottom: Double, height: Double) = 0.5 * bottom * height

//高阶函数, funcName 参数是函数类型

fun getAreaByFunc(funcName: (Double, Double) -> Double, a: Double, b: Double): Double { ①
    return funcName(a, b)
}

fun main() {

    //获得计算三角形面积函数
    var result = getAreaByFunc(::triangleArea, 10.0, 15.0)                   ②
    println("底 10 高 15，计算三角形面积: $result")                           ③

    //获得计算长方形面积函数
    result = getAreaByFunc(::rectangleArea, 10.0, 15.0)                      ④
    println("宽 10 高 15，计算长方形面积: $result")                           ⑤
}
```

上述代码第①行定义函数 getAreaByFunc，它的第一个参数 funcName 是函数类型(Double, Double) -> Double，第二个和第三个参数都是 Double 类型。函数的返回值是 Double 类型，是计算几何图形面积。

代码第②行是调用函数 getAreaByFunc，给它传递的第一个参数::triangleArea 是函数引用，第二个参数是三角形的底边，第三个参数是三角形的高。函数的返回值 result 是 Double 类型，是计算所得的三角形面积。

第④行也是调用函数 getAreaByFunc，给它传递的第一个参数::rectangleArea 是函数引用，第二个参数是长方形的宽，第三个参数是长方形的高。函数的返回值 result 也是 Double 类型，是计算所得的长方形面积。

上述代码的运行结果如下：

```
底 10 高 15，三角形面积: 75.0
宽 10 高 15，计算长方形面积: 150.0
```

综上所述，比较本节与 13.2.3 节的示例，可见它们具有相同的结果，都使用了函数类型(Double, Double) -> Double，通过该函数类型调用 triangleArea 和 rectangleArea 函数来计算几何图形面积。13.2.3 节是把函数作为函数返回值类型使用，而本节是把函数作为另一个函数的参数使用。经过前文的介绍，读者会发现函数类型也没有什么难理解的，与其他类型的用法一样。

13.3 Lambda 表达式

13.2.2 节已经使用了 Lambda 表达式，Lambda 表达式是一种匿名函数，可以作为表达式、函数参数和函数返回值使用，Lambda 表达式的运算结果是一个函数。

13.3.1 Lambda 表达式标准语法格式

Kotlin 中的 Lambda 表达式很灵活，其标准语法格式如下：

```
{ 参数列表 ->
    Lambda 体
}
```

其中，Lambda 表达式的参数列表与函数的参数列表形式类似，但是 Lambda 表达式参数列表前后没有小括号。箭头符号将参数列表与 Lambda 体分隔开，Lambda 表达式不需要声明返回类型。Lambda 表达式可以有返回值，如果没有 return 语句，Lambda 体的最后一个表达式就是 Lambda 表达式的返回值；如果有 return 语句，Lambda 体的返回值是 return 语句后面的表达式。

提示 Lambda 表达式与函数、匿名函数都有函数类型，但从 Lambda 表达式的定义中只能看到参数类型，看不到返回类型声明，那是因为返回类型可以通过上下文推导出来。

重构 13.2.2 节示例代码如下：

```
//代码文件：/com/zhijieketang/section3/HelloWorld.kt
package com.zhijieketang

private fun calculate(opr: Char): (Int, Int) -> Int {

    return when (opr) {
        '+' -> { a: Int, b: Int -> a + b }              ①
        '-' -> { a: Int, b: Int -> a - b }              ②
        '*' -> { a: Int, b: Int -> a * b }              ③
        else -> { a: Int, b: Int -> a / b }             ④
    }
}

fun main() {
    val f1 = calculate('+')                             ⑤
    println(f1(10, 5))              //调用 f1 变量         ⑥
    val f2 = calculate('-')
    println(f2(10, 5))
    val f3 = calculate('*')
    println(f3(10, 5))
    val f4 = calculate('/')
    println(f4(10, 5))
}
```

calculate 函数是高阶函数，它的返回值是函数类型(Int, Int) -> Int。代码第①行~第④行分别定义了 4 个 Lambda 表达式，它们的函数类型(Int, Int) -> Int 与 calculate 函数要求的返回类型是一致的。

代码第⑤行是调用 calculate 函数，返回值 f1 也是一个函数，这就是高阶函数。代码第⑥行是调用 f1 函数。

另外，calculate 函数还可表示成表达式函数体形式，代码如下：

```
private fun calculate(opr: Char): (Int, Int) -> Int = when (opr) {
    '+' -> { a: Int, b: Int -> a + b }
    '-' -> { a: Int, b: Int -> a - b }
    '*' -> { a: Int, b: Int -> a * b }
    else -> { a: Int, b: Int -> a / b }
}
```

比较上述代码不难发现，表达式函数体要比代码块函数体简洁很多。

13.3.2　使用 Lambda 表达式

Lambda 表达式也是函数类型，可以声明变量，也可以作为其他函数的参数或者返回值使用。13.3.1 节示例已经实现了 Lambda 表达式作为返回值使用，下面介绍一个 Lambda 表达式作为参数使用的示例，示例代码如下：

```
//代码文件: /com/zhijieketang/HelloWorld.kt
package com

//打印计算结果函数
fun calculatePrint(n1: Int,
            n2: Int,
            opr: Char,
            funN: (Int, Int) -> Int) {            //函数类型            ①
    println("$n1 $opr $n2 = ${funN(n1, n2)}")
}

fun main() {
    calculatePrint(10, 5, '+', { a: Int, b: Int -> a + b })            ②
    calculatePrint(10, 5, '-', funN = { a: Int, b: Int -> a - b })            ③
}
```

代码第①行 calculatePrint 函数的最后一个参数是函数类型(Int, Int) -> Int。代码第②行是调用 calculatePrint 函数，第三个参数传递的是 Lambda 表达式。代码第③行是调用 calculatePrint 函数，第三个参数采用命名参数方式，传递的是 Lambda 表达式。

13.3.3　Lambda 表达式简化写法

Kotlin 提供了多种 Lambda 表达式简化写法，下面介绍其中几种。

1. 参数类型推导简化

类型推导是 Kotlin 的强项，Kotlin 编译器可以根据上下文环境推导出参数类型和返回值类型。以下代码是标准形式的 Lambda 表达式：

```
{ a: Int, b: Int -> a + b }
```

Kotlin 能推导出参数 a 和 b 是 Int 类型，当然返回值也是 Int 类型。简化形式如下：

```
{ a, b -> a + b }
```

使用这种简化方式修改后的 calculate 函数代码如下：

```
private fun calculate(opr: Char): (Int, Int) -> Int = when (opr) {
    '+' -> { a, b -> a + b }
    '-' -> { a, b -> a - b }
    '*' -> { a, b -> a * b }
    else -> { a, b -> a / b }
}
```

上述代码的 Lambda 表达式是 13.3.1 节示例的简化写法，其中 a 和 b 是参数。

2. 使用尾随Lambda表达式

Lambda 表达式可以作为函数的参数传递，如果 Lambda 表达式很长，就会影响程序的可读性。如果一个函数的最后一个参数是 Lambda 表达式，那么这个 Lambda 表达式可以放在函数括号之后。示例代码如下：

```
fun calculatePrint1(funN: (Int, Int) -> Int) {        //参数是函数类型        ①
    //使用 funN 参数
    println("${funN(10, 5)}")
}


//打印计算结果函数
//ch13.3.2.kt 中的 calculatePrint
fun calculatePrint(n1: Int,
                   n2: Int,
                   opr: Char,
                   funN: (Int, Int) -> Int) {          //最后一个参数是函数类型        ②
    println("${n1} ${opr} ${n2} = ${funN(n1, n2)}")
}


fun main() {

    calculatePrint(10, 5, '+', { a, b -> a + b })     //标准形式
    calculatePrint(10, 5, '-') { a, b -> a - b }      //尾随 Lambda 表达式形式        ③

    calculatePrint1({ a, b -> a + b })                //标准形式
    calculatePrint1() { a, b -> a + b }               //尾随 Lambda 表达式形式        ④
    calculatePrint1 { a, b -> a + b }//尾随 Lambda 表达式，如果只有没有参数可省略括号 ⑤


}
```

上述代码第①行和第②行定义了两个高阶函数，它们的最后一个参数都是函数类型。代码第③行~第⑤行都是采用尾随 Lambda 表达式的形式调用函数。由于调用 calculatePrint1 函数采用了尾随 Lambda 表达式形式，这样一来它的小括号中就没有参数了，这种情况下可以省略小括号，见代码第⑤行。

注意 尾随 Lambda 表达式容易被误认为是函数声明，见代码第③行和第④行。

3. 省略参数声明

如果 Lambda 表达式的参数只有一个，并且能够根据上下文环境推导出它的数据类型，那么可以省略这个参数声明，在 Lambda 体中使用隐式参数 it 替代 Lambda 表达式的参数。示例代码如下：

```
fun reverseAndPrint(str: String, funN: (String) -> String) {          ①
    val result = funN(str)
    println(result)
}

fun main() {

    reverseAndPrint("hello", { s -> s.reversed() })  //标准形式            ②
    reverseAndPrint("hello", { it.reversed() })      //省略参数，使用隐式参数 it  ③

    val result1 = { a: Int -> println(a) }           //不能省略参数声明        ④
    val result2:(Int)->Unit = { println(it) }        //可以省略参数声明        ⑤
    result2(30)                                      //输出结果是 30
}
```

上述代码第①行是定义反转并打印字符串高阶函数 reverseAndPrint，它的第二个参数是函数类型(String) -> String。代码第②行和第③行是调用 reverseAndPrint 函数，区别是代码第②行采用的是标准 Lambda 表达式，而代码第③行省略了参数声明，使用 it 隐式变量替代。

注意 Lambda 体中 it 隐式变量是由 Kotlin 编译器生成的，它的使用有两个前提：一是 Lambda 表达式只有一个参数，二是根据上下文能够推导出参数类型。比较代码第④行和第⑤行会发现，代码第④行 result1 未被指定数据类型，编译器不能推导出 Lambda 表达式的参数类型，所以不能使用 it。而代码第⑤行 result2 被指定了数据类型(Int)->Unit，编译器能推导出 Lambda 表达式的参数类型，所以可以使用 it。

13.3.4 Lambda 表达式与 return 语句

Lambda 表达式体中也可以使用 return 语句，它会使程序跳出 Lambda 表达式体。示例代码如下：

```
//代码文件：/com/zhijieketang/HelloWorld.kt
package com.zhijieketang

//累加求和函数
fun sum(vararg num: Int): Int {

    var total = 0
    num.forEach {                                                      ①
        //if (it == 10) return -1      //返回最近的函数                    ②
        if (it == 10) return@forEach   //返回 Lambda 表达式函数            ③
        total += it
    }
    return total
}

fun main() {

    val n = sum(1, 2, 10, 3)
    println(n)              //6

    val add = label@ {                                                 ④
```

```
        val a = 1
        val b = 2
        return@label 10                                                ⑤
        a + b
    }
    //调用 Lambda 表达式 add
    println(add())   //10

}
```

上述代码第①行使用了 forEach 函数，它后面的 Lambda 表达式如果使用代码第②行 if (it == 10) return –1 语句，会返回最近的函数，即 sum 函数，不返回 Lambda 表达式 forEach。为了返回 Lambda 表达式，需要在 return 语句后面加上标签，见代码第③行，@forEach 是隐式声明标签，标签名是 Lambda 表达式所在函数名（forEach）。也可以为 Lambda 表达式声明显式标签，代码第④行 label@是 Lambda 表达式显式声明标签，代码第⑤行使用显式标签。

提示　forEach 是集合、数组或区间的函数，它后面是一个 Lambda 表达式，集合、数组或区间对象调用 forEach 函数时，会将它们的每一个元素传递给 Lambda 表达式并执行。

13.4　闭包与捕获变量

闭包（closure）是一种特殊的函数，它可以访问函数体之外的变量，这个变量和函数一同存在，即使已经离开了它的原始作用域也不例外。这种特殊函数一般是局部函数、匿名函数或 Lambda 表达式。

闭包可以访问函数体之外的变量，这个过程称为捕获变量。示例代码如下：

```
//全局变量
var value = 10

fun main() {
    //局部变量
    var localValue = 20

    val result = { a: Int ->                                           ①
        value++                                                        ②
        localValue++                                                   ③
        val c = a + value + localValue                                 ④
        println(c)
    }
    result(30)                              //输出结果是 62
    println("localValue = " + localValue)   //输出结果是 localValue = 21
    println("value = " + value)             //输出结果是 value = 11

}
```

本示例中的闭包是捕获 value 和 localValue 变量的 Lambda 表达式。代码第①行是 Lambda 表达式，在 Lambda 体中捕获变量 value 和 localValue。代码第②行是修改全局变量 value，代码第③行是修改局部变量 localValue。代码第④行是读取 value 和 localValue 变量。

给 Java 程序员的提示　在 Java 中，Lambda 表达式捕获局部变量时，局部变量只能是 final 的。在 Lambda 体中只能读取局部变量，不能修改局部变量。而 Kotlin 中没有这个限制，可以读取和修改局部变量。

注意　闭包捕获变量后，这些变量被保存在一个特殊的容器中。即使声明这些变量的原始作用域已经不存在，闭包体中仍然可以访问这些变量。

下面是一个局部函数示例：

```
fun makeArray(): (Int) -> Int {                                      ①

    var ary = 0                                                      ②

    //局部函数捕获变量
    fun add(element: Int): Int {                                     ③
        ary += element                                              ④
        return ary                                                  ⑤
    }

    return ::add                                                    ⑥

}
fun main() {

    val f1 = makeArray()                                            ⑦
    println("---f1---")
    println(f1(10))          //累加 ary 变量，输出结果是 10
    println(f1(20))          //累加 ary 变量，输出结果是 30
    println(f1(30))          //累加 ary 变量，输出结果是 60
}
```

在上述代码中，第①行定义函数 makeArray，它的返回值是(Int) -> Int 函数类型。第②行声明并初始化变量 ary，它的作用域是 makeArray 函数体。第③行代码定义了局部函数 add，在 add 函数体内，第④行代码修改变量 ary 值。第⑤行代码从 add 函数中返回变量 ary。第⑥行代码返回局部函数::add 引用。

这样当在第⑦行调用时，f1 是局部函数 add 的一个变量。需要注意的是，f1 每次调用时，ary 变量作用域已经不存在，但是 ary 变量值都能够被保持。

上述示例也可以改为匿名函数实现，代码如下所示：

```
fun makeArray(): (Int) -> Int {

    var ary = 0

    //匿名函数形式捕获变量
    return fun(element: Int): Int {                                  ①
        ary += element
        return ary                                                  ②
    }
}
```

makeArray 函数返回一个匿名函数，见代码第①行。代码第②行是匿名函数返回值。比较匿名函数与局部函数，会发现 Lambda 表达式代码比较简洁，实现的结果完全一样。

上述示例也可以改为 Lambda 表达式实现，代码如下所示：

```kotlin
fun makeArray(): (Int) -> Int {

    var ary = 0

    //Lambda 表达式形式捕获变量
    return { element ->                                                  ①
        ary += element
        ary                                                             ②
    }
}
```

makeArray 函数返回一个 Lambda 表达式，见代码第①行。代码第②行是 Lambda 表达式返回值，ary 是 Lambda 体的最后一行，它是 Lambda 表达式返回值，不需要 return 语句。比较 Lambda 表达式与匿名函数和局部函数，会发现 Lambda 表达式的代码最为简洁，最后实现的结果完全一样。

13.5 内联函数

在高阶函数中参数如果是函数类型，则可以接收 Lambda 表达式，而 Lambda 表达式在编译时被编译为一个匿名类，每次调用函数时都会创建一个对象，如果被函数反复调用则创建很多对象，会带来运行时的额外开销。为了解决此问题，在 Kotlin 中可以将这种函数声明为内联函数。

提示 内联函数在编译时不会生成函数调用代码，而是用函数体中实际代码替换每次调用函数。

13.5.1 自定义内联函数

Kotlin 标准库提供了很多常用的内联函数，开发人员可以自定义内联函数，但是如果函数参数不是函数类型，不能接收 Lambda 表达式，那么这种函数一般不声明为内联函数。声明内联函数需要使用关键字 inline 修饰。

示例代码如下：

```kotlin
//代码文件：/com/zhijieketang/HelloWorld.kt
package com.zhijieketang

//内联函数
inline fun calculatePrint(funN: (Int, Int) -> Int) {                    ①
    println("${funN(10, 5)}")
}

fun main() {
    calculatePrint { a, b -> a + b }                                    ②
    calculatePrint { a, b -> a - b }                                    ③
}
```

上述代码第①行声明了一个内联函数 calculatePrint，它的参数是(Int, Int) -> Int 函数类型，它可以接收 Lambda 表达式。代码第②行和第③行分别调用了 calculatePrint 函数。

13.5.2　使用 let 函数

在 Kotlin 中一个函数参数被声明为非空类型时，也可以接收可空类型的参数，但是如果实际参数真的为空，可能会导致比较严重的问题。因此需要在参数传递之前判断可空参数是否为非空，示例代码如下：

```
//代码文件：/com/zhijieketang/HelloWorld.kt
package com.zhijieketang

fun square(num: Int): Int = num * num                               ①

fun main() {
    val n1: Int? = 10 //null                                        ②
    //自己进行非空判断
    if (n1 != null) {                                              ③
        println(square(n1))                                        ④
    }
}
```

上述代码第①行是声明一个函数 square，参数是非空整数类型，该函数实现一个整数的平方运算。代码第②行是声明一个可空整数类型（Int?）变量 n1，代码第③行是判断 n1 是否为非空，如果非空才调用，见代码第④行。

自己判断一个对象是否非空比较麻烦。在 Kotlin 中任何对象都可以使用一个 let 函数，let 函数后面尾随一个 Lambda 表达式，在对象非空时执行 Lambda 表达式中的代码，为空时则不执行。

示例代码如下：

```
n1?.let { n -> println(square(n)) }
n1?.let { println(square(it)) }
```

这两行代码都使用 let 函数进行调用，效果是一样的，当 n1 非空时执行 Lambda 表达式中的代码，如果 n1 为空则不执行。n1?.let { println(square(it)) }语句省略了参数声明，使用隐式参数 it 替代参数 n。

13.5.3　使用 with 和 apply 函数

当需要对一个对象设置多个属性或调用多个函数时，可以使用 with 或 apply 函数。与 let 函数类似，Kotlin 中所有对象都可以使用这两个函数。

示例代码如下：

```
//代码文件：/com/zhijieketang/HelloWorld.kt
package com.zhijieketang

import java.awt.BorderLayout
import javax.swing.JButton
import javax.swing.JFrame
import javax.swing.JLabel

class MyFrame(title: String) : JFrame(title) {

    init {
        //创建标签
```

```
        val label = JLabel("Label")

        //创建 Button1
        val button1 = JButton()                                    ①
        button1.text = "Button1"
        button1.toolTipText = "Button1"
        //注册事件监听器，监听 Button1 单击事件
        button1.addActionListener { label.text = "单击 Button1" }   ②

        //创建 Button2
        val button2 = JButton().apply {                            ③
            text = "Button2"
            toolTipText = "Button2"
            //注册事件监听器，监听 Button2 单击事件
            addActionListener { label.text = "单击 Button2" }
            //添加 Button2 到内容面板
            contentPane.add(this, BorderLayout.SOUTH)
        }                                                          ④

        with(contentPane) {                                        ⑤
            //添加标签到内容面板
            add(label, BorderLayout.NORTH)
            //添加 Button1 到内容面板
            add(button1, BorderLayout.CENTER)
            println(height)
            println(this.width)
        }                                                          ⑥

        //设置窗口大小
        setSize(350, 120)
        //设置窗口可见
        isVisible = true
    }
}

fun main() {
    //创建 Frame 对象
    MyFrame("MyFrame")
}
```

上述代码是 Swing 的窗口，Swing 是 Java 的用户图形界面，Swing 将会在第 22 章介绍，本示例中图形界面组件的技术细节暂不讨论。代码第①行和第③行分别创建两个按钮对象，其中代码第①行~第②行创建并调用 Button1 的属性和函数，这是传统的做法，由于多次调用同一个对象的属性或函数，可以使用 with 或 apply 函数。代码第③行~第④行创建并调用 Button2 的属性和函数，其中使用 apply 函数，apply 函数后面尾随一个 Lambda 表达式，需要调用的属性和函数被放到 Lambda 表达式中，Lambda 表达式中省略了对象名 button2，例如 text = "Button2"表达式说明调用的是 button2 的 text 属性，apply 函数中若想引用当前对象可以使用 this 关键字，例如 contentPane.add(this, BorderLayout.SOUTH)中的 this。apply 函数是有返回值的，它的返回值就是当前对象。

　　如果不需要返回值，可以使用 with 函数，with 函数与 apply 函数类似。代码第⑤行~第⑥行使用 with 函数，with 函数后面也尾随一个 Lambda 表达式，需要调用的属性和函数被放到 Lambda 表达式中，with 函数中若想引用当前对象也是使用 this 关键字。

本章小结

　　本章主要介绍了高阶函数和 Lambda 表达式，读者需要理解函数式编程特点，熟悉高阶函数和 Lambda 表达式特点，掌握 Lambda 表达式标准语法，了解 Lambda 表达式的几个简写方式，熟悉闭包等内容，了解内联函数以及自定义内联函数，熟悉 let、with 和 apply 等内联函数的使用场景。

第 14 章

泛　　型

使用泛型可以最大限度地重用代码、保护类型的安全以及提高性能。本章将详细介绍泛型的使用。

14.1　泛型函数

泛型可以应用于函数声明、属性声明、泛型类和泛型接口，本节介绍泛型函数。

14.1.1　声明泛型函数

首先考虑一个问题，怎样声明一个函数来判断两个参数是否相等呢？如果参数是 Int 类型，则函数声明示例如下：

```
private fun isEqualsInt(a: Int, b: Int): Boolean {
    return (a == b)
}
```

这个函数参数列表是两个 Int 类型，它只能比较两个 Int 类型参数是否相等。如果想比较两个 Double 类型是否相等，可以修改上面声明的函数，示例如下：

```
private fun isEqualsDouble(a: Double, b: Double): Boolean {
    return (a == b)
}
```

这个函数参数列表是两个 Double 类型，它只能比较两个 Double 类型参数是否相等。如果想比较两个 String 类型是否相等，可以修改上面声明的函数，示例如下：

```
private fun isEqualsString(a: String, b: String): Boolean {
    return (a == b)
}
```

以上 3 个示例分别对 3 种类型的两个参数进行了比较，声明了类似的 3 个函数。那么是否可以声明一个函数使之能够比较 3 种类型呢？合并后的代码如下：

```
private fun <T> isEquals(a: T, b: T): Boolean {
    return (a == b)
}
```

在函数名 isEquals 前面添加<T>就是泛型函数了，<T>是声明类型参数，T 是类型参数，函数中参数类型也被声明为 T，在调用函数时 T 会被实际的类型替代。

提示 泛型中的类型参数,可以是任何大写或小写的英文字母,一般情况下使用字母 T、E、K 和 U 等大写英文字母。

调用泛型函数代码如下:

```
fun main(args: Array<String>) {

    println(isEquals(1, 5))
    println(isEquals(1.0, 5.0))
}
```

isEquals(1, 5)调用函数时将类型参数 T 替换为 Int 类型,而 isEquals(1.0, 5.0)调用函数时将类型参数 T 替换为 Double 类型。

14.1.2　多类型参数

14.1.1 节泛型函数示例只是使用了一种类型参数,事实上可以同时声明使用多个类型参数,它们之间用逗号","分隔,示例如下:

```
fun <T, U> addRectangle(a: T, b: U): Boolean {...}
```

类型参数不仅可以声明函数参数类型,还可以声明函数的返回类型,示例代码如下:

```
fun <T, U> rectangleEquals(a: T, b: U): U {...}
```

14.1.3　泛型约束

事实上在 14.1.1 节声明的 fun <T> isEquals(a: T, b: T): Boolean 函数还有一点问题,因为并不是所有的类型参数 T 都具有"可比性",必须限定 T 的类型,如果只是数字类型比较可以限定为 Number,因为 Int 和 Double 等数字类型都继承了 Number,是 Number 的子类型。声明类型参数时在 T 后面添加冒号(:)和限定类型,这种表示方式称为"泛型约束",泛型约束主要应用于泛型函数和泛型类的声明。

示例代码如下:

```
//代码文件: /com/zhijieketang/HelloWorld.kt
package com.zhijieketang

private fun <T : Number> isEquals(a: T, b: T): Boolean {          ①
    return (a == b)
}

fun main(args: Array<String>) {
    println(isEquals(1, 5))     //false                           ②
    println(isEquals(1.0, 1.0)) //true                            ③
}
```

上述代码第①行是声明泛型函数,其中<T : Number>是带有约束的类型参数。代码第②行是比较两个 Int 整数是否相等,代码第③行是比较两个 Double 浮点数是否相等。

代码第①行的 isEquals 函数只能比较 Number 类型的参数,不能比较 String 等其他数据类型。为此也可以将类型参数限定为 Comparable<T>接口类型,所有可比较的对象都实现 Comparable<T>接口,Comparable<T>本身也是泛型类型。

修改代码如下：

```
//代码文件：/com/zhijieketang/HelloWorld.kt
package com.zhijieketang

import java.util.*

fun <T : Comparable<T>> isEquals(a: T, b: T): Boolean {
    return (a == b)
}

fun main(args: Array<String>) {
    println(isEquals(1, 5))            //false
    println(isEquals(1.0, 1.0))        //true
    println(isEquals("a", "a"))        //true          ①
    val d1 = Date()
    val d2 = Date()
    println(isEquals(d1, d2))          //true          ②
}
```

代码第①行是比较两个字符串是否相等，代码第②行是比较两个日期是否相等。

14.1.4 可空类型参数

在泛型函数声明中，类型参数没有泛型约束，函数可以接收任何类型的参数，包括可空和非空数据。例如 fun <T> isEquals(a: T, b: T): Boolean 函数在调用时可以传递可空和非空数据，代码如下：

```
println(isEquals(null, 5))  //false
```

所有没有泛型约束的类型参数，事实上也是有限定类型的，只不过是 Any?类型。Any?可以是任何可空类型的根类，也兼容非空类型。

如果不想接收任何可空类型数据，则可以采用 Any 作为约束类型，Any 是任何非空类型的父类，代码如下：

```
private fun <T : Any> isEquals(a: T, b: T): Boolean {          ①
    return (a == b)
}

fun main(args: Array<String>) {
    println(isEquals(null, 5))          //编译错误          ②
    println(isEquals(1.0, null))        //编译错误          ③
}
```

因为在代码第①行的 isEquals 函数中声明泛型约束类型限定为 Any，所以代码第②行和第③行试图传递空值时发生编译错误。

14.2 泛型属性

在 Kotlin 中还可以声明泛型属性，但是这种属性一定是扩展属性，不能是普通属性。

提示 普通属性不能声明泛型，只有扩展属性才能声明泛型。

示例代码如下：

```
//代码文件：/com/zhijieketang/zhijieketang/HelloWorld.kt.kt
package com.zhijieketang

val <T> ArrayList<T>.first: T?              //获得第一个元素              ①
   get() = if (this.size > 1) this[0] else null

val <T> ArrayList<T>.second: T?             //获得第二个元素              ②
   get() = if (this.size > 2) this[1] else null

fun main(args: Array<String>) {

    val array1 = ArrayList<Int>()           //等同于 arrayListOf<Int>()    ③
    println(array1.first)  //null
    println(array1.second)  //null

    val array2 = arrayListOf ("A", "B", "C", "D")                          ④
    println(array2.first)  //A
    println(array2.second)  //B

}
```

上述代码第①行和第②行是声明 ArrayList 集合的扩展属性 first 和 second，其中使用了泛型。集合中的元素类型采用类型参数 T 表示，返回类型 "T?" 表示可能会返回空值。

代码第③行是实例化 Int 类型的 ArrayList 集合，使用 ArrayList 构造函数创建一个空元素的集合对象。也可以使用 arrayListOf<Int>()函数创建集合对象。代码第④行是创建 String 类型的 ArrayList 集合对象，这里使用 arrayListOf<String>("A", "B", "C", "D")函数创建并初始化该集合。

14.3　泛型类

读者根据自己的需要也可以自定义泛型类和泛型接口。下面通过一个示例介绍泛型类。数据结构中有一种"队列"（queue）数据结构（见图 14-1），它的特点是遵守"先入先出（FIFO）"规则。

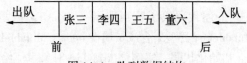

图 14-1　队列数据结构

本节通过自定义队列集合介绍如何实现泛型类。具体实现代码如下：

```
//代码文件：/com/zhijieketang/Queue.kt
package com.zhijieketang

import java.util.ArrayList

/**
 * 自定义的泛型队列集合
 */
class Queue<T> {                                                           ①
```

```
        //声明保存队列元素集合 items
        private val items: MutableList<T>                              ②

        //init 初始化代码中实例化集合 items
        init {
            this.items = ArrayList<T>()                               ③
        }

        /**
         * 入队函数
         * @param item 参数需要入队的元素
         */
        fun queue(item: T) {                                          ④
            this.items.add(item)
        }

        /**
         * 出队函数
         * @return 返回出队元素
         */
        fun dequeue(): T? {                                           ⑤
            return if (items.isEmpty()) {
                null
            } else {
                this.items.removeAt(0)                               ⑥
            }
        }

        override fun toString(): String {
            return items.toString()
        }

    }
```

上述代码第①行声明了 Queue<T>泛型类型的队列，<T>是声明类型参数。代码第②行声明一个
MutableList 泛型集合成员属性 items，MutableList 是可变数组接口，用来保存队列中的元素。代码第③行是
init 初始化代码，实例化 ArrayList 对象赋值给 items 属性。

代码第④行的 queue 是入队函数，其中参数 item 是要入队的元素，类型参数使用 T 表示。代码第⑤行
的 dequeue 是出队函数，返回出队的那个元素，返回类型由 T 表示。在 dequeue 函数中首先判断集合是否
有元素，如果没有元素则返回空值；如果有元素则通过第⑥行 this.items.remove(0)函数删除队列的第一个元
素，并把删除的元素返回，以达到出队的目的。

调用队列示例代码如下：

```
//代码文件：/com/zhijieketang/HelloWorld.kt
package com.zhijieketang

fun main(args: Array<String>) {
```

```
        val genericQueue = Queue<String>()                                    ①
        genericQueue.queue("A")
        genericQueue.queue("C")
        genericQueue.queue("B")
        genericQueue.queue("D")
        //genericQueue.queue(1);                      //编译错误              ②

        println(genericQueue)
        genericQueue.dequeue()                                                ③

        println(genericQueue)
    }
```

输出结果如下：

```
[A, C, B, D]
[C, B, D]
```

上述代码使用了刚刚自定义的支持泛型的队列 Queue 集合。首先在代码第①行实例化 Queue 对象，通过尖括号指定限定的类型是 String，这个队列中只能存放 String 类型数据。代码第②行试图向队列中添加整数 1，发生了编译错误。

代码第③行出队后操作，通过运行的结果可见，出队后的第一个元素"A"会从中队列中删除。

在声明泛型类时也可以使用多个类型参数，类似于泛型函数可以使用多个不同的字母声明不同的类型参数。另外，在泛型类中也可以使用泛型约束，代码如下：

```
class Queue<T : Number> {...}
```

14.4 泛型接口

读者不仅可以自定义泛型类还可以自定义泛型接口，泛型接口与泛型类声明的方式完全一样。下面将 14.3 节的示例修改成为队列接口，代码如下：

```
//代码文件：/com/zhijieketang/IQueue.kt
package com.zhijieketang

/**
 * 自定义的泛型队列集合
 */
interface IQueue<T> {                                                        ①

    /**
     * 入队函数
     *
     * @param item 参数需要入队的元素
     */
    fun queue(item: T)                                                      ②

    /**
     * 出队函数
     *
```

```
 * @return 返回出队元素
 */
fun dequeue(): T?                                                    ③

}
```

上述代码声明了支持泛型的接口。代码第①行声明了 IQueue<T>泛型接口，T 是类型参数，该接口中声明了两个函数。代码第②行的 queue 函数是入队函数，类型参数使用 T 表示。代码第③行的 dequeue 函数是出队函数，返回类型是 T 表示的类型。

实现接口 IQueue<T>的具体方式有很多，例如 List（列表结构）、Set（集结构）或 Hash（散列结构）等。下面给出一个基于 List 的实现方式，代码如下：

```kotlin
//代码文件：/com/zhijieketang/ListQueue.kt
package com.zhijieketang

import java.util.ArrayList

/**
 * 自定义的泛型队列集合
 */
class ListQueue<T> : IQueue<T> {

    // 声明保存队列元素集合 items
    private val items: MutableList<T>

    // init 代码块初始化是集合 items
    init {
        this.items = ArrayList()
    }

    /**
     * 入队函数
     *
     * @param item
     * 参数需要入队的元素
     */
    override fun queue(item: T) {
        this.items.add(item)
    }

    /**
     * 出队函数
     *
     * @return 返回出队元素
     */
    override fun dequeue(): T? {
        return if (items.isEmpty()) {
            null
        } else {
            this.items.removeAt(0)
```

```
        }
    }

    override fun toString(): String {
        return items.toString()
    }

}
```

　　上述代码与 14.3 节的 Queue<T>类很相似，只是实现 IQueue<T>的接口不同。读者需要注意实现泛型接口的具体类也应该支持泛型，所以 Queue<T>中的类型参数名要与 IQueue<T>接口中的类型参数名一致。

本章小结

　　本章介绍了 Kotlin 中的泛型，包括泛型函数、泛型属性、泛型类和泛型接口。读者通过本章的学习可以了解到使用泛型的优势。

第 15 章

数据容器——数组和集合

当你有很多书时，你会考虑买一个书柜，将你的书分门别类摆放在书柜内。书柜不仅仅使房间变得整洁，也便于以后使用书时查找。在计算机程序中会有很多数据，这些数据也需要一个容器将它们管理起来，这就是数据容器。

数据容器基于某种数据结构，常见的数据结构有数组（Array）、集合（Set）、队列（Queue）、链表（Linkedlist）、树（Tree）、堆（Heap）、栈（Stack）和映射（Map）等。Kotlin 中数据容器主要分为数组和集合。

15.1 数组

数组是一种最基本的数据结构，数组具有如下三个基本特性：

（1）一致性。数组只能保存相同数据类型的元素，元素的数据类型可以是任何相同的数据类型。

（2）有序性。数组中的元素是有序的，通过下标访问，数组的下标从零开始。

（3）不可变性。数组一旦初始化，则长度（数组中元素的个数）不可变。

为兼容 Java 中的数组和提供访问效率，Kotlin 将数组分为对象数组和基本数据类型数组。

15.1.1 对象数组

Kotlin 对象数组是 Array<T>，只能保存"对象"，这里所说的"对象"是指 Java 中的"对象"。

注意 Kotlin 对象数组中可以保存 8 种基本数据类型的数据，它们编译成 Java 包装类数组，而不是 Java 基本数据类型数组。例如 Array<Int>将被编译成为 Java 包装类数组 java.lang.Integer[]，而不是基本数据数组 int[]。Kotlin 对象数组与 Java 包装类数组的对应关系如表 15-1 所示。

表 15-1　Kotlin对象数组与Java包装类数组的对应关系

Kotlin对象数组	Java包装类数组
Array<Byte>	java.lang.Byte[]
Array<Short>	java.lang.Short[]
Array<Integer>	java.lang.Integer[]
Array<Long>	java.lang.Long[]
Array<Float>	java.lang.FLoat[]

续表

Kotlin对象数组	Java包装类数组
Array<Double>	java.lang.Double[]
Array<Char>	java.lang.Character[]
Array<Boolean>	java.lang.Boolean[]

Kotlin 中创建对象数组有如下 3 种方式：

（1）arrayOf(vararg elements: T)工厂函数。指定数组元素列表，创建元素类型为 T 的数组，vararg 表明参数个数是可变的。

（2）arrayOfNulls<T>(size: Int)函数。size 参数指定数组大小，创建元素类型为 T 的数组，数组中的元素为空值。

（3）Array(size: Int, init: (Int) -> T)构造函数。通过 size 参数指定数组大小，init 参数指定一个用于初始化元素的函数，实际使用时经常是 Lambda 表达式。

下面通过示例介绍几种创建对象数组的不同方式。

```kotlin
//代码文件: com/zhijieketang/HelloWorld.kt
package com.zhijieketang

fun main() {

    //静态初始化
    val intArray1 = arrayOf(21, 32, 43, 45)                                  ①
    val strArray1 = arrayOf("张三", "李四", "王五", "董六")                   ②

    //动态初始化
    val strArray2 = arrayOfNulls<String>(4)                                 ③
    //初始化数组中元素
    strArray2[0] = "张三"
    strArray2[1] = "李四"
    strArray2[2] = "王五"
    strArray2[3] = "董六"
    val intArray2 = Array<Int>(10) {i ->i*i}       //可以使用{it*it}替代       ④
    val intArray3 = Array<Int?>(10) {it*it*it}     //可以使用{i->i*i*i}替代    ⑤

    println("----打印 intArray2 数组----")

    //遍历数组
    for (item in intArray2) {                                               ⑥
        print(item)
    }

    println("----打印 strArray1 数组----")

    for (idx in strArray1.indices) {                                        ⑦
        print(strArray1[idx])
    }
```

```
}
```
输出结果如下：

----打印 intArray2 数组----

0

1

4

9

16

25

36

49

64

81

----打印 strArray1 数组----

张三

李四

王五

董六

上述代码第①行和第②行使用 arrayOf 工厂函数创建数组，编译器根据元素类型推导出数组类型。arrayOf 函数参数是可变参数，是一个元素列表，称为"静态初始化"，静态初始化是在已知数组每一个元素内容的情况下使用的。很多情况下数据是从数据库或网络中获得的，在编程时不知道元素有多少，更不知道元素的内容，此时可采用动态初始化。代码第③行的 arrayOfNulls 函数、代码第④行和第⑤行的构造函数都属于动态初始化。代码第③行指定数组长度为 4，数组类型是 String，此时虽然创建了一个数组对象，但是数组中的元素是空值，还需要初始化数组中的每一个元素。代码第④行通过构造函数创建 10 个元素 Int 数组，{ i -> i * i } 是 Lambda 表达式用来为一个元素赋值。代码第⑤行通过构造函数创建 10 个元素 Int?（元素为可空的）数组，{ it * it * it } 是 Lambda 表达式用来为一个元素赋值，it 是隐式参数。

代码第⑥行和代码第⑦行是遍历数组，如果关系数组有下标，可以使用代码第⑥行的 for 进行遍历数组。代码第⑦行数组的 indices 属性可以返回数组下标索引范围。

提示 Array(size: Int, init: (Int) -> T)构造函数可以表示为 Array<Int>(10, { i -> i * i })或 Array<Int>(10){ i -> i * i }，后者称为尾随 Lambda 表达式。使用尾随 Lambda 表达式的前提是：一个函数的最后一个参数是函数类型，在用 Lambda 表达式作为实际参数时，可以将 Lambda 表达式移到函数的小括号之后，详细介绍参考 13.3.3 节。

15.1.2 基本数据类型数组

Kotlin 编译器将元素是基本类型的 Kotlin 对象数组编译成为 Java 包装类数组，Java 包装类数组与 Java 基本类型数组相比，包装类数组数据存储空间占用大，运算效率差。为此，Kotlin 提供 8 种基本数据类型数组，并将这些基本数据类型数组编译为 Java 基本数据类型数组，例如 Kotlin 基本数据类型数组 IntArray 被编译为 Java 数组 int[]。

Kotlin 基本数据类型数组与 Java 基本数据类型数组的对应关系如表 15-2 所示。

表 15-2 Kotlin基本数据类型数组与Java基本数据类型数组的对应关系

Kotlin基本数据类型数组	Java基本数据类型数组
ByteArray	byte[]
ShortArray	short[]
IntArray	int[]
LongArray	long[]
FloatArray	float[]
DoubleArray	double[]
CharArray	char[]
BooleanArray	boolean[]

每一个基本数据类型数组的创建都有 3 种方式，下面以 Int 类型为例介绍，方式如下：

（1）intArrayOf(vararg elements: Int)工厂函数。通过对应的工厂函数，vararg 表明参数是可变参数，是 Int 数据列表。

（2）IntArray(size: Int)构造函数。size 参数指定数组大小，创建元素类型为 Int 的数组，数组中的元素为该类型默认值，Int 的默认值是 0。

（3）IntArray(size: Int, init: (Int) -> Int)构造函数。通过 size 参数指定数组大小，init 参数指定一个用于初始化元素的函数，参数经常使用 Lambda 表达式。

下面通过一个示例介绍基本数据类型数组，代码如下：

```
//代码文件: chapter15/src/com/HelloWorld.kt

package com.zhijieketang

fun main() {

    //静态初始化
    val array1 = shortArrayOf(20, 10, 50, 40, 30)          ①
    //动态初始化
    val array2 = CharArray(3)                              ②
    array2[0] = 'C'
    array2[1] = 'B'
    array2[2] = 'D'
    //动态初始化
    val array3 = IntArray(10) { it * it }                 ③

    //遍历数组
    for (item in array3) {                                ④
        println(item)
    }
    println()
    for (idx in array2.indices) {                         ⑤
        println(array2[idx])
    }
}
```

上述代码第①行采用 shortArray 工厂函数创建 Short 类型数组。代码第②行采用构造函数创建 Char 数组，该语句虽然创建了 Char 数组，但是其中的元素都是 Char 的默认值——空字符，空字符需要使用 Unicode 编码'\u0000'表示。代码第③行是通过构造函数创建 10 个元素 Int 数组，{i->i*i}是 Lambda 表达式用来为一个元素赋值。

通过上面的示例会发现，对象数组和基本数据类型数组的创建过程都有 3 种类似方式。

15.2　集合概述

Kotlin 中提供了丰富的集合接口和类，图 15-1 是 Kotlin 主要的集合接口和类。从图 15-1 中可见 Kotlin 集合类型分为 Collection 和 Map。MutableCollection 是 Collection 的可变子接口，MutableMap 是 Map 的可变子接口。此外，Collection 还有两个重要的子接口 Set 和 List，它们都有可变接口 MutableSet 和 MutableList。这些接口来于 kotlin.collections 包。

从图 15-1 中可见，还有 3 个具体实现类 HashSet、ArrayList 和 HashMap，它们来源于 Java 的 java.util 包。此外，还有一些其他实现类，如 LinkedList 类和 SortedSet 类等。由于很少使用，这里不再赘述，感兴趣的读者可以自己查询 API 文档。

给 Java 程序员的提示　Kotlin 集合与 Java 集合一个很大的不同是：Kotlin 将集合分为不可变集合和可变集合，以 Mutable 开头命名的接口都属于可变集合，可变集合包含了修改集合的函数 add、remove 和 clear 等。

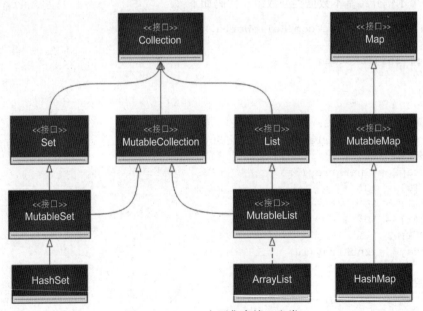

图 15-1　Kotlin 主要集合接口和类

15.3　Set 集合

Set 集合是由一串无序的、不能重复的相同类型元素构成的集合。图 15-2 是一个班级的 Set 集合。这个 Set 集合中有一些学生，这些学生是无序的，不能通过序号访问，而且不能有重复的同学。

从图 15-1 可见 Set 集合的接口分为不可变集合 kotlin.collections.Set、可变集合 kotlin.collections.MutableSet 和 Java 提供的实现类 java.util.HashSet。

15.3.1　不可变 Set 集合

创建不可变 Set 集合可以使用工厂函数 setOf，它有以下 3 个版本：

（1）setOf()：创建空的不可变 Set 集合。

（2）setOf(element: T)：创建单个元素的不可变 Set 集合。

（3）setOf(vararg elements: T)：创建多个元素的不可变 Set 集合，vararg 表明参数个数是可变的。

不可变 Set 集合接口是 kotlin.collections.Set，它也继承自 Collection 接口，kotlin.collections.Set 提供了一些集合操作函数和属性，如下所示：

（1）isEmpty()函数。判断 Set 集合中是否有元素，没有返回 true，有则返回 false。该函数是从 Collection 集合继承过来的。与 isEmpty()函数相反的函数是 isNotEmpty()。

（2）contains(element: E)函数。判断 Set 集合中是否包含指定元素，包含返回 true，不包含返回 false。该函数是从 Collection 集合继承过来的。

（3）iterator()函数。返回迭代器（Iterator）对象，迭代器对象用于遍历集合。该函数是从 Collection 集合继承过来的。

（4）size 属性。返回 Set 集合中的元素个数，返回值是 Int 类型。该属性是从 Collection 集合继承过来的。

示例代码如下：

图 15-2　Set 集合

```kotlin
//代码文件：com/zhijieketang/HelloWorld.kt
package com.zhijieketang


fun main() {

    val set1 = setOf("ABC")      //[ABC]                         ①
    val set2 = setOf<Long?>()    //[]                            ②
    val set3 = setOf(1, 3, 34, 54, 75)//[1, 3, 34, 54, 75]       ③

    println(set1.size)           //1                             ④
    println(set2.isEmpty())      //true                          ⑤
    println(set3.contains(75))   //true                          ⑥

    //1.使用 for 循环遍历
    println("--1.使用 for 循环遍历--")
    for (item in set3) {                                         ⑦
        println("读取集合元素：$item")
    }

    //2.使用迭代器遍历
    println("--2.使用迭代器遍历--")
```

```
        val it = set3.iterator()                                    ⑧
        while (it.hasNext()) {                                      ⑨
            val item = it.next()                                    ⑩
            println("读取集合元素: $item")
        }
    }
```

代码第①行使用 setOf(element: T)函数创建不可变 Set 集合，集合中只有一个元素，所以在代码第④行打印 size 属性时输出 1。代码第②行使用 setOf()函数创建空集合，Long?表示集合元素是可空 Long 类型。代码第③行使用 setOf(vararg elements: T) 函数创建集合。

代码第⑤行判断集合 set2 是否没有元素。代码第⑥行判断 set3 集合中是否包含 75 这个元素。

上述代码采用两种方式遍历集合，代码第⑦行采用 for 循环遍历集合，从集合中取出元素 item。代码第⑧行~第⑩行是使用迭代器遍历，首先需要获得迭代器 Iterator 对象，代码第⑧行的 set3.iterator()函数可以返回迭代器对象。代码第⑨行调用迭代器 hasNext()函数可以判断集合中是否还有元素可以迭代，有则返回 true，没有则返回 false。代码第⑩行调用迭代器的 next()返回迭代的下一个元素。

15.3.2　可变 Set 集合

创建可变 Set 集合可以使用工厂函数 mutableSetOf 和 hashSetOf 等。mutableSetOf 函数创建的集合是 MutableSet 接口类型，而 hashSetOf 函数创建的集合是 HashSet 具体类类型。每个函数都有两个版本。

mutableSetOf 函数版本有：

（1）mutableSetOf()：创建空的可变 Set 集合，集合类型为 MutableSet 接口。

（2）mutableSetOf(vararg elements: T)：创建多个元素的可变 Set 集合，集合类型为 MutableSet 接口。

hashSetOf 函数版本有：

（1）hashSetOf()：创建空的可变 Set 集合，集合类型为 HashSet 类。

（2）hashSetOf(vararg elements: T)：创建多个元素的可变 Set 集合，集合类型为 HashSet 类。

可变 Set 集合接口是 kotlin.collections.MutableSet，它也继承自 kotlin.collections.Set 接口，kotlin.collections.MutableSet 接口提供了一些修改集合内容的函数，如下所示：

（1）add(element: E)。在 Set 集合的尾部添加指定的元素。该函数是从 MutableCollection 集合继承过来的。

（2）remove(element: E)。如果 Set 集合中存在指定元素，则从 Set 集合中移除该元素。该函数是从 MutableCollection 集合继承过来的。

（3）clear()。从 Set 集合中移除所有元素。该函数是从 MutableCollection 集合继承过来的。

示例代码如下：

```
com/zhijieketang/HelloWorld.kt
package com.zhijieketang

fun main() {

    val set1 = mutableSetOf(1, 3, 34, 54, 75)                      ①
    val set2 = mutableSetOf<String>()                             ②
    val set3 = hashSetOf<Long?>()                                 ③
    val set4 = hashSetOf("B", "D", "F")                           ④
```

```
val b = "B"
//向 set2 集合中添加元素
set2.add("A")
set2.add(b)                                          ⑤
set2.add("C")
set2.add(b)                                          ⑥
set2.add("D")
set2.add("E")

//打印集合元素个数
println("集合 size = ${set2.size}")   //5             ⑦
//打印集合
println(set2)

//删除集合中第一个"B"元素
set2.remove(b)
//判断集合中是否包含"B"元素
println("""是否包含"B": ${set2.contains(b)}""")  //false
//判断集合是否为空
println("set 集合是空的: ${set2.isEmpty()}")  //false

//清空集合
set2.clear()
println(set2.isEmpty()) //true

// 向 set3 集合中添加元素
set3.add(3)
set3.add(4)
set3.add(6)

//1.使用 for 循环遍历
println("--1.使用 for 循环遍历--")
for (item in set2) {
    println("读取集合元素: $item")
}

//2.使用迭代器遍历
println("--2.使用迭代器遍历--")
val it = set3.iterator()
while (it.hasNext()) {
    val item = it.next()
    println("读取集合元素: $item")
}
}
```

　　代码第①行使用 mutableSetOf(vararg elements: T)函数创建可变 Set 集合。代码第②行使用 mutableSetOf() 函数创建空的可变 Set 集合。代码第③行使用 hashSetOf()函数创建空的 HashSet 集合。代码第④行使用 hashSetOf(vararg elements: T)函数创建 HashSet 集合。

　　因为 Set 集合是不能重复的，当向 Set 集合试图添加重复元素时（见代码第⑤行和第⑥行），会发现不能添加重复元素，所以代码第⑦行打印的集合元素个数是 5。

15.4　List 集合

List 集合中的元素是有序的，可以重复出现。图 15–3 是一个班级集合数组，这个集合中有一些学生，这些学生是有序的，顺序是他们被放到集合中的顺序，可以通过序号访问他们。这就像老师给进入班级的学生分配学号，第一个报到的是"张三"，老师给他分配的是 0，第二个报到的是"李四"，老师给他分配的是 1，以此类推，最后一个序号应该是"学生人数–1"。

提示　List 集合关心元素是否有序，而不关心是否重复，请读者记住这个原则。例如，图 15–3 所示的班级集合中就有两个"张三"。与 Set 集合相比，List 集合强调的是有序，Set 集合强调的是不重复。当不考虑顺序且没有重复元素时，Set 集合和 List 集合是可以互相替换的。

从图 15–1 可见，List 集合的接口分为不可变集合 kotlin.collections. List、可变集合 kotlin.collections.MutableList 和 Java 提供的实现类 java.util. ArrayList 和 java.util.LinkedList。

List	
序号	数值
0	张三
1	李四
2	王五
3	董六
4	张三

图 15–3　List 集合

15.4.1　不可变 List 集合

创建不可变 List 集合可以使用工厂函数 listOf，它有 3 个版本。

（1）listOf()：创建空的不可变 List 集合。

（2）listOf(element: T)：创建单个元素的不可变 List 集合。

（3）listOf(vararg elements: T)：创建多个元素的不可变 List 集合，vararg 表明参数个数是可变的。

不可变 List 集合接口是 kotlin.collections.List，它也继承自 Collection 接口，kotlin. collections.List 提供了一些集合操作函数和属性，介绍如下：

（1）isEmpty()函数。判断 List 集合中是否有元素，没有返回 true，有返回 false。该函数是从 Collection 集合继承过来的。与 isEmpty()函数相反的函数是 isNotEmpty()。

（2）contains(element: E)函数。判断 List 集合中是否包含指定元素，包含返回 true，不包含返回 false。该函数是从 Collection 集合继承过来的。

（3）iterator()函数。返回迭代器（Iterator）对象，迭代器对象用于遍历集合。该函数是从 Collection 集合继承过来的。

（4）size 属性。返回 List 集合中的元素数，返回值是 Int 类型。该属性是从 Collection 集合继承过来的。

（5）indexOf(element: E)。从前往后查找 List 集合元素，返回第一次出现指定元素的索引，如果此集合不包含该元素，则返回–1。

（6）lastIndexOf(element: E)。从后往前查找 List 集合元素，返回第一次出现指定元素的索引，如果此集合不包含该元素，则返回–1。

（7）subList(fromIndex: Int, toIndex: Int)。返回 List 集合中指定的 fromIndex（包括）和 toIndex（不包括）之间的元素集合，返回值为 List 集合。

示例代码如下：

```
//代码文件：com/zhijieketang/HelloWorld.kt
package com.zhijieketang

fun main() {

    val list1 = listOf("ABC")          //[ABC]                    ①
    val list2 = listOf<Long?>()        //[]                       ②
    val list3 = listOf(3, 34, 54, 75)  //[3, 75, 54, 75]          ③
    val list4 = list3.subList(1, 3)    //[75, 54]                 ④

    println(list1.size)            //1
    println(list2.isEmpty())       //true
    println(list3.contains(54))    //true
    println(list3.indexOf(75))     //1                            ⑤
    println(list3.lastIndexOf(75)) //3                            ⑥

    //通过下标访问
    println(list3[1])              //75                           ⑦

    //1.使用 for 循环遍历
    println("--1.使用 for 循环遍历--")
    for (item in list3) {
        println("读取集合元素: $item")
    }

    //2.使用迭代器遍历
    println("--2.使用迭代器遍历--")
    val it = list3.iterator()
    while (it.hasNext()) {
        val item = it.next()
        println("读取集合元素: $item")
    }
}
```

代码第①行使用 listOf(element: T)函数创建不可变 List 集合，集合中只有一个元素。代码第②行使用 listOf()函数创建空集合，Long?表示集合元素是可空 Long 类型。代码第③行使用 listOf(vararg elements: T) 函数创建集合。代码第④行 subList 函数截取子 List 集合，结果是[75, 54]。

代码第⑤行和第⑥行的 indexOf 和 lastIndexOf 函数用来找出 75 元素的索引，结果分别是 1 和 3。

List 集合访问单个元素时可以使用下标，代码第⑦行中 list3[1]是通过下标访问 list3 集合中的第二个元素。而 Set 集合没有下标。

15.4.2 可变 List 集合

创建可变 List 集合可以使用工厂函数 mutableListOf 和 arrayListOf 等，mutableListOf 函数创建的集合是 MutableList 接口类型，而 arrayListOf 函数创建的集合是 ArrayList 具体类类型。每个函数都有两个版本。

mutableListOf 函数版本有：

（1）mutableListOf()。创建空的可变 List 集合，集合类型为 MutableList 接口。

（2）mutableListOf(vararg elements: T)。创建多个元素的可变 List 集合，集合类型为 MutableList 接口。

arrayListOf 函数版本有：

（1）arrayListOf()。创建空的可变 List 集合，集合类型为 ArrayList 类。

（2）arrayListOf(vararg elements: T)。创建多个元素的可变 List 集合，集合类型为 ArrayList 类。

可变 List 集合接口是 kotlin.collections.MutableList，它也继承自 kotlin.collections.List 接口，kotlin.collections. MutableList 提供了一些修改集合操作函数，如下所示：

（1）add(element: E)。在 List 集合的尾部添加指定的元素。该函数是从 MutableCollection 集合继承过来的。

（2）remove(element: E)。如果 List 集合中存在指定元素，则从 List 集合中移除该元素，该函数是从 MutableCollection 集合继承过来的。

（3）clear()。从 List 集合中移除所有元素。该函数是从 MutableCollection 集合继承过来的。

示例代码如下：

```
//代码文件: com/zhijieketang/HelloWorld.kt
package com.zhijieketang

fun main() {

    val list1 = mutableListOf(1, 3, 34, 54, 75)              ①
    val list2 = mutableListOf<String>()                     ②
    val list3 = arrayListOf<Long?>()                        ③
    val list4 = arrayListOf("B", "D", "F")                  ④

    val b = "B"
    //向 list2 集合中添加元素
    list2.add("A")
    list2.add(b)                                            ⑤
    list2.add("C")
    list2.add(b)                                            ⑥
    list2.add("D")
    list2.add("E")

    //打印集合元素个数
    println("集合 size = ${list2.size}")//6                  ⑦
    //打印集合
    println(list2)

    //删除集合中第一个"B"元素
    list2.remove(b)
    //判断集合中是否包含"B"元素
    println("""是否包含"B": ${list2.contains(b)}""")//true
    //判断集合是否为空
    println("集合是空的: ${list2.isEmpty()}")//false

    //清空集合
    list2.clear()
```

```
println(list2.isEmpty())//true

//向 list3 集合中添加元素
list3.add(3)
list3.add(4)
list3.add(6)

//1.使用 for 循环遍历
println("--1.使用 for 循环遍历--")
for (item in list2) {
    println("读取集合元素: $item")
}

//2.使用迭代器遍历
println("--2.使用迭代器遍历--")
val it = list3.iterator()
while (it.hasNext()) {
    val item = it.next()
    println("读取集合元素: $item")
}
}
```

代码第①行使用 mutableListOf(vararg elements: T)函数创建可变 List 集合。代码第②行使用 mutableListOf() 函数创建空的可变 List 集合。代码第③行使用 arrayListOf()函数创建空的 ArrayList 集合。代码第④行使用 arrayListOf(vararg elements: T)函数创建 ArrayList 集合。

因为 List 集合是可以重复的，代码第⑤行和第⑥行分别插入两个相同元素，并不会发生冲突，所以代码第⑦行打印的集合元素个数是 6。

15.5　Map 集合

Map（映射）集合表示一种非常复杂的集合，允许按照某个键来访问元素。Map 集合是由两个集合构成的，一个是键（key）集合，一个是值（value）集合。键集合是 Set 类型，因此不能有重复的元素。值集合是 Collection 类型，可以有重复的元素。Map 集合中的键和值是成对出现的。

图 15-4 是 Map 类型的"国家代号"集合。键是国家代号集合，不能重复。值是国家集合，可以重复。

提示　Map 集合更适合通过键快速访问值，就像查英文字典一样，键就是要查的英文单词，而值是英文单词的翻译和解释等。有的时候，一个英文单词会对应多个翻译和解释，这是与 Map 集合特性对应的。

从图 15-1 可见，Map 集合的接口分为不可变集合 kotlin.collections.Map 和可变集合 kotlin.collections. MutableMap，以及 Java 提供的实现类 java.util.HashMap。

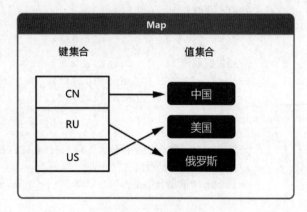

图 15-4　Map 集合

15.5.1 不可变 Map 集合

创建不可变 Map 集合可以使用工厂函数 mapOf，它有 3 个版本：

（1）mapOf()。创建空的不可变 Map 集合。

（2）mapOf(pair: Pair<K, V>)。创建一个键值对元素的不可变 Map 集合。Pair 是 Kotlin 标准库提供的只有两个成员属性的标准数据类。

（3）mapOf(vararg pairs: Pair<K, V>)。创建多个键值对元素的不可变 Map 集合，vararg 表明参数个数是可变的。

不可变 Map 集合接口是 kotlin.collections.Map，它也继承自 Collection 接口。kotlin.collections.Map 提供了一些集合操作函数和属性，如下所示：

（1）isEmpty()函数。判断 Map 集合中是否有键值对，没有返回 true，有返回 false。

（2）containsKey(key: K)函数。判断键集合中是否包含指定元素，包含返回 true，不包含返回 false。

（3）containsValue(value: V)函数。判断值集合中是否包含指定元素，包含返回 true，不包含返回 false。

（4）size 属性。返回 Map 集合中键值对数。

（5）keys 属性。返回 Map 中的所有键集合，返回值是 Set 类型。

（6）values 属性。返回 Map 中的所有值集合，返回值是 Collection 类型。

示例代码如下：

```
//代码文件: com/zhijieketang/HelloWorld.kt
package com.zhijieketang

fun main() {

    val map1 = mapOf(102 to "张三", 105 to "李四", 109 to "王五")      ①
    val map2 = mapOf<Int, String>()                                    ②
    val map3 = mapOf(1 to 200)                                         ③

    //打印集合元素个数
    println("集合 size = " + map1.size)  //3                            ④
    //打印集合
    println(map1)//{102=张三, 105=李四, 109=王五}

    //通过键取值
    println("102 - ${map1[102]}")        //102 - 张三                   ⑤
    println("105 - ${map1[105]}")        //105 - 李四

    //判断键集合中是否包含109
    println("键集合中是否包含109: ${map1.containsKey(109)}")//true
    //判断值集合中是否包含 "李四"
    println("值集合中是否包含\"李四\": ${map1.containsValue("李四")}")//true

    //判断集合是否为空
    println("集合是空的: " + map2.isEmpty())//true
```

```
//1.使用 for 循环遍历
println("--1.使用 for 循环遍历--")
//获得键集合
val keys = map1.keys                                          ⑥
for (key in keys) {
    println("key=${key} - value=${map1[key]}")
}


//2.使用迭代器遍历
println("--2.使用迭代器遍历--")
//获得值集合
val values = map1.values                                      ⑦
//遍历值集合
val it = values.iterator()
while (it.hasNext()) {
    val item = it.next()
    println("值集合元素: $item")
}


}
```

代码第①行使用 mapOf(vararg pairs: Pair<K, V>)函数创建不可变 Map 集合，102 to "张三"表示一个 Pair 实例。代码第②行使用 mapOf()函数创建空集合。代码第③行使用 mapOf(pair: Pair<K, V>)函数创建只有一个键值对的集合。

代码第④行 map1.size 是输出 Map 的键值对个数。代码第⑤行中 map1[102]表达式是通过键获得值，键放在中括号中。代码第⑥行通过 keys 属性获得所有键的集合，然后再通过 for 循环遍历键集合。代码第⑦行通过 values 属性获得所有值的集合，然后再通过 while 循环遍历值集合。

15.5.2　可变 Map 集合

创建可变 Map 集合可以使用工厂函数 mutableMapOf 和 hashMapOf 等，mutableMapOf 函数创建的集合是 MutableMap 接口类型，而 hashMapOf 函数创建的集合是 HashMap 具体类类型。每个函数都有两个版本。
mutableMapOf 函数版本有：

（1）mutableMapOf()。创建空的可变 Map 集合，集合类型为 MutableMap 接口。

（2）mutableMapOf(vararg pairs: Pair<K, V>)。创建多个键值对的可变 Map 集合，集合类型为 MutableMap 接口。

hashMapOf 函数版本有：

（1）hashMapOf()。创建空的可变 Map 集合，集合类型为 HashMap 类。

（2）hashMapOf(vararg pairs: Pair<K, V>)。创建多个键值对的可变 Map 集合，集合类型为 HashMap 类。

可变 Map 集合接口是 kotlin.collections.MutableMap，它也继承自 kotlin.collections.Map 接口，kotlin.collections. MutableMap 提供了一些修改集合操作函数，如下所示：

（1）put(key: K, value: V)。指定键值对添加到集合中。

（2）remove(key: K)。移除键值对。

（3）clear()。移除 Map 集合中所有键值对。

示例代码如下：

```kotlin
//代码文件：com/zhijieketang/HelloWorld.kt
package com.zhijieketang

fun main() {

    val map1 = mutableMapOf<Int, String>()                          ①
    val map2 = mutableMapOf(1 to 102, 2 to 360)                     ②
    val map3 = hashMapOf<Long, String>()                           ③
    val map4 = hashMapOf("R" to "Read", "C" to "Create")           ④

    map1.put(102, "张三")                                           ⑤
    map1[105] = "李四"                                              ⑥
    map1[109] = "王五"
    map1[110] = "董六"
    //"李四"值重复
    map1[111] = "李四"                                              ⑦
    //109 键已经存在，替换原来值"王五"
    map1[109] = "刘备"                                              ⑧

    //打印集合元素个数
    println("集合 size = " + map1.size)        //5
    //打印集合
    println(map1)//{102=张三，105=李四，109=刘备，110=董六，111=李四}

    //删除键值对
    map1.remove(109)                                               ⑨
    //判断键集合中是否包含 109
    println("键集合中是否包含 109：${map1.containsKey(109)}")//false
    //判断值集合中是否包含 "李四"
    println("值集合中是否包含\"李四\"：${map1.containsValue("李四")}")//true

    //判断集合是否为空
    println("集合是空的：" + map2.isEmpty())//false

    //清空集合
    map1.clear()                                                   ⑩
    //打印集合
    println(map1)//{}
}
```

代码第①行使用 mutableMapOf()函数创建空的可变 Map 集合。代码第②行使用 mutableMapOf(vararg pairs: Pair<K, V>)函数创建可变 Map 集合。代码第③行使用 hashMapOf()函数创建空的 hashMap 集合。代码第④行使用 hashMapOf(vararg pairs: Pair<K, V>)函数创建 hashMap 集合。

代码第⑤行通过 put 函数添加键值对。也可通过下标添加键值对，见代码第⑥行 map1[105] = "李四"，但是如果 105 键已经存在，则会替换原来的值。

代码第⑦行虽然"李四"值重复，但是键不重复，所以可以添加成功。

代码第⑨行删除键值对。代码第⑩行是清空集合。

提示　Map 集合添加键值对时，需要注意两个问题：第一，如果键已经存在，则会替换原有值，见代码第⑧行，109 键原来对应的是"王五"，该语句会替换为"刘备"；第二，如果这个值已经存在，则不会替换，见代码第⑥行，会添加一个键值对。

本章小结

本章介绍了 Kotlin 中的集合和数组，其中包括常用接口 Collection、Set、List 和 Map，需重点掌握 Set、List 和 Map 三个接口，熟悉具体实现类。

第 16 章

Kotlin 中函数式编程 API

为了提供对函数式编程的支持，Kotlin 在集合和数组中提供了一些高阶函数，它们的参数和返回类型都是函数类型。因为集合和数组它们都是数据的容器，即按照某种算法实现的数据结构，这些数据在这些函数中"流动"，最后输出结果。集合和数组中的这些高阶函数构成了 Kotlin 函数式编程 API，本章介绍这些 API。

16.1 函数式编程 API 与链式调用

函数操控的是数据，数据是放在集合或数组中的，而集合和数组在数学中的计算可以分为遍历、排序、过滤、映射、聚合等。因此，凡是支持函数式编程的语言，它们的函数式编程 API 都是类似的，例如 forEach、sort、map、filter、max 和 count 等函数，这些函数在所有函数式编程语言中都是一样的，而且大部分函数的命名也完全一样，只要熟悉了一个函数的使用，无论换成什么语言，用法也是类似的，很容易学习。

函数式编程将用户需求和业务逻辑抽象成为函数，通过函数的不同组合调用完成复杂的业务逻辑。下面的代码段是采用函数式编程的链式调用风格实现的。

```
fun getUsers(db: ManagedSQLiteOpenHelper): List<User> = db.use {
    db.select("Users")
            .whereSimple("family_name = ?", "John")
            .doExec()
            .parseList(UserParser)
}
```

getUsers 函数中 db.select("Users").whereSimple("family_name = ?", "John").doExec().parseList(UserParser)是一条语句，实现了从 Users 表中查询 family_name = John 的数据。它就是通过多个函数的组合而实现的，这种多个函数组合就是链式调用，这种链式调用风格如图 16-1 所示。关注输入和输出，输入数据（通常是集合或数组）通过多个函数的连续计算输出数据（通常也是集合或数组），不修改函数之外的变量，是无状态的。

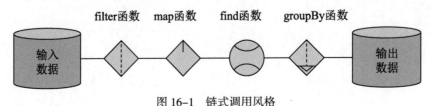

图 16-1　链式调用风格

16.2　遍历操作

对数据的操作主要是遍历、过滤、映射和聚合，其中遍历在前面已经介绍过了，采用方式还是传统的 for 循环。而函数式编程遍历数据应该使用 forEach 和 forEachIndexed 函数。

16.2.1　forEach 函数

forEach 函数适用于 Collection 集合、Map 集合，以及数组和函数只有一个函数类型的参数；实参往往使用尾随形式的 Lambda 表达式。在执行时，forEach 函数会把集合或数组中的每一个元素传递给 Lambda 表达式（或其他函数）以便去执行。

示例代码如下：

```
//代码文件：/com/zhijieketang/HelloWorld.kt
package com.zhijieketang


fun main() {

    val strArray = arrayOf("张三", "李四", "王五", "董六")          //创建字符串数组
    val set = setOf(1, 3, 34, 54, 75)                          //创建 Set 集合
    val map = mapOf(102 to "张三", 105 to "李四", 109 to "王五") //创建 Map 集合

    println("-----遍历数组-----")
    strArray.forEach {
        println(it)
    }

    println("-----遍历 Set 集合-----")
    set.forEach {
        println(it)
    }

    println("-----遍历 Map 集合 k,v-----")
    map.forEach { k, v ->                                               ①
        println("$k - $v")
    }
    println("-----遍历 Map 集合 Entry-----")
    map.forEach {                                                       ②
        println("${it.key} - ${it.value}")
    }
}
```

输出结果：

```
-----遍历 Set 集合-----
1
3
34
54
```

```
75
-----遍历 Map 集合 k,v-----
102 - 张三
105 - 李四
109 - 王五
-----遍历 Map 集合 Entry-----
102 - 张三
105 - 李四
109 - 王五
```

上述代码数组和 Set 集合的 forEach 函数的 Lambda 表达式都只有一个参数，而遍历 Map 集合时分为两个版本，其中代码第①行的 forEach 函数的 Lambda 表达式中有两个参数，第一个参数是集合的键，第二个参数是集合的值。代码第②行的 forEach 函数的 Lambda 表达式中有一个参数，这个参数类型是 Entry，Entry 表示一个键值对的对象，它有 key 和 value 两个属性。

16.2.2　forEachIndexed 函数

使用 forEach 函数无法返回元素的索引，如果既想返回集合元素，又想返回集合元素索引，可以使用 forEachIndexed 函数，forEachIndexed 函数适用于 Collection 集合和数组。

示例代码如下：

```kotlin
//代码文件：/com/zhijieketang/HelloWorld.kt
package com.zhijieketang

fun main() {

    val strArray = arrayOf("张三", "李四", "王五", "董六")      //创建字符串数组
    val set = setOf(1, 3, 34, 54, 75)                          //创建 Set 集合

    println("-----遍历数组-----")
    strArray.forEachIndexed { index, value ->
        println("$index - $value")
    }

    println("-----遍历 Set 集合-----")
    set.forEachIndexed {index, value ->
        println("$index - $value")
    }
}
```

输出结果：

```
-----遍历数组-----
0 - 张三
1 - 李四
2 - 王五
3 - 董六
-----遍历 Set 集合-----
0 - 1
1 - 3
2 - 34
```

```
3 - 54
4 - 75
```

16.3　三大基础函数

过滤、映射和聚合是数据的三大基本操作，围绕这三大基本操作会有很多函数，但其中有三个函数是作为基础的函数：filter、map 和 reduce。

16.3.1　filter 函数

过滤操作使用 filter 函数，它可以对 Collection 集合、Map 集合或数组元素进行过滤。Collection 集合和数组返回的是一个 List 集合，Map 集合返回的还是一个 Map 集合。

下面通过一个示例介绍 filter 函数的使用。准备一个 User 类代码如下：

```
//代码文件：/com/zhijieketang/User.kt
package com.zhijieketang

data class User(val name: String, var password: String)        ①


//测试使用
val users = listOf(                                             ②
    User("Tony", "12%^3"),
    User("Tom", "23##4"),
    User("Ben", "1332%#4"),
    User("Alex", "ac133")
)
```

使用 filter 函数示例代码如下：

```
//代码文件：/com/zhijieketang/HelloWorld.kt
package com.zhijieketang

//filter 函数示例1
fun main() {
    users.filter { it.name.startsWith("t", ignoreCase = true) }
        .forEach { println(it.password) }                      ③
}
```

输出结果：

```
12%^3
23##4
```

filter 函数可以过滤任何类型的集合或数组。代码第①行创建数据类 User，把它作为集合中的元素。代码第②行是声明 users 属性，它是保存 User 对象的 List 集合。

代码第③行使用链式 API 处理 users 集合，这里使用了两个函数 filter 和 forEach。filter 函数中的 Lambda 表达式返回布尔值，返回值为 true 的元素进入下一个函数，返回值为 false 的元素被过滤掉。表达式 it.name.startsWith("t", ignoreCase = true)判断集合元素的 name 属性是否是 t 字母开头，ignoreCase = true 忽略大小写比较。filter 函数处理完成之后的数据如图 16-2 所示，由原来的四条数据变成了现在的两条数据。

forEach 函数用来遍历集合元素，它的参数也是一个 Lambda 表达式，所以 forEach { println(it.password) }是将集合元素的 password 属性打印输出。

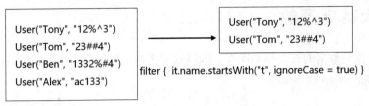

图 16-2　使用 filter 函数

16.3.2　map 函数

映射操作使用 map 函数，它可以对 Collection 集合、Map 集合或数组元素进行变换并返回一个 List 集合。下面通过一个示例介绍 map 函数的使用，示例代码如下：

```
//代码文件：/com/zhijieketang/HelloWorld.kt
package com.zhijieketang

fun main() {
    users.filter { it.name.startsWith("t", ignoreCase = true) }    ①
        .map { it.name }                                           ②
        .forEach{ println(it)}                                     ③
}
```

输出结果：

```
Tony
Tom
```

上述代码使用 filter 函数和 map 函数对集合进行操作，过程如图 16-3 所示，代码第①行使用 filter 函数过滤后，只有两个元素，元素类型是 User 对象。代码第②行使用 map 函数对集合进行变换，it.name 是变换表达式，将计算的结果放到一个新的 List 集合中，从图 16-3 可见，新的集合元素变成了字符串，这就是 map 函数变换的结果。

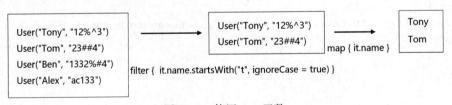

图 16-3　使用 map 函数

16.3.3　reduce 函数

聚合操作会将 Collection 集合或数组中数据聚合起来输出单个数据。聚合操作中最基础的是归纳函数 reduce，reduce 函数会将集合或数组的元素按照指定的算法积累叠加起来，最后输出一个数据。

下面通过一个示例介绍 reduce 函数的使用，准备一个 Song 类代码如下：

```
//代码文件：com/Song.kt
package com.zhijieketang

data class Song(val title: String, val durationInSeconds: Int)                    ①

//测试使用
val songs= listOf(Song("Speak to Me", 90),                                        ②
      Song("Breathe", 163),
      Song("On he Run", 216),
      Song("Time", 421),
      Song("The Great Gig in the Sky", 276),
      Song("Money", 382),
      Song("Us and Them", 462),
      Song("Any Color You Like", 205),
      Song("Brain Damage", 228),
      Song("Eclipse", 123)
)
```

使用 filter 函数示例代码如下：

```
//代码文件：/com/zhijieketang/HelloWorld.kt
package com.zhijieketang

//reduce 函数示例

fun main() {
    //计算所有歌曲播放时长之和
    val durations = songs.map { it.durationInSeconds }                            ③
        .reduce { acc, i ->                                                       ④
            acc + i
        }
    println(durations)                    //输出：2566
}
```

为了测试首先声明了一个数据类 Song，见代码第①行。代码第②行声明 songs 属性，它是保存 Song 对象的 List 集合。

代码第③行是调用 map 函数变换 songs 集合数据，返回歌曲时长（durationInSeconds）的 List 集合。代码第④行调用 reduce 函数计算时长，其中 acc 参数是上次累积计算结果，i 是当前元素，acc + i 表达式是进行累加，这个表达式是关键，根据自己需要这个表达式是不同的。

16.4　聚合函数

16.3 节已经介绍了一些基础函数，但集合和数组的操作还有很多函数，下面再分别介绍一些常用的函数。

首先介绍聚合函数，常用的聚合函数除了 reduce 外还有 11 个，如表 16-1 所示。

表 16-1 聚合函数

函　数	适 用 类 型	返 回 数 据	说　　　明
any	Collection集合、Map集合或数组	布尔值	如果至少有一个元素与指定条件相符，则返回true
all	Collection集合、Map集合或数组	布尔值	如果所有元素与指定条件相符，则返回true
count	Collection集合、Map集合或数组	Int类型	返回与指定条件相符的元素个数
max	Collection集合或数组	元素自身类型	返回最大元素。如果没有元素，则返回空值
maxBy	Collection集合、Map集合或数组	元素自身类型	返回使指定函数产生最大值的第一个元素。如果没有元素，则返回空值
min	Collection集合或数组	元素自身类型	返回最小元素。如果没有元素，则返回空值
minBy	Collection集合、Map集合或数组	元素自身类型	返回使指定函数产生最小值的第一个元素。如果没有元素，则返回空值
sum	Collection集合或数组	元素自身类型	返回所有元素之和
sumBy	Collection集合、Map集合或数组	元素自身类型	返回使指定函数计算集合元素总和
average	Collection集合或数组	Double类型	返回所有元素的平均值
none	Collection集合、Map集合或数组	布尔值	如果没有元素与指定条件相符，则返回true

示例代码如下：

```
//代码文件：/com/zhijieketang/HelloWorld.kt
package com.zhijieketang

fun main() {

    val list = listOf(1, 3, 34, 54, 75)                         //创建 list 集合
    val map = mapOf(102 to "张三", 105 to "李四", 109 to "王五")   //创建 Map 集合

    println(list.any { it > 10 })                               //true
    println(list.all { it > 0 })                                //true
    println(list.count { it > 10 })                            //3

    println(list.max())                                         //75
    println(map.maxBy { it.key })                               //109=王五

    println(list.min())                                         //1
    println(map.minBy { it.key })                               //102=张三

    println(list.sum())                                         //167
    println(songs.sumBy { it.durationInSeconds })              //2566

    println(list.average())                                     //33.4

    println(list.none { it < -1 })                             //true

}
```

16.5 过滤函数

常用的过滤函数除了 filter 外还有 14 个，如表 16-2 所示。

表 16-2 过滤函数

函 数	适 用 类 型	返 回 数 据	说 明
drop	Collection集合或数组	List集合	返回不包括前n个元素的List集合
filterNot	Collection集合、Map集合或数组	布尔值	与filter相反，过滤出不符合条件的数据
filterNotNull	Collection集合或Array数组	List集合	返回非空元素List集合。注意Array数组是对象数组不能是IntArray和FloatArray等基本数据类型数组
slice	Collection集合或数组	List集合	返回指定索引的元素List集合
take	Collection集合或数组	List集合	返回前n个元素List集合
takeLast	Collection集合或数组	List集合	返回后n个元素List集合
find	Collection集合或数组	元素自身类型	返回符合条件的第一个元素，如果没有符合条件的元素，则返回空值
findLast	Collection集合或数组	元素自身类型	返回符合条件的最后一个元素，如果没有符合条件的元素，则返回空值
first	Collection集合或数组	元素自身类型	返回第一个元素，函数没有参数
last	Collection集合或数组	元素自身类型	返回最后一个元素，函数没有参数
first	Collection集合或数组	元素自身类型	返回符合条件的第一个元素，函数有一个参数。如果没有符合条件的元素，抛出异常
last	Collection集合或数组	元素自身类型	返回符合条件的最后一个元素，函数有一个参数。如果没有符合条件的元素，抛出异常
firstOrNull	Collection集合或数组	元素自身类型	返回符合条件的第一个元素，函数有一个参数。如果没有符合条件的元素，则返回空值
lastOrNull	Collection集合或数组	元素自身类型	返回符合条件的最后一个元素，函数有一个参数。如果没有符合条件的元素，则返回空值

示例代码如下：

```kotlin
//代码文件：/com/zhijieketang/HelloWorld.kt
package com.zhijieketang

fun main() {

    val map = mapOf(102 to "张三", 105 to "李四", 109 to "王五")
    val array = intArrayOf(1, 3, 34, 54, 75)
    val charList = listOf("A", null, "B", "C")

    println(array.drop(2))                        //[34, 54, 75]

    println(map.filter { it.key > 102 })          //{105=李四, 109=王五}
    println(map.filterNot { it.key > 102 })       //{102=张三}
```

```
    println(charList.filterNotNull())              //[A, B, C]

    println(array.slice(listOf(0, 2)))             //[1, 34]              ①

    println(array.take(3))                         //[1, 3, 34]
    println(array.takeLast(3))                     //[34, 54, 75]

    println(array.find { it > 10 })                //34
    println(array.findLast { it < -1 })            //null

    println(array.first())                         //1                   ②
    println(array.last())                          //75
    println(array.first { it > 10 })               //34                  ③
    println(array.firstOrNull { it > 100 })        //null                ④
    println(array.last { it > 10 })                //75
    println(array.lastOrNull { it > 100 })         //null

}
```

上述代码第①行中使用了 slice 函数，它的参数是要取出的元素索引集合，listOf(0, 2)说明要取的元素是第一个和第二个元素。代码第②行的 first()函数是取出第一个元素。代码第③行的 first 函数的参数是 Lambda 表达式，可以设置过滤条件。代码第④行的 firstOrNull 函数与 first 函数类似，只是没有遇到符合条件的元素时，返回空值。

16.6 映射函数

常用的映射函数除了 map 外还有 3 个，如表 16-3 所示。

表 16-3　映射函数

函　　数	适用类型	返回数据	说　　明
mapNotNull	Collection集合、Map集合或Array数组	List集合	返回一个List集合，该List集合包含对原始集合中非空元素进行转换后的结果。注意Array数组是对象数组，不能是IntArray和FloatArray等基本数据类型数组
mapIndexed	Collection集合或数组	List集合	返回一个List集合，该List集合包含对原始集合中每个元素进行转换后的结果和它们的索引
flatMap	Collection集合或数组	List集合	扁平化映射，可以将多维数组或集合变换为一维集合

示例代码如下：

```
//代码文件: /com/zhijieketang/HelloWorld.kt
package com.zhijieketang
```

```kotlin
fun main() {

    val set = setOf(1, 3, 34, 54, 75)
    val charList = listOf("A", null, "b", "C")

    println(charList.mapNotNull { it }               //[A, b, C]        ①
            .map { it.toLowerCase() })               //[a, b, c]        ②

    println(set.mapIndexed { index, s -> index + s })  // [1, 4, 36, 57, 79]   ③

    val datas = listOf(listOf(10, 20), listOf(20, 40))               ④
    val flatMapList = datas.flatMap { e -> e.map { it * 10 } }       ⑤
    println(flatMapList)//[100, 200, 200, 400]
}
```

上述代码第①行中使用 mapNotNull 函数对 charList 字符串集合进行变换，去除空值元素，然后再通过代码第②行的 map 函数进行变换，将字母变换为小写字母。

代码第③行中使用了 mapIndexed 函数，其中 index 参数是索引，s 是集合元素，本示例中的变换规则是 index + s。

代码第④行定义了嵌套二维 List 集合（类型为 List<List<Int>>），它的结构如图 16-4 所示，datas 集合的每一个元素是 List<Int>类型。代码第⑤行使用 flatMap 函数扁平化，就是将多维变换为一维，flatMap { e -> e.map { it * 10 }}变换过程如图 16-4 所示，先映射变换后进行扁平化，第一步是将两个嵌套集合中的元素进行乘 10 变换，然后再将两个集合扁平化，即合并为一个集合。

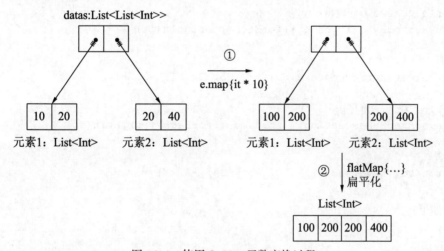

图 16-4　使用 flatMap 函数变换过程

16.7　排序函数

常用的排序函数有 5 个，如表 16-4 所示。

表 16-4　排序函数

函　数	适 用 类 型	返 回 数 据	说　明
sorted	元素是可排序的MutableList集合或数组	集合或数组自身类型	升序
sortedBy	元素是可排序的MutableList集合或数组	集合或数组自身类型	指定表达式计算之后再进行升序排序
sortedDescending	元素是可排序的MutableList集合或数组	集合或数组自身类型	降序
sortedByDescending	元素是可排序的MutableList集合或数组	集合或数组自身类型	指定表达式计算之后再进行降序排序
reversed	元素是可排序的MutableList集合或数组	集合或数组自身类型	将原始集合或数组元素倒置

示例代码如下：

```
//代码文件：/com/zhijieketang/HelloWorld.kt
package com.zhijieketang


fun main() {

    val set = setOf(1, -3, 34, -54, 75)


    //升序
    println(set.sorted())//[-54, -3, 1, 34, 75]

    println("Users 升序输出: ")
    users.sortedBy { it.name }.forEach { println(it) }          ①

    //降序
    println(set.sortedDescending())//[75, 34, 1, -3, -54]

    println("Users 降序输出: ")
    users.sortedByDescending { it.name }.forEach { println(it) }  ②

    //倒置
    println(set.reversed())//[75, -54, 34, -3, 1]
}
```

输出结果如下：

```
[-54, -3, 1, 34, 75]
Users 升序输出:
User(name=Alex, password=ac133)
User(name=Ben, password=1332%#4)
User(name=Tom, password=23##4)
User(name=Tony, password=12%^3)
[75, 34, 1, -3, -54]
Users 降序输出:
User(name=Tony, password=12%^3)
User(name=Tom, password=23##4)
```

```
User(name=Ben, password=1332%#4)
User(name=Alex, password=ac133)
[75, -54, 34, -3, 1]
```

排序函数 sorted 和 sortedDescending 要求集合或数组中的元素是可比较的，应该实现 Comparable 接口。而代码第①行和第②行中 users 集合中的元素 user 没有实现 Comparable 接口，users 集合能使用排序函数 sorted 和 sortedDescending 进行排序，也可以使用 sortedBy 和 sortedByDescending 函数自己指定排序规则，进行排序。

注意上述代码中倒置函数 reversed，输出的结果并不是排序，而是原始集合或数组元素顺序倒置，倒置是与降序不同的。

16.8 案例：求阶乘

前面介绍了很多函数，本节介绍一个实际案例：求阶乘。求阶乘通常会使用递归函数调用，这比较影响性能，学习了函数式编程 API 后，可以使用 reduce 函数实现。

代码如下：

```
//代码文件：/com/zhijieketang/HelloWorld.kt
package com.zhijieketang

//求 n 的阶乘
fun factorial(n: Int) = IntArray(n) { it + 1 }                          ①
    .reduce { acc, i -> acc * i }                                        ②

fun main() {
    println("1! = ${factorial(1)}")          //输出：1! = 1
    println("2! = ${factorial(2)}")          //输出：2! = 1
    println("5! = ${factorial(5)}")          //输出：5! = 120
    println("10! = ${factorial(10)}")        //输出：10! = 3628800
}
```

上述代码第①行~第②行是声明阶乘函数 factorial，采用的是表达式函数体，其中 IntArray(n) { it + 1 }是创建元素 1~n 的 Int 类型集合，如果 n=5，那么创建的集合为[1, 2, 3, 4, 5]。reduce { acc, i -> acc * i }表达式对集合进行累积。

16.9 案例：计算水仙花数

本节介绍一个案例：计算水仙花数。一些读者可能听说过，水仙花数是一个三位数，这个数的三位数各位的立方之和等于三位数本身。

代码如下：

```
//代码文件：/com/zhijieketang/HelloWorld.kt
package com.zhijieketang

//计算水仙花
fun main() {
```

```
val numbers = IntArray(1000) { it } //初始化 0~999 共计 1000 个元素 Int 数组        ①

numbers.filter { it > 99 }                  //过滤第一次                              ②
       .filter {                            //过滤第二次                              ③
           val r = it / 100                 //百位数                                  ④
           val s = (it - r * 100) / 10      //十位数                                  ⑤
           val t = it - r * 100 - s * 10    //个位数                                  ⑥

           it == r * r * r + s * s * s + t * t * t                                    ⑦
       }.forEach { println(it) }            //遍历打印输出                            ⑧
}
```

输出结果如下：

```
153
370
371
407
```

上述代码第①行是创建 Int 数组，通过 Lambda 表达式初始化集合，初始化结果是 0~999 共计 1000 个元素的 Int 数组。代码第②行~第⑧行其实是一条语句，采用的是函数式编程链式调用风格，其中使用了两次 filter 函数和一次 forEach 函数。

代码第②行 filter { it > 99 }函数是过滤掉小于 100 的元素，因为水仙花数是一个三位数，小于 100 不可能有水仙花数，它们参与计算会影响性能。代码第③行~第⑦行是第二个 filter 函数，代码第④行是元素的百位数，代码第⑤行是元素的十位数，代码第⑥行是元素的个位数，代码第⑦行是确定是否为水仙花数，这个表达式是布尔值，它是 Lambda 表达式的最后一行，会作为 Lambda 表达式的返回值。

本章小结

本章介绍了函数式编程 API，其中重点是：forEach、filter、map 和 reduce 函数。此外，还介绍了其他一些 API 函数。

第三篇　Kotlin 进阶

　　本篇包括 8 章内容，介绍了 Kotlin 语言的一些高级知识。内容包括异常处理、文件管理与 I/O 流、线程、协程、网络编程、Swing 图形用户界面编程和数据库编程。通过本篇的学习，读者可以全面了解 Kotlin 语言的进阶知识。

第 17 章

异 常 处 理

很多事件并非总是按照人们的意愿顺利进行，可能会出现各种各样的异常情况。例如，人们计划周末郊游，预想流程是：从家里出发├→│到达目的地├→│游泳├→│烧烤├→│回家。但天有不测风云，当准备烧烤时天降大雨，只能终止郊游提前回家。"天降大雨"是一种异常情况，人们做计划应该考虑到这种情况，并且应该准备处理这种异常的预案。

为增强程序的健壮性，编写计算机程序也需要考虑这些异常情况，Kotlin 提供了异常处理功能，本章介绍 Kotlin 异常处理机制。

17.1 从一个问题开始

为了学习 Kotlin 异常处理机制，首先看看下面程序。

```
//代码文件：com/zhijieketang/HelloWorld.kt
package com.zhijieketang

fun main() {
    val a = 0
    println(5 / a)
}
```

这个程序没有编译错误，但运行时会发生如下的错误：

```
Exception in thread "main" java.lang.ArithmeticException: / by zero
    at com.zhijieketang.HelloWorldKt.main(HelloWorld.kt:12)
    at com.zhijieketang.HelloWorldKt.main(HelloWorld.kt)
```

在数学上除数不能为 0，所以程序运行时表达式（5/a）会抛出 ArithmeticException 异常。Arithmetic-Exception 是数学计算异常，凡是发生数学计算错误都会抛出该异常。

程序运行过程中难免会发生异常，发生异常并不可怕，程序员应该考虑到发生这些异常的可能，编程时应该考虑到捕获并进行处理异常，不能让程序发生终止，这就是健壮的程序。

17.2 异常类继承层次

异常封装成为 Exception 类，此外，还有 Throwable 类和 Error 类。异常类继承层次如图 17-1 所示。

给 Java 程序员的提示　Kotlin 异常处理机制基本继承了 Java 异常处理机制。但是有一点很大的区别，Java 中异常分为受检查异常和运行时异常，受检查异常要么使用 try-catch 语句捕获，要么抛出，否则会发生编译错误。而 Kotlin 中没有受检查异常，所有的异常全部是运行时异常，原本在 Java 中的受检查异常，在 Kotlin 中也是运行时异常，例如，IOException 在 Java 中是受检查异常，在 Kotlin 中是运行时异常。

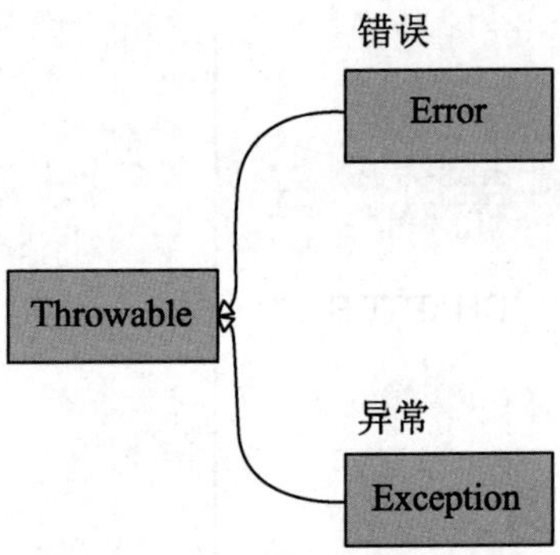

错误

Error

Throwable

异常

Exception

图 17-1　Kotlin 异常类继承层次

17.2.1　Throwable 类

从图 17-1 可见，所有的异常类都直接或间接地继承于 Kotlin.lang. Throwable 类，在 Throwable 类有几个非常重要的属性和函数：

□ message 属性。获得发生错误或异常的详细消息。

□ printStackTrace 函数。打印错误或打印异常堆栈跟踪信息。

□ toString 函数。获得错误或异常对象的描述。

提示　堆栈跟踪是函数调用过程的轨迹，它包含了程序执行过程中函数调用的顺序和所在源代码行号。

为了介绍 Throwable 类的使用，修改 17.1 节的示例代码如下：

```
//代码文件: com/zhijieketang/HelloWorld.kt
package com.zhijieketang

fun main() {
    val a = 0
    val result = divide(5, a)
    println("divide(5, $a) = $result")
}

fun divide(number: Int, divisor: Int): Int {

    try {
        return number / divisor
    } catch (throwable: Throwable) {                              ①
        println("message() : " + throwable.message)              ②
        println("toString() : " + throwable.toString())          ③
        println("printStackTrace()输出信息如下: ")
        throwable.printStackTrace()                              ④
    }

    return 0
}
```

运行结果如下：

```
message() : / by zero
toString() : java.lang.ArithmeticException: / by zero
printStackTrace()输出信息如下:
divide(5, 0) = 0
java.lang.ArithmeticException: / by zero
```

```
    at com.zhijieketang.HelloWorldKt.divide(HelloWorld.kt:19)
    at com.zhijieketang.HelloWorldKt.main(HelloWorld.kt:12)
    at com.zhijieketang.HelloWorldKt.main(HelloWorld.kt)
```

将可能发生异常的语句放到 try-catch 代码块中，称为捕获异常，有关捕获异常的相关知识会在 17.3 节详细介绍。代码第①行是在 catch 中有一个 Throwable 对象 throwable，throwable 对象是系统在程序发生异常时创建，通过 throwable 对象可以调用 Throwable 中定义的函数。

代码第②行是调用 message 属性获得异常消息，输出结果是"/ by zero"。代码第③行是调用 toString 函数获得异常对象的描述，输出结果是 java.lang.ArithmeticException: / by zero。代码第④行是调用 printStackTrace 函数打印异常堆栈跟踪信息。

提示　堆栈跟踪信息从下往上，是函数调用的顺序。Java 虚拟机首先调用 main 函数，接着在上述代码第 6 行调用 divide 函数，在代码第 13 行发生了异常，最后输出异常信息。

17.2.2　Error 类和 Exception 类

从图 17-1 可见，Throwable 有两个直接子类：Error 类和 Exception 类。

（1）Error 类。Error 是程序无法恢复的严重错误，程序员根本无能为力，只能让程序终止。例如：Java 虚拟机内部错误、内存溢出和资源耗尽等严重情况。

（2）Exception 类。Exception 是程序可以恢复的异常，它是程序员所能掌控的。例如：除零异常、空指针访问、网络连接中断和读取不存在的文件等。本章所讨论的异常处理就是对 Exception 及其子类的异常处理。

17.3　捕获异常

从 Kotlin 的语法角度可以不用捕获任何的异常，因为 Kotlin 所有异常都是运行时异常。但是捕获语句还是存在的。

17.3.1　try-catch 语句

捕获异常是通过 try-catch 语句实现的，最基本 try-catch 语句语法如下：

```
try{
    //可能会发生异常的语句
} catch (throwable: Throwable) {
    //处理异常 e
}
```

（1）try 代码块。try 代码块中应该包含执行过程中可能会发生异常的语句。

（2）catch 代码块。每个 try 代码块可以伴随一个或多个 catch 代码块，用于处理 try 代码块可能发生的多种异常。catch(throwable: Throwable)语句中的 throwable 是捕获异常对象，throwable 必须是 Throwable 的子类，异常对象 throwable 的作用域在该 catch 代码块中。

下面看一个 try-catch 示例：

```
//代码文件：com/zhijieketang/HelloWorld.kt
package com.zhijieketang
```

```
import java.text.ParseException
import java.text.SimpleDateFormat
import java.util.*

fun main() {
    val date = readDate()
    println("日期 = $date")
}

//解析日期
private fun readDate(): Date? {                              ①

    try {
        val str = "201A-18-18" //"201A-18-18"
        val df = SimpleDateFormat("yyyy-MM-dd")
        //从字符串中解析日期
        return df.parse(str)                                ②
    } catch (e: ParseException) {                           ③
        println("处理 ParseException...")
        e.printStackTrace()                                 ④
    }

    return null
}
```

上述代码第①行定义了一个将字符串解析成日期的函数，但并非所有的字符串都是有效的日期字符串，因此调用代码第②行的解析函数 parse 有可能发生 ParseException 异常，ParseException 是受检查异常，在本示例中使用 try-catch 捕获。代码第③行的 e 就是 ParseException 对象。代码第④行 e.printStackTrace 是打印异常堆栈跟踪信息，本示例中的"2018-8-18"字符串是有效的日期字符串，因此不会发生异常。如果将字符串改为无效的日期字符串，如"201A-18-18"，则会打印信息。

```
java.text.ParseException: Unparseable date: "201A-18-18"
    at java.text.DateFormat.parse(DateFormat.java:366)
    at com.zhijieketang.HelloWorldKt.readDate(HelloWorld.kt:26)
    at com.zhijieketang.HelloWorldKt.main(HelloWorld.kt:15)
    at com.zhijieketang.HelloWorldKt.main(HelloWorld.kt)
```

提示　在捕获到异常之后，通过 e.printStackTrace()语句打印异常堆栈跟踪信息，往往只是用于调试，给程序员提示信息。堆栈跟踪信息对最终用户是没有意义的，本示例中如果出现异常很有可能是用户输入的日期无效，捕获到异常之后给用户弹出一个对话框，提示用户输入日期无效，请用户重新输入，用户重新输入后再重新调用上述函数。这才是捕获异常之后的正确处理方案。

17.3.2　try-catch 表达式

在 Kotlin 中，很多情况下使用 try-catch 表达式代替 try-catch 语句，Kotlin 也提倡 try-catch 表达式写法，这样会使代码更加简洁。修改 17.3.1 小节代码如下：

　　//代码文件：com/zhijieketang/HelloWorld.kt

```
package com.zhijieketang

import java.text.ParseException
import java.text.SimpleDateFormat

fun main() {

    val df = SimpleDateFormat("yyyy-MM-dd")
    val date = try {                  // 解析日期                                ①
        df.parse("201A-18-18")
    } catch (e: ParseException) {
        null
    }                                                                            ②
    println("日期  = $date")
}
```

上述代码第①行~第②行是 try–catch 表达式，它相当于 17.3.1 节的 readDate 函数。

17.3.3　多个 catch 代码块

如果 try 代码块中有很多语句会发生异常，而且发生的异常种类又很多。那么可以在 try 后面跟有多个 catch 代码块。多个 catch 代码块语法如下：

```
try{
    //可能会发生异常的语句
} catch(e : Throwable){
    //处理异常 e
} catch(e : Throwable){
    //处理异常 e
} catch(e : Throwable){
    //处理异常 e
}
```

在多个 catch 代码块情况下，当一个 catch 代码块捕获到一个异常时，其他的 catch 代码块就不再进行匹配。

注意　当捕获的多个异常类之间存在父子关系时，捕获异常顺序与 catch 代码块的顺序有关。一般先捕获子类，后捕获父类，否则捕获不到子类。

示例代码如下：

```
//代码文件: com/zhijieketang/HelloWorld.kt
package com.zhijieketang

import java.io.*
import java.text.ParseException
import java.text.SimpleDateFormat
import java.util.*

fun main() {
    val date = readDateFromFile()
    println("读取的日期  = $date")
```

```
    }

    private fun readDateFromFile(): Date? {

        val df = SimpleDateFormat("yyyy-MM-dd")

        try {
            val fileis = FileInputStream("readme.txt")          ①
            val isr = InputStreamReader(fileis)
            val br = BufferedReader(isr)
            //读取文件中的一行数据
            val str = br.readLine() ?: return null               ②
            return df.parse(str)                                 ③

        } catch (e: FileNotFoundException) {                     ④
            println("处理 FileNotFoundException...")
            e.printStackTrace()
        } catch (e: IOException) {                               ⑤
            println("处理 IOException...")
            e.printStackTrace()
        } catch (e: ParseException) {                            ⑥
            println("处理 ParseException...")
            e.printStackTrace()
        }

        return null
    }
```

上述代码通过 I/O（输入输出）流技术从文件 readme.txt 中读取字符串，然后解析成日期。由于还没有介绍 I/O 技术，读者先不要关注 I/O 技术细节，仅考虑调用它们的函数会发生异常就可以了。

在 try 代码块中第①行代码调用 FileInputStream 构造函数会发生 FileNotFoundException 异常。第②行代码调用 BufferedReader 输入流的 readLine 函数会发生 IOException 异常。FileNotFoundException 异常是 IOException 异常的子类，应该先 FileNotFoundException 捕获，见代码第④行；后捕获 IOException，见代码第⑤行。

如果将 FileNotFoundException 和 IOException 捕获顺序调换，代码如下：

```
try{
    //可能会发生异常的语句
} catch (e: IOException) {
    //IOException 异常处理
} catch (e: FileNotFoundException) {
    //FileNotFoundException 异常处理
}
```

那么第二个 catch 代码块永远不会进入，FileNotFoundException 异常处理永远不会执行。由于上述代码第⑥行 ParseException 异常与 IOException 和 FileNotFoundException 异常没有父子关系，可以随意放置捕获 ParseException 异常位置。

17.3.4 try-catch 语句嵌套

Kotlin 提供的 try-catch 语句嵌套可以任意嵌套，修改 17.3.2 节示例代码如下：

```kotlin
//代码文件: com/zhijieketang/HelloWorld.kt
package com.zhijieketang

import java.io.*
import java.text.ParseException
import java.text.SimpleDateFormat
import java.util.*

fun main() {
    val date = readDateFromFile()
    println("读取的日期  = $date")
}

private fun readDateFromFile(): Date? {

    try {
        val fileis = FileInputStream("readme.txt")
        val isr = InputStreamReader(fileis)
        val br = BufferedReader(isr)

        try {                                                    ①
            val str = br.readLine() ?: return null               ②

            val df = SimpleDateFormat("yyyy-MM-dd")
            return df.parse(str)                                 ③

        } catch (e: ParseException) {
            println("处理 ParseException...")
            e.printStackTrace()
        }                                                        ④

    } catch (e: FileNotFoundException) {                         ⑤
        println("处理 FileNotFoundException...")
        e.printStackTrace()
    } catch (e: IOException) {                                   ⑥
        println("处理 IOException...")
        e.printStackTrace()
    }

    return null
}
```

上述代码第①行~第④行是捕获 ParseException 异常 try-catch 语句，可见这个 try-catch 语句就是嵌套在捕获 IOException 和 FileNotFoundException 异常的 try-catch 语句中的。

程序执行时内层如果发生异常，首先由内层 catch 进行捕获，如果捕获不到，则由外层 catch 捕获。例如：代码第②行的 readLine 函数可能发生 IOException 异常，该异常无法被内层 catch 捕获，最后被代码第⑥行的外层 catch 捕获。

注意 try-catch 语句不仅可以嵌套在 try 代码块中，还可以嵌套在 catch 代码块或 finally 代码块中，finally 代码块后面会详细介绍。try-catch 嵌套会使程序流程变复杂，如果能用多 catch 捕获的异常，尽量不要使用 try-catch 嵌套。要梳理好程序的流程再考虑 try-catch 嵌套的必要性。

17.4 释放资源

在 try-catch 语句中有时会占用一些非 Java 虚拟机资源，例如打开文件、网络连接、打开数据库连接和使用数据结果集等，这些资源并非 Kotlin 资源，不能通过 Java 虚拟机的垃圾收集器回收，需要程序员释放。为了确保这些资源能够被释放，可以使用 finally 代码块或自动资源管理（Automatic Resource Management）技术。

17.4.1 finally 代码块

try-catch 语句后面还可以跟有一个 finally 代码块，try-catch-finally 语句语法如下：

```
try{
    //可能会生成异常语句
} catch(e1 : Throwable){
    //处理异常 e1
} catch(e2 : Throwable){
    //处理异常 e2
} catch(eN : Throwable eN){
    //处理异常 eN
} finally{
    //释放资源
}
```

无论是 try 正常结束还是 catch 异常结束都会执行 finally 代码块，如图 17-2 所示。

使用 finally 代码块示例代码如下：

```
//代码文件：com/zhijieketang/HelloWorld.kt
package com.zhijieketang

import java.io.*
import java.text.ParseException
import java.text.SimpleDateFormat
import java.util.*

fun main() {
    val date = readDate()
    println("读取的日期  = $date")
}

private fun readDate(): Date? {

    var fileis: FileInputStream? = null
```

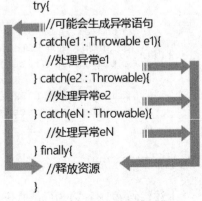

图 17-2　finally 代码块流程

```
    var isr: InputStreamReader? = null
    var br: BufferedReader? = null

    try {
        fileis = FileInputStream("readme.txt")
        isr = InputStreamReader(fileis)
        br = BufferedReader(isr)
        //读取文件中的一行数据
        val str = br.readLine() ?: return null

        val df = SimpleDateFormat("yyyy-MM-dd")
        return df.parse(str)

    } catch (e: FileNotFoundException) {
        println("处理 FileNotFoundException...")
        e.printStackTrace()
    } catch (e: IOException) {
        println("处理 IOException...")
        e.printStackTrace()
    } catch (e: ParseException) {
        println("处理 ParseException...")
        e.printStackTrace()
    } finally {                                          ①
        try {
            if (fileis != null) {
                fileis.close()                           ②
            }
        } catch (e: IOException) {
            e.printStackTrace()
        }

        try {
            if (isr != null) {
                isr.close()                              ③
            }
        } catch (e: IOException) {
            e.printStackTrace()
        }

        try {
            if (br != null) {
                br.close()                               ④
            }
        } catch (e: IOException) {
            e.printStackTrace()
        }
    }                                                    ⑤
    return null
}
```

上述代码第①行~第⑤行是 finally 语句，在这里通过关闭流释放资源，FileInputStream、InputStreamReader 和 BufferedReader 是三个输入流，它们都需要关闭，见代码第②行~第④行，通过流的 close 函数关闭流，但是流的 close 函数还有可能发生 IOException 异常，所以针对每一个 close 语句还需要进行捕获处理。

注意 为了代码简洁等目的，有的人可能会将 finally 代码中的多个嵌套的 try-catch 语句合并，例如将上述代码改成如下形式，将三个有可能发生异常的 close 函数放到一个 try-catch 语句中。但每一个 close 函数对应关闭一个资源，如果第一个 close 函数关闭时发生了异常，那么后面的两个也不会关闭，因此如下的程序代码是有缺陷的。

```
try {
    ...
} catch (e : FileNotFoundException) {
    ... ...
} catch (e : IOException) {
    ... ...
} catch (e : ParseException) {
    ... ...
} finally {
    try {
        if (readfile != null) {
            readfile.close();
        }
        if (ir != null) {
            ir.close();
        }
        if (in != null) {
            in.close();
        }
    } catch (e : IOException) {
        e.printStackTrace();
    }
}
```

17.4.2 自动资源管理

17.4.1 节使用 finally 代码块释放资源会导致程序代码大量增加，一个 finally 代码块的代码往往比正常执行的程序还要多。在 Kotlin 中可以使用 Java 7 提供自动资源管理（Automatic Resource Management）技术替代 finally 代码块，优化代码结构，提高程序可读性。

示例代码如下：

```
//代码文件: com/zhijieketang/HelloWorld.kt
package com.zhijieketang

import java.io.*
import java.text.ParseException
import java.text.SimpleDateFormat
import java.util.*

fun main() {
```

```
    val date = readDate()
    println("读取的日期 = $date")
}


private fun readDate(): Date? {

    //自动资源管理
    try {
        FileInputStream("readme.txt").use { fileis ->          ①
            InputStreamReader(fileis).use { isr ->             ②
                BufferedReader(isr).use { br ->                ③

                    //读取文件中的一行数据
                    val str = br.readLine() ?: return null

                    val df = SimpleDateFormat("yyyy-MM-dd")
                    return df.parse(str)

                }
            }
        }
    } catch (e: FileNotFoundException) {
        println("处理 FileNotFoundException...")
        e.printStackTrace()
    } catch (e: IOException) {
        println("处理 IOException...")
        e.printStackTrace()
    } catch (e: ParseException) {
        println("处理 ParseException...")
        e.printStackTrace()
    }

    return null
}
```

上述代码第①行~第③行调用输入流 use 函数进行嵌套，这就是自动资源管理技术。采用自动资源管理后不再需要 finally 代码块，不需要自己释放这些资源，释放过程交给了 Java 虚拟机。

注意　所有可以自动管理的资源需要实现 Java 中的 AutoCloseable 接口，上述代码中三个输入流 FileInputStream、InputStreamReader 和 BufferedReader 都实现了 Java 中的 AutoCloseable 接口，这些资源对象都可以使用 use 函数管理资源。

17.5　throw 与显式抛出异常

本节之前读者接触到的异常都是由系统生成的，当异常发生时，系统会生成一个异常对象，并将其抛出。但也可以通过 throw 语句显式抛出异常，语法格式如下：

throw Throwable 或其子类的实例

所有 Throwable 或其子类的实例都可以通过 throw 语句抛出。

　　显式抛出异常的目的有很多，例如不想某些异常传递给上层调用者，可以捕获之后重新显式抛出另外一种异常给调用者。

　　示例代码如下：

```kotlin
//代码文件：com/zhijieketang/HelloWorld.kt
package com.zhijieketang

//自定义异常类 MyException

class MyException : Exception {                                    ①
    constructor() {                                               ②
    }
    constructor(message: String) : super(message) {}              ③
}

...
fun main() {
    try {
        val date = readDate()
        println("读取的日期  = " + date)
    } catch (e: MyException) {
        println("处理 MyException...")
        e.printStackTrace()
    }
}

private fun readDate(): Date? {

    //自动资源管理
    try {
        FileInputStream("readme.txt").use { fileis ->
            InputStreamReader(fileis).use { isr ->
                BufferedReader(isr).use { br ->

                    //读取文件中的一行数据
                    val str = br.readLine() ?: return null

                    val df = SimpleDateFormat("yyyy-MM-dd")
                    return df.parse(str)

                }
            }
        }
    } catch (e: FileNotFoundException) {
        throw MyException()                                       ④
    } catch (e: IOException) {
        throw Throwable()                                         ⑤
    } catch (e: ParseException) {
        println("处理 ParseException...")
        e.printStackTrace()
```

```
    }

    return null
}
```

上述代码第①行是声明了一个自定义异常，自定义异常一般需要提供两个构造方法，一个是代码第②行的无参数的构造方法，异常描述信息是空的；另一个是代码第③行的一个字符串参数的构造方法，异常描述信息是 message。

代码第④行 throw MyException()语句是抛出 MyException 异常，代码第⑤行是抛出 Throwable 异常。throw 显式抛出的异常与系统生成并抛出的异常，在处理方式上没有区别。

提供 Java 程序员的提示 Java 中一个函数要抛出异常，需要在函数后使用 throws 语句显式声明。而 Kotlin 中没有 throws 关键字，也不需要显式声明抛出异常。

本章小结

本章介绍了 Kotlin 异常处理机制，其中包括 Kotlin 异常类继承层次、捕获异常、释放资源、throw 与显式抛出异常。读者需要重点掌握捕获异常。

第 18 章

CHAPTER 18

线　　程

现在无论 PC（个人计算机）还是智能手机都支持多任务，都能够编写并发访问程序。多线程编程可以编写并发访问程序。本章介绍多线程编程。

18.1　基础知识

线程究竟是什么？在 Windows 操作系统出现之前，PC 上的操作系统都是单任务系统，只有在大型计算机上才有多任务和分时设计。随着 Windows、Linux 等操作系统的出现，原本大型计算机才具有的优点也被带到了 PC 系统中。

18.1.1　进程

可以在同一时间内执行多个程序的操作系统一般都有进程的概念。一个进程就是一个执行中的程序，而每一个进程都有自己独立的一块内存空间、一组系统资源。在进程的概念中，每一个进程的内部数据和状态都是完全独立的。在 Windows 操作系统下可以通过 Ctrl+Alt+Del 组合键查看进程，在 UNIX 和 Linux 操作系统下可以通过 ps 命令查看进程。打开 Windows 当前运行的进程，如图 18-1 所示。

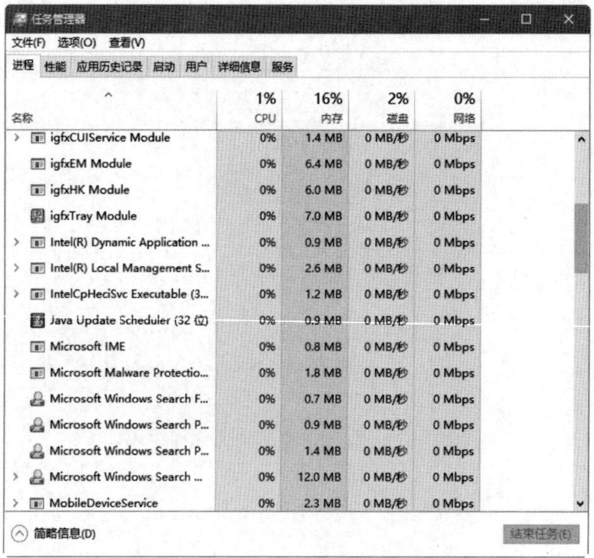

图 18-1　Windows 操作系统进程

在 Windows 操作系统中一个进程就是一个 exe 或者 dll 程序，它们相互独立，互相也可以通信，在 Android 操作系统中进程间的通信应用也很多。

18.1.2　线程

线程与进程相似，是一段完成某个特定功能的代码，是程序中单个顺序控制的流程；但与进程不同的是，同类的多个线程是共享一块内存空间和一组系统资源。所以系统在各个线程之间切换时，开销要比进程小得多，正因如此，线程被称为轻量级进程。一个进程中可以包含多个线程。

18.1.3　主线程

Kotlin 程序至少会有一个线程，这就是主线程，程序启动后由 Java 虚拟机创建主线程，程序结束时由 Java 虚拟机停止主线程。主线程负责管理子线程，即负责子线程的启动、挂起、停止等操作，图 18-2 所示是进程、主线程和子线程的关系。

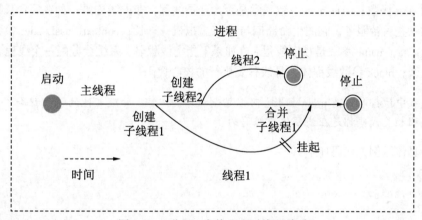

图 18-2　进程、主线程和子线程关系

获取主线程的示例代码如下：

```
//代码文件: com/zhijieketang/HelloWorld.kt
package com.zhijieketang

import java.lang.Thread.currentThread

fun main() {
    //获取主线程
    val mainThread =currentThread()                              ①
    println("主线程名: " + mainThread.name)                      ②
}
```

上述代码第①行的 currentThread() 函数获得当前线程，在 main 函数中当前线程就是主线程。currentThread 函数也可以表示成 Thread.currentThread()，这样就不需要 import java.lang.Thread.currentThread 语句了，Thread 是 Java 提供的线程类。代码第②行的 name 属性获得线程的名字，主线程名是 main，由 Java 虚拟机分配。

18.2 创建线程

在 Java 中线程类是 Thread，Kotlin 中的线程也使用了 Java 中的 Thread 类。Java 中创建一个线程比较麻烦，而 Kotlin 中非常简单，使用 thread 函数就可以。thread 函数定义如下：

```
fun thread(
    start: Boolean = true,
    isDaemon: Boolean = false,
    contextClassLoader: ClassLoader? = null,
    name: String? = null,
    priority: Int = -1,
    block: () -> Unit
): Thread
```

thread 函数返回类型是 Thread 类，函数中 start 参数表示是否创建完成线程马上启动，在 Java 中启动线程需要另外调用 start 函数；isDaemon 参数表示是否为守护线程，守护线程是一种在后台长期运行线程，守护线程主要提供一些后台服务，它的生命周期与 Java 虚拟机一样长；contextClassLoader 参数是类加载器，用来加载一些资源等；name 参数是指定线程名，如果不指定线程名，系统会分配一个线程名；priority 参数是设置线程优先级；block 参数线程体，是线程要执行的核心代码。

提示　主线程中执行入口是 main 函数，可以控制程序的流程，管理其他的子线程等。子线程执行入口是线程体，子线程相关代码都是在线程体中编写的。

下面看一个具体示例，代码如下：

```
//代码文件: com/zhijieketang/HelloWorld.kt
package com.zhijieketang

import java.lang.Math.random
import java.lang.Thread.currentThread
import java.lang.Thread.sleep
import kotlin.concurrent.thread                              ①

//编写执行线程代码
fun run() {                                                  ②
    for (i in 0..9) {
        //打印次数和线程的名字
        println("第${i}次执行 - ${currentThread().name}")       ③

        //随机生成休眠时间
        val sleepTime = (1000 * random()).toLong()           ④
        //线程休眠
        sleep(sleepTime)                                     ⑤

    }
    //线程执行结束
    println("执行完成! " + currentThread().name)
}
```

```
fun main() {
    //创建线程 1
    thread {                                                              ⑥
        run()
    }

    //创建线程 2
    thread(name = "MyThread") {                                          ⑦
        run()
    }
}
```

上述代码第①行引入 thread 函数，该函数来自于 kotlin.concurrent 包。代码第②行是声明一个自定义 run 函数，由于多个线程中需要执行相同代码，所以这里声明次函数，在函数中进行十次循环，每次让当前线程休眠一段时间。代码第③行是打印次数和线程的名字，currentThread 函数可以获得当前线程对象，name 是 Thread 类的属性，可以获得线程的名。代码第④行使用 random 函数计算随机数，来自于 Java 中的 Math 类。代码第⑤行 sleep(sleepTime)是在指定的毫秒数内让当前线程休眠，来自于 Thread 类。

代码第⑥行和第⑦行是使用 thread 函数创建两个线程，其中第⑦行创建的线程指定了线程名为 MyThread。

运行结果如下：

```
第 0 次执行 - Thread-0
第 0 次执行 - MyThread
第 1 次执行 - MyThread
第 1 次执行 - Thread-0
第 2 次执行 - MyThread
第 2 次执行 - Thread-0
第 3 次执行 - MyThread
第 3 次执行 - Thread-0
第 4 次执行 - MyThread
第 5 次执行 - MyThread
第 6 次执行 - MyThread
第 7 次执行 - MyThread
第 4 次执行 - Thread-0
第 8 次执行 - MyThread
第 5 次执行 - Thread-0
第 9 次执行 - MyThread
第 6 次执行 - Thread-0
执行完成！MyThread
第 7 次执行 - Thread-0
第 8 次执行 - Thread-0
第 9 次执行 - Thread-0
执行完成！Thread-0
```

18.3　线程状态

在线程的生命周期中，线程会有以下 5 种状态，如图 18-3 所示。

1. 新建状态

新建状态（New）是通过实例化 Thread 创建线程对象，它仅仅是一个空的线程对象。

2. 就绪状态

当主线程调用新建线程的 start()函数后，它就进入就绪状态（Runnable）。此时的线程尚未真正开始执行线程体，它必须等待 CPU 的调度。

3. 运行状态

CPU 调度就绪状态的线程，线程进入运行状态（Running），处于运行状态的线程独占 CPU，执行完成线程体。

4. 阻塞状态

因为某种原因运行状态的线程会进入不可运行状态，即阻塞状态（Blocked）。Java 虚拟机系统不能执行处于阻塞状态的线程，即使 CPU 空闲，也不能执行该线程。如下几个原因会导致线程进入阻塞状态：

（1）当前线程调用 sleep 函数，进入休眠状态。

（2）被其他线程调用了 join 函数，等待其他线程结束。

（3）发出 I/O 请求，等待 I/O 操作完成期间。

（4）当前线程调用 wait 函数。

处于阻塞状态的线程在多种情况下可以重新回到就绪状态，例如休眠结束、其他线程加入、I/O 操作完成和调用 notify 或 notifyAll 唤醒 wait 线程。

5. 死亡状态

线程执行完成线程体后，就会进入死亡状态（Dead）。线程进入死亡状态有可能是正常执行完成进入，也可能是由于发生异常进入。

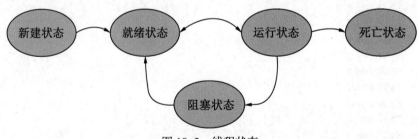

图 18-3　线程状态

18.4　线程管理

线程管理是学习线程的难点。

18.4.1　等待线程结束

在介绍线程状态时提到过 join 函数，当前线程调用 t1 线程的 join 函数，会阻塞当前线程等待 t1 线程结束，如果 t1 线程结束或等待超时，则当前线程回到就绪状态。

Thread 类提供了多个版本的 join 函数，它们定义如下：

（1）join()。等待该线程结束。

（2）join(millis : Long)。等待该线程结束的时间最长为 millis（毫秒）。如果超时为 0，意味着要一直等下去。

使用 join 函数示例代码如下：

```
//代码文件: com/zhijieketang/HelloWorld.kt
package com.zhijieketang


//共享变量
var value = 0                                                              ①

fun main() {

    println("主线程 main 函数开始...")
    //创建线程 t1
    val t1 = thread {                                                      ②
        println("子线程开始...")
        for (i in 0..1) {
            println("子线程执行...")
            value++                                                        ③
        }
        println("子线程结束...")
    }
    //主线程被阻塞，等待 t1 线程结束
    t1.join()                                                              ④
    println("value = $value")                                              ⑤
    println("主线程 main 函数结束...")
}
```

运行结果如下：

```
主线程 main 函数开始...
子线程开始...
子线程执行...
子线程执行...
子线程结束...
value = 2
主线程 main 函数结束...
```

上述代码第①行声明了一个共享变量 value，这个变量在子线程中修改，然后主线程访问它。代码第②行采用 thread 函数创建线程。代码第③行在子线程中修改共享变量 value。

代码第④行在当前线程（主线程）中调用 t1 的 join 函数，会导致主线程阻塞，等待 t1 线程结束后，从运行结果可以看出主线程被阻塞了。代码第⑤行打印共享变量 value 的值，从运行结果可见 value = 2。

如果尝试将 t1.join() 语句注释掉，输出结果如下：

```
主线程开始...
value = 0
主线程结束...
子线程开始...
子线程执行...
子线程执行...
子线程结束...
```

　　提示　使用 join 函数的场景是，一个线程依赖于另外一个线程的运行结果，所以调用另一个线程的 join 函数等它运行完成。

18.4.2　线程让步

　　线程类 Thread 还提供了一个 yield 函数，调用 yield 函数能够使当前线程给其他线程让步。它类似于 sleep 函数，能够使运行状态的线程放弃 CPU 使用权，暂停片刻，然后重新回到就绪状态。与 sleep 函数不同的是，sleep 函数是线程进行休眠，能够给其他线程运行的机会，无论线程优先级高低都有机会运行；而 yield 函数只给相同优先级或更高优先级的线程机会。

　　示例代码如下：

```kotlin
//代码文件: com/zhijieketang/HelloWorld.kt
package com.zhijieketang

import java.lang.Thread.currentThread
import java.lang.Thread.yield
import kotlin.concurrent.thread

//编写执行线程代码
fun run() {
    for (i in 0..9) {
        //打印次数和线程的名字
        println("第${i}次执行 - ${currentThread().name}")
        yield()                                                           ①
    }
    //线程执行结束
    println("执行完成！ " + currentThread().name)
}

fun main() {
    //创建线程1
    thread {
        run()
    }

    //创建线程2
    thread(name = "MyThread") {
        run()
    }
}
```

代码第①行的 yield 函数能够使当前线程让步。

　　提示　yield 函数只能给相同优先级或更高优先级的线程让步，yield 函数在实际开发中很少使用，大多使用 sleep 函数，sleep 函数可以控制时间，而 yield 函数不能。

18.4.3　线程停止

线程体结束，线程进入死亡状态，线程就停止了。但是有些业务比较复杂，例如想开发一个下载程序，每隔一段时间执行一次下载任务。下载任务一般会由子线程执行，休眠一段时间再执行。这个下载子线程中会有一个死循环，为了能够停止子线程，需要设置一个结束变量。

示例代码如下：

```kotlin
//代码文件：com/zhijieketang/HelloWorld.kt
package com.zhijieketang


import java.io.BufferedReader
import java.io.IOException
import java.io.InputStreamReader
import java.lang.Thread.sleep
import kotlin.concurrent.thread

var command = ""                                                    ①

fun main() {
    //创建线程 t1
    val t1 = thread {

        //一直循环，直到满足条件再停止线程
        while (command != "exit") {                                 ②
            //线程开始工作
            //TODO
            println("下载中...")
            //线程休眠
            Thread.sleep(10000)
        }
        //线程执行结束
        println("执行完成!")
    }

    command = readLine()!!   //接收从键盘输入的字符串            ③
}
```

上述代码第①行是设置一个结束变量。代码第②行是在子线程的线程体中判断用户输入的是否为 exit 字符串，如果不是则进行循环，是则结束循环，结束循环就结束了线程体，线程就停止了。

代码第③行 readLine 函数接收从键盘输入的字符串。测试时需要注意在控制台输入 exit，然后按 Enter 键，如图 18-4 所示。

给 Java 程序员的提示　readLine 函数底层调用 Java 标准输入流 System.in，能够从控制台（键盘）读取字符。

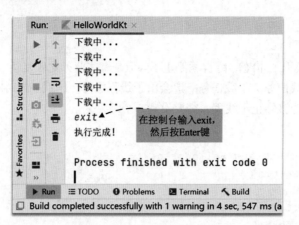

图 18-4　在控制台输入字符

提示　控制线程停止不要使用 Thread 提供的 stop 函数，这个函数已经不推荐使用了，这个函数有时会引发严重的系统故障，类似还有 suspend 和 resume 挂起函数。现在推荐的控制线程停止的做法是采用本示例的结束变量方式。

本章小结

本章介绍了 Kotlin 线程技术，首先介绍了线程的一些相关概念，然后介绍了创建线程、线程状态和线程管理等内容，其中创建线程和线程管理是学习的重点。

第 19 章

协　　程

第 18 章介绍了线程，本章介绍的协程与线程类似，它们都可以处理并发任务。很多语言中都支持协程，但 Java 没有协程支持，Kotlin 支持协程编程。

19.1　协程介绍

协程（Coroutines）是一种轻量级的线程，它提供了一种不阻塞线程，但是可以被挂起的计算过程。线程阻塞开销是巨大的，而协程挂起基本上没有开销。

在执行阻塞任务时，会将这种任务放到子线程中执行，执行完成再回调（callback）主线程，更新 UI 等操作，这就是异步编程。协程底层库也是异步处理阻塞任务，但是这些复杂的操作被底层库封装起来。协程代码的程序流是顺序的，不再需要一堆的回调函数，就像同步代码一样，也便于理解、调试和开发。

线程是抢占式的，线程调度是操作系统级的。而协程是协作式的，协程调度是用户级的，协程是用户空间线程，与操作系统无关，所以需要用户自己去做调度。

19.2　创建协程

本节介绍在 Kotlin 中如何编写协程程序。下面介绍 Kotlin 协程 API。

Kotlin 支持协程。协程主要有三个方面的支持：

（1）语言支持。Kotlin 语言本身提供一些对协程的支持，例如 Kotlin 中的 suspend 关键字可以声明一个挂起函数。

（2）底层 API。Kotlin 标准库中包含协程编程核心底层 API，来自 kotlin.coroutines.experimental 包，这些底层 API 虽然也可以编写协程代码，但是使用起来非常麻烦，笔者不推荐直接使用这些底层 API。

（3）高级 API。高级 API 使用起来很简单，但 Kotlin 标准库中没有高级 API，它来自 Kotlin 的扩展项目 kotlinx.coroutines 框架（https://github.com/Kotlin/kotlinx.coroutines），使用时需要额外配置项目依赖关系。kotlinx.coroutines 包名是 kotlinx.coroutines.experimental。

提示　底层 API 和高级 API 的包名中都有 experimental，这表明协程 API 目前还是实验性的，在未来有可能还会有一些变化。

19.3　创建 IntelliJ IDEA Gradle 项目

由于 kotlinx.coroutines 提供了高级 API，使用起来较标准库中底层 API 要简单得多。本书重点介绍使用 kotlinx.coroutines 实现协程编程。kotlinx.coroutines 不属于 Kotlin 标准库，需要额外配置项目依赖关系，因此需要创建 IntelliJ IDEA+Gradle 项目，项目创建完成后再打开 build.gradle 文件，添加依赖关系。

提示　Gradle 是一个基于 Apache Ant 和 Apache Maven 的项目自动化构建工具。它不是用传统的 XML 语言描述，而是使用一种基于 Groovy 的特定领域语言（DSL）来描述的。

创建 IntelliJ IDEA Gradle 项目具体过程如下。

首先创建项目，打开图 19-1 所示的选择项目类型对话框，选择 Gradle 中的 Kotlin/JVM。

图 19-1　选择 Kotlin/JVM 类型项目

在图 19-1 所示界面，单击 Next 按钮进入 Gradle 配置项目名对话框，在各个项目中输入相应内容，如图 19-2 所示。其中 GroupId 是公司或组织域名地址；ArtifactId 是项目名称，GroupId 可以省略，但是 ArtifactId 不能省略；Version 是该项目的版本号，用于项目版本管理。

在图 19-2 所示界面单击 Finish 按钮创建项目完成，如图 19-3 所示，其中项目下的/src/main 目录是源代码根目录，一般而言 main 下面的 java 目录放置 java 源代码文件，kotlin 目录放置 Kotlin 源代码文件，resource 目录放置资源文件（图片、声音和配置等文件）。

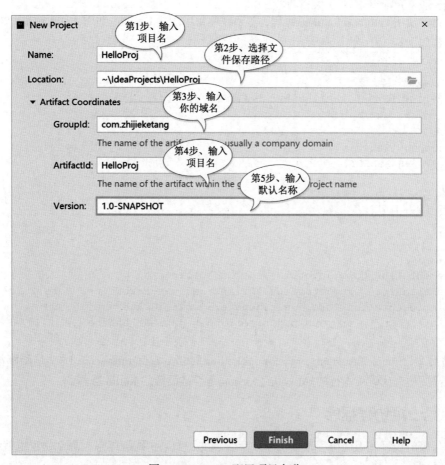

图 19-2　Gradle 配置项目名称

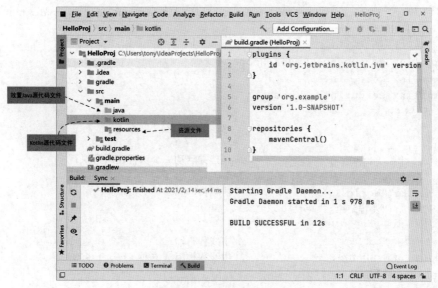

图 19-3　项目创建完成

提示　第一次创建 Gradle 项目可能会比较慢，这是因为 IDE 工具需要下载 Gradle 库到本地。

为了在项目中使用 kotlinx.coroutines 协程，需要在项目中配置 Gradle，打开 build.gradle 文件，添加依赖关系，具体内容如下：

```
plugins {
    id 'java'
    id 'org.jetbrains.kotlin.jvm' version '1.4.21'                     ①
}

group 'com.zhijieketang'
version '1.0-SNAPSHOT'

repositories {
    mavenCentral()
}

dependencies {
    implementation "org.jetbrains.kotlin:kotlin-stdlib"
    implementation 'org.jetbrains.kotlinx:kotlinx-coroutines-core:1.3.7    '    ②
    testImplementation 'org.junit.jupiter:junit-jupiter-api:5.6.0'
    testRuntimeOnly 'org.junit.jupiter:junit-jupiter-engine'
}
```

上述代码第②行 implementation 'org.jetbrains.kotlinx:kotlinx-coroutines-core:1.3.7'是刚刚添加的依赖关系。另外，还需要检查代码第①行的 ext.kotlin_version 是否是设置的 Kotlin 版本。

19.3.1　第一个协程程序

协程是轻量级的线程，因此协程也是由主线程管理的，如果主线程结束，那么协程也就结束了。下面看第一个协程示例：

```
//代码文件：/HelloProj/src/main/kotlin/com/zhijieketang/HelloWorld.kt
package com.zhijieketang

import kotlinx.coroutines.GlobalScope
import kotlinx.coroutines.delay
import kotlinx.coroutines.launch


fun main() {
    GlobalScope.launch {              //创建并启动一个协程在后台执行          ①
        delay(1000L)                  //非阻塞延迟 1 秒                    ②
        println("World! ")            //协程打印                         ③
        println("协程结束。")
    }
    println("Hello, ")                //主线程打印                        ④
    Thread.sleep(5000L)               //主线程被阻塞 5 秒                  ⑤
    println("主线程结束。")
}
```

运行结果如下：

```
Hello,
World!
协程结束。
主线程结束。
```

上述代码第①行 launch 函数创建并启动一个协程，类似于线程的 thread 函数。协程都是运行在一个范围内的（即生命周期），GlobalScope 范围表示该协程的生命周期是整个应用程序。

代码第②行是 delay 函数是挂起协程，类似于线程的 sleep 函数，但不同的是 delay 函数不会阻塞线程，而 sleep 函数会阻塞线程。代码第③行是在协程休眠 1 秒后打印输出。代码第④行是在主线程中打印输出。代码第⑤行主线程休眠 5 秒，但其他线程处于活动状态。

注意　读者需要注意示例运行时输出结果的执行顺序和时间。

19.3.2　launch 函数与 Job 对象

在 19.3.1 节示例中用到的 launch 函数的返回值是一个 Job 对象。Job 是协程要执行的任务，可以将 Job 对象看作协程本身，所有对协程的操作都是通过 Job 对象完成的。协程的状态和生命周期都是通过 Job 反映出来的。

提示　使用 kotlinx.coroutines 框架，开发人员不需要直接创建协程对象，而是使用 Job 对象。

Job 对象中常用的属性和函数如下：
- isActive 属性。判断 Job 是否处于活动状态。
- isCompleted 属性。判断 Job 是否处于完成状态。
- isCancelled 属性。判断 Job 是否处于取消状态。
- start 函数。开始 Job。
- cancel 函数。取消 Job。
- join 函数。是当前协程处于等待状态，直到 Job 完成。join 是一个挂起函数，只能在协程体中或其他的挂起函数中调用。

示例代码如下：

```kotlin
//代码文件: /HelloProj/src/main/kotlin/com/zhijieketang/HelloWorld.kt
package com.zhijieketang

import kotlinx.coroutines.GlobalScope
import kotlinx.coroutines.delay
import kotlinx.coroutines.launch
import java.lang.Thread.sleep

fun main() {
    val job = GlobalScope.launch {                              ①
        for (i in 0..9) {
            //打印协程执行次数
            println("协程执行第${i}次")
            delay(1000)
        }
        println("-协程执行结束。")
```

```
    }

    sleep(15000L)
    println("+主线程结束。")
    println(job.isCompleted) //true                                            ②
}
```

上述代码第①行调用 launch 函数创建并开始一个协程，返回 Job 对象赋值给 job 变量。代码第②行判断 job 是否处于完成状态，是则返回 true。

19.3.3 使用 runBlocking 函数

为了保持其他线程处于活动状态，19.3.1 和 19.3.2 小节中的示例中都使用了 sleep 函数。sleep 函数是线程提供的函数，在协程中最好不要使用，应该使用协程自己的 delay 函数，但 delay 是挂起函数，必须在协程体中或其他的挂起函数中使用。

修改 19.3.2 小节示例代码如下：

```
//代码文件：/HelloProj/src/main/kotlin/com/zhijieketang/HelloWorld.kt
package com.zhijieketang

import kotlinx.coroutines.GlobalScope
import kotlinx.coroutines.delay
import kotlinx.coroutines.launch
import kotlinx.coroutines.runBlocking

fun main() = runBlocking<Unit> {                                               ①
    val job = GlobalScope.launch {
        for (i in 0..9) {
            //打印协程执行次数
            println("协程执行第${i}次")
            delay(1000)
        }
        println("-协程执行结束。")
    }

    delay(15000L)                                                              ②
    println("+主线程结束。")
    println(job.isCompleted) //true
}
```

上述代码第①行将 main 代码放到 runBlocking 函数中，runBlocking 函数也是启动并创建一个协程，可以与顶层函数一起使用。代码第②行使用 delay 函数挂起主协程。

19.3.4 挂起函数

如果需要开发人员也可以编写挂起函数，其实很简单，就是在函数声明时使用 suspend 关键字，示例如下：

```
suspend fun run() {
    ...
}
```

注意 挂起函数只能在协程体中或其他的挂起函数中调用，不能在普通函数中调用，如下代码会发生编译错误。

```kotlin
fun main() {
    run()
}
```

挂起函数不仅可以是顶层函数，还可以是成员函数和抽象函数，子类重写挂起函数后它应该还是挂起的。示例代码如下：

```kotlin
abstract class SuperClass {
    suspend abstract fun run()
}

class SubClass : SuperClass() {
    override suspend fun run() {}
}
```

上述代码 SubClass 类实现了抽象类 SuperClass 的抽象挂起函数 run，重写后它还是挂起函数。

示例代码如下：

```kotlin
//代码文件: /HelloProj/src/main/kotlin/com/zhijieketang/HelloWorld.kt
package com.zhijieketang

import kotlinx.coroutines.delay
import kotlinx.coroutines.launch
import kotlinx.coroutines.runBlocking
import java.lang.Math.random

abstract class SuperClass {
    abstract suspend fun run()
}

class SubClass : SuperClass() {
    override suspend fun run() {}
}

suspend fun run(name: String) {                                    ①
    //启动一个协程
    for (i in 0..9) {
        //打印协程执行次数
        println("子协程${name}执行第${i}次")
        //随机生成挂起时间
        val sleepTime = (1000 * random()).toLong()
        //协程挂起
        delay(sleepTime)
    }
    println("子协程${name}执行结束。")
}

fun main() = runBlocking<Unit> {
    //启动一个协程1
```

```
        val job1 = launch() {                                    ②
            run("job1")                                          ③
        }
        //启动一个协程 2
        val job2 = launch {                                      ④
            run("job2")                                          ⑤
        }
        delay(10000L)                    //主协程挂起
        println("主协程结束。")
}
```

运行结果如下：

```
子协程 job1 执行第 0 次
子协程 job2 执行第 0 次
子协程 job1 执行第 1 次
子协程 job2 执行第 1 次
子协程 job1 执行第 2 次
子协程 job1 执行第 3 次
子协程 job1 执行第 4 次
子协程 job1 执行第 5 次
子协程 job2 执行第 2 次
子协程 job2 执行第 3 次
子协程 job1 执行第 6 次
子协程 job1 执行第 7 次
子协程 job2 执行第 4 次
子协程 job1 执行第 8 次
子协程 job2 执行第 5 次
子协程 job2 执行第 6 次
子协程 job1 执行第 9 次
子协程 job2 执行第 7 次
子协程 job1 执行结束。
子协程 job2 执行第 8 次
子协程 job2 执行第 9 次
子协程 job2 执行结束。
主协程结束。
```

上述代码第①行声明一个挂起函数，代码第②行和第③行创建并启动两个协程，在它们的协程体中分别调用 run 函数。

19.4　协程生命周期

协程的生命周期是通过 Job 的几种状态体现的，如图 19-4 所示。Job 协程有 6 种状态。下面分别介绍。
（1）新建状态。
新建状态主要是通过 launch 函数创建协程对象，它仅仅是一个空的协程对象。
（2）活动状态。
新建协程调用 start 函数后，就进入活动状态。launch 函数通过 start 参数设置是否启动协程。处于活动状态的协程会执行协程体。

（3）正在完成状态。

正在完成状态是一个瞬间过渡状态，从活动状态进入已完成状态时经历的中间状态。

（4）已完成状态。

协程成功执行完协程体，就会进入已完成状态，这是最终状态，说明这个协程已经停止。

（5）正在取消状态。

活动状态或正在完成状态时，如果调用了 cancel 函数则会进入已取消状态，在此之前要先进入正在取消状态，正在取消状态也是一个瞬间过渡状态。

（6）已取消状态。

在新建状态、活动状态或正在完成状态时，如果调用了 cancel 函数最终都会进入已取消状态，只是新建状态没有经历正在取消状态，而是直接进入已取消状态。已取消状态是最终状态，说明这个协程已经停止。

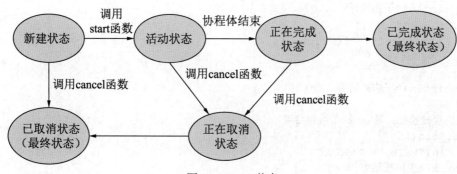

图 19-4　Job 状态

Job 状态可以通过 Job 的 isActive、isCompleted 和 isCancelled 属性判断得知。具体说明参见表 19-1。

表 19-1　判断Job状态

状　　态	isActive	isCompleted	isCancelled
新建状态	false	false	false
活动状态	true	false	false
正在完成状态	true	false	false
正在取消状态	false	false	true
已取消状态	false	true	true
已完成状态	false	true	false

19.5　管理协程

管理协程比管理线程简单得多，本节介绍几个管理协程的常用函数。

19.5.1　等待协程结束

前面提到过 join 函数，协程的 join 函数与线程的 join 函数类似。如果在当前协程中调用 job1 协程的 join 函数，则会阻塞当前协程，直到 job1 协程结束，当前协程才会继续运行。

示例代码如下：

```
//代码文件：/HelloProj/src/main/kotlin/com/zhijieketang/HelloWorld.kt
package com.zhijieketang
import kotlinx.coroutines.launch
import kotlinx.coroutines.runBlocking

//共享变量
var value = 0                                                    ①

fun main() = runBlocking<Unit> {

    println("主协程开始...")
    //创建协程 job1
    val job1 = launch {                                          ②
        println("子协程开始...")
        for (i in 0..1) {
            println("子协程执行...")
            value++                                              ③
        }
        println("子协程结束...")
    }
    //主协程被挂起，等待 job1 协程结束
    job1.join()                                                  ④
    println("value = $value")                                    ⑤
    println("主协程结束...")
}
```

运行结果如下：

```
主协程开始...
子协程开始...
子协程执行...
子协程执行...
子协程结束...
value = 2
主协程结束...
```

上述代码第①行是声明了一个共享变量 value，这个变量在子协程中修改，然后主协程访问它。代码第②行是创建并启动协程 job1。代码第③行是在子协程中修改共享变量 value。

代码第④行是在当前协程（主协程）中调用 job1 的 join 函数，因此会导致主协程挂起，等待 job1 协程结束，从运行结果可以看出主协程被挂起了。代码第⑤行是打印共享变量 value 的值，从运行结果可见 value = 2。

如果尝试将 job1.join()语句注释掉，输出结果如下：

```
主协程开始...
value = 0
主协程结束...
```

从运行结果看，如果一个主协程没有挂起，子协程根本没有机会运行，程序就直接结束了。

提示　使用 join 函数的场景是，一个协程依赖于另外一个协程的运行结果，所以调用另一个协程的 join
函数等待它运行完成。

19.5.2　超时设置

协程在挂起时有时需要设置超时限制，设置超时使用 withTimeout 函数。示例代码如下：

```kotlin
//代码文件：/HelloProj/src/main/kotlin/com/zhijieketang/HelloWorld.kt
package com.zhijieketang

import kotlinx.coroutines.delay
import kotlinx.coroutines.runBlocking
import kotlinx.coroutines.withTimeout

suspend fun run(name: String) {
    //启动一个协程
    for (i in 0..9) {
        //打印协程执行次数
        println("子协程${name}执行第${i}次")
        //随机生成挂起时间
        val sleepTime = (1000 * Math.random()).toLong()
        //协程挂起
        delay(sleepTime)
    }
    println("子协程${name}执行结束。")
}

fun main() = runBlocking<Unit> {
    //启动一个协程1
    withTimeout(2000L) {                                          ①
        run("job1")
    }
    println("主协程结束。")
}
```

执行结果如下：

```
子协程 job1 执行第 0 次
子协程 job1 执行第 1 次
子协程 job1 执行第 2 次
子协程 job1 执行第 3 次
子协程 job1 执行第 4 次
Exception in thread "main" kotlinx.coroutines.experimental.TimeoutCancellation
Exception: Timed out waiting for 1900 MILLISECONDS
    at kotlinx.coroutines.experimental.ScheduledKt.TimeoutCancellationException
(Scheduled.kt:158)
    at
...
```

上述代码第①行调用 withTimeout 函数，设置超时时间为 2 秒，超过 2 秒抛出异常，需要执行的协程体
放到 withTimeout{...}中，withTimeout 也会创建并启动一个协程，但它返回的不是 Job 对象。

19.5.3 取消协程

协程体结束，协程进入完成状态，协程就停止了。但是有些业务比较复杂，例如想开发一个下载程序，每隔一段时间执行一次下载任务，下载任务一般会由子协程执行，挂起一段时间再执行。这个下载子协程中会有一个死循环，为了能够停止子协程，可以调用 cancel 函数或 cancelAndJoin 函数取消协程。

示例代码如下：

```kotlin
//代码文件: /HelloProj/src/main/kotlin/com/zhijieketang/HelloWorld.kt
package com.zhijieketang

import kotlinx.coroutines.delay
import kotlinx.coroutines.launch
import kotlinx.coroutines.runBlocking

fun main() = runBlocking<Unit> {
    //创建协程
    val job = launch {
        //一直循环，直到满足条件再取消协程
        while (true) {                                              ①
            //协程开始工作
            // TODO
            println("下载中...")
            delay(10000L)
        }
    }

    val command = readLine()            //读取从键盘的字符串             ②
    if (command == "exit") {
        job.cancel()                    //取消协程                    ③
        job.join()                      //等待协程结束
        //job.cancelAndJoin()           //取消协程并等待协程 job 结束     ④
    }

}
```

上述代码第①行是设置 while 循环一直执行协程体，直到有程序取消它。代码第②行读取从键盘输入的字符串，如果输入的是 exit，则取消协程。代码第③行是取消协程，取消协程往往需要调用 join 函数等待 job 协程结束，否则可能会出现 job 还没有结束，主协程已经结束的情况。如果两个函数都调用也可以使用 cancelAndJoin 函数，见代码第④行。

本章小结

本章介绍了 Kotlin 协程技术，其中重点介绍了 kotlinx.coroutines 框架。读者需要掌握如何创建协程、协程生命周期和管理协程等内容，其中创建协程和管理协程是学习的重点。

第 20 章

Kotlin 与 Java 混合编程

Kotlin 毕竟还是一种新的语言，所以很多项目、组件和框架还是用 Java 开发的。目前 Kotlin 不能完全取代 Java，因此有时会使用 Kotlin 调用 Java 写好的组件或框架。Kotlin 在设计之初就充分地考虑了与 Java 的混合编程。本章介绍 Kotlin 与 Java 的混合编程。

20.1 数据类型映射

Kotlin 最终会编译为字节码在 Java 虚拟机上运行，它的一些数据类型会编译为 Java 中的数据类型。Kotlin 中的一些数据类型与 Java 的一些数据类型有一定的映射关系，例如 Java 基本数据类型、Java 包装类、Java 常用类和 Java 集合类型。

20.1.1 Java 基本数据类型与 Kotlin 数据类型映射

Java 基本数据类型与 Kotlin 数据类型映射如表 20-1 所示，其中这些 Kotlin 数据类型都是基本数据类型，位于 Kotlin 包中。

表 20-1 Java基本数据类型与Kotlin数据类型映射

Java类型	Kotlin类型
byte	kotlin.Byte
short	kotlin.Short
int	kotlin.Int
long	kotlin.Long
char	kotlin.Char
float	kotlin.Float
double	kotlin.Double
boolean	kotlin.Boolean

20.1.2 Java 包装类与 Kotlin 数据类型映射

Java 包装类是对 Java 基本数据类型的包装，Java 包装类可以有空值，所以映射到 Kotlin 数据类型时是可空类型，如表 20-2 所示。

表 20-2　Java包装类与Kotlin数据类型映射

Java类型	Kotlin类型
java.lang.Byte	kotlin.Byte?
java.lang.Short	kotlin.Short?
java.lang.Integer	kotlin.Int?
java.lang.Long	kotlin.Long?
java.lang.Character	kotlin.Char?
java.lang.Float	kotlin.Float?
java.lang.Double	kotlin.Double?
java.lang.Boolean	kotlin.Boolean?

20.1.3　Java 常用类与 Kotlin 数据类型映射

Java 常用类是位于 java.lang 中的一些核心类，它们映射到 Kotlin 数据类型时是非空或可空类型，如表 20-3 所示。

提示　Kotlin 把 Java 中定义的数据类型称为"平台类型"，Kotlin 语法中并没有平台类型的表示方式，但是在 IntelliJ IDEA 等 IDE 工具或一些文档中采用"数据类型!"方式表示，如表 20-3 中的 kotlin.Any!。

表 20-3　Java常用类与Kotlin数据类型映射

Java类型	Kotlin类型
java.lang.Object	kotlin.Any!
java.lang.Cloneable	kotlin.Cloneable!
java.lang.Comparable	kotlin.Comparable!
java.lang.Enum	kotlin.Enum!
java.lang.Annotation	kotlin.Annotation!
java.lang.Number	kotlin.Number!
java.lang.Deprecated	kotlin.Deprecated!
java.lang.Throwable	kotlin.Throwable!
java.lang.CharSequence	kotlin.CharSequence!
java.lang.String	kotlin.String!

20.1.4　Java 集合类型与 Kotlin 数据类型映射

Java 集合类型映射到 Kotlin 的数据类型如表 20-4 所示。从表 20-4 可见，Java 的集合不区分可变和不可变，而 Kotlin 中有这样的区别。在表 20-4 中还有一种平台类型，在混合编程时 Kotlin 将它们看作可空或非空，所以平台类型 (Mutable)Iterator<T>! 表示的是 Iterator<T>、Iterator<T>?、MutableIterator<T> 和 MutableIterator<T>?四种可能性。

表 20-4　Java集合类型与Kotlin数据类型映射

Java类型	Kotlin不可变类型	Kotlin可变类型	平 台 类 型
Iterator\<T>	Iterator\<T>	MutableIterator\<T>	(Mutable)Iterator\<T>!
Iterable\<T>	Iterable\<T>	MutableIterable\<T>	(Mutable)Iterable\<T>!
Collection\<T>	Collection\<T>	MutableCollection\<T>	(Mutable)Collection\<T>!
Set\<T>	Set\<T>	MutableSet\<T>	(Mutable)Set\<T>!
List\<T>	List\<T>	MutableList\<T>	(Mutable)List\<T>!
ListIterator\<T>	ListIterator\<T>	MutableListIterator\<T>	(Mutable)ListIterator\<T>!
Map\<K, V>	Map\<K, V>	MutableMap\<K, V>	(Mutable)Map\<K, V>!
Map.Entry\<K, V>	Map.Entry\<K, V>	MutableMap.MutableEntry\<K,V>	(Mutable)Map.(Mutable)Entry\<K, V>!

20.2　Kotlin 调用 Java

混合编程包含了两个方面：Kotlin 调用 Java 和 Java 调用 Kotlin，本节先介绍 Kotlin 调用 Java。事实上 Kotlin 调用 Java 非常简单，因为 Kotlin 是主动的，Java 是被动的，Kotlin 在设计之初就充分地考虑到 Kotlin 主动调用 Java 的各种情况。

下面从几个方面分别介绍。

20.2.1　避免 Kotlin 关键字

或许 Java 程序员在给 Java 标识符命名时并没有考虑到哪些是 Kotlin 的关键字。但在 Kotlin 中调用这样的 Java 代码时，则需要将这些关键字用反引号括起来。例如 Java 标准输入流 System.in，如果在 Kotlin 中调用则需要表示为 System.`in`。

示例代码如下：

```java
//Java 代码文件：HelloProj/src/main/java/com/zhijieketang/MyJavaClass.java
package com.zhijieketang;

public class MyJavaClass {
    public static MyJavaClass  object = new MyJavaClass();          ①

    @Override
    public String toString() {
        return "MyJavaClass{}";
    }
}
```

```kotlin
//Kotlin 代码文件： HelloProj/src/main/kotlin/com/zhijieketang/HelloWorld.kt

package com.zhijieketang
fun main() {
    val obj = MyJavaClass.`object`                                 ②
    println(obj)
}
```

在 Java 代码中使用 object 命名变量，见代码第①行，那么在 Kotlin 中调用它时需要使用反引号括起来，见代码第②行。

注意 由于项目中有 Java 和 Kotlin 源代码文件，需注意他们保存的位置，即 Java 源代码文件保存在 Java 目录，Kotlin 源代码文件保存在 Kotlin 目录，如图 20-1 所示。

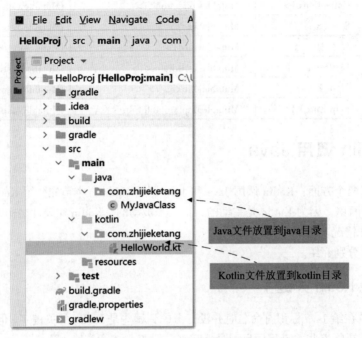

图 20-1 源文件保存位置

20.2.2 平台类型与空值

在 20.1 节介绍类型映射时介绍了过程平台类型，这些类型在 Java 中声明了一个变量或返回的数据，可能为空，也可能为非空。Kotlin 在调用它们时会放弃类型检查。

示例代码如下：

```
//Java 代码文件：HelloProj/src/main/java/com/zhijieketang/Person.java

package com.zhijieketang;

import java.util.Date;

public class Person {
    //名字
    private String name = "Tony";
    //年龄
    private int age = 18;
    //出生日期
    private Date birthDate;                                    ①
```

```
    public int getAge() {
        return age;
    }

    public void setAge(int age) {
        this.age = age;
    }

    public Date getBirthDate() {
        return birthDate;
    }

    public void setBirthDate(Date birthDate) {
        this.birthDate = birthDate;
    }

    public String getName() {
        return name;
    }

    public void setName(String name) {
        this.name = name;
    }
}
//Kotlin 代码文件：HelloProj/src/main/java/com/zhijieketang/HelloWorld.kt

package com.zhijieketang


import java.util.*

fun main() {
    val person = Person()
    val date = person.birthDate
    println("date = $date")              //null                              ②
    val date1: Date? = person.birthDate                                      ③
    println("date1 = $date1")            //null
    val date2: Date = person.birthDate   //抛出异常                           ④
    println("date2 = $date2")
}
```

上述代码编写了一个 Java 类 Person，它的 birthDate 字段没有初始化，所以为空值，见代码第①行。在 Kotlin 中通过属性访问 Java 中的 setter 或 getter 函数，代码第②行读取 birthDate 属性赋值给变量 date，此时 date 的类型是由编译器自动推导出来的，它可以接收空值。但是如果明确指定返回值类型，可以使用 Date? 或 Date，见代码第③行和第④行。由于 Date? 是可空类型，date1 可以接收空值，而 date2 是非空类型，不能接收空值，因此代码第④行会发生异常。

```
Exception in thread "main" java.lang.IllegalStateException: person.birthDate must not
be null
```

平台类型采用自动推导可以保证空值的安全。

20.2.3 异常检查

Kotlin 和 Java 在异常检查上有很大的不同，Java 有受检查异常，而 Kotlin 中没有受检查异常。那么当 Kotlin 调用 Java 中的一个函数时，这个函数声明抛出异常，Kotlin 会如何处理呢？

示例代码如下：

```kotlin
//Kotlin 代码文件：HelloProj/src/main/kotlin/com/zhijieketang/HelloWorld.kt
package com.zhijieketang

import java.io.BufferedReader
import java.io.IOException
import java.io.InputStreamReader

fun main() {

    try {
        InputStreamReader(System.`in`).use { ir ->        ①
            BufferedReader(ir).use { reader ->            ②
                //从键盘接收了一个字符串的输入
                val command = reader.readLine()           ③
                println(command)
            }
        }
    } catch (e: IOException) {
        e.printStackTrace()
    }
}
```

代码第①行～第③行是通过 Java 标准输入流从键盘读取字符串，相当于 Kotlin 中的 readLine 函数。这里创建了两个输入流代码，见代码第①行和第②行。一个读取数据的函数，见代码第③行，它们都会抛出 IOException 异常。IOException 在 Java 中是受检查异常，必须要进行捕获或抛出处理，而在 Kotlin 中不用必须捕获。

20.2.4 调用 Java 函数式接口

Java 函数式接口中只有一个抽象函数的接口，简称 SAM（ Single Abstract Method ），在 Kotlin 中调用 Java 函数式接口非常简洁，形式是 "接口名{...}"。

示例代码如下：

```java
//Java 代码文件：HelloProj/src/main/java/com/zhijieketang/Calculable.java

package com.zhijieketang;


//可计算接口
@FunctionalInterface
```

```
public interface Calculable {                                              ①
    // 计算两个 int 数值
    int calculateInt(int a, int b);
}
```

//Kotlin 代码文件: HelloProj/src/main/kotlin/com/zhijieketang/HelloWorld.kt

```
package com.zhijieketang

fun main() {

    val n1 = 10
    val n2 = 5

    //实现加法计算 Calculable 对象
    val f1 = Calculable { a, b -> a + b }                                   ②
    //实现减法计算 Calculable 对象
    val f2 = Calculable { a, b -> a - b }                                   ③

    //调用 calculateInt 函数进行加法计算
    println("$n1 + $n2 = ${f1.calculateInt(n1, n2)}")                       ④
    //调用 calculateInt 函数进行减法计算
    println("$n1 - $n2 = ${f2.calculateInt(n1, n2)}")                       ⑤

}
```

上述代码第①行是声明一个函数式接口 Calculable，它只有一个抽象函数 calculateInt。代码第②行和第③行是在 Kotlin 中实现 Calculable 接口，并实例化它，其中的 Lambda 表达式{ a, b –> a + b }和{ a, b –> a – b }是对抽象函数 calculateInt 的实现。代码第④行和第⑤行是调用函数 calculateInt。

20.3　Java 调用 Kotlin

Java 调用 Kotlin 要比 Kotlin 调用 Java 麻烦一些，但还是比较容易实现的。下面从几个方面分别介绍。

20.3.1　访问 Kotlin 属性

Kotlin 的一个属性对应 Java 中的一个私有字段、一个 setter 函数和一个 getter 函数，如果是只读属性则没有 setter 函数。Java 访问 Kotlin 的属性是通过 getter 函数和 setter 函数。

示例代码如下：

//Kotlin 代码文件: HelloProj/src/main/kotlin/com/zhijieketang/User.kt
```
package com.zhijieketang
```

```
data class User(var name: String, var password: String)                    ①
```

//Java 代码文件: HelloProj/src/main/java/com/zhijieketang/HelloWorld.java
```
package com.zhijieketang;
```

```
public class HelloWorld {

    public static void main(String[] args) {
        User user = new User("Tom", "12345");                    ②
        System.out.println(user.getName());        //Tom         ③
        user.setPassword("54320");                               ④
        System.out.println(user.getPassword()); //54320         ⑤
    }
}
```

上述代码第①行是声明 Kotlin 数据类，其中有两个属性，var 声明的属性会生成 setter 函数和 getter 函数，如果 val 声明的属性是只读的，只生成 getter 函数。

代码第②行是实例化 User 对象，代码第③行是读取 name 属性，代码第④行是为属性 password 赋值，代码第⑤行是读取 password 属性。

20.3.2 访问包级别成员

在同一个 Kotlin 文件中，那些顶层属性和函数（包括顶层扩展属性和函数）都不隶属于某个类，但它们隶属于该 Kotlin 文件中定义的包。在 Java 中访问它们时，把它们当成静态成员。

示例代码如下：

```
//代码文件: HelloProj/src/main/kotlin/com/zhijieketang/HelloWorld.kt        ①
@file:JvmName("PackageLevelDemo")                                           ②

package com.zhijieketang;

//顶层函数
fun rectangleArea(width: Double, height: Double): Double {                  ③
    val area = width * height
    return area
}

//顶层属性
val area = 100.0                                                            ④

//Java 代码文件: HelloProj/src/main/java/com/zhijieketang/HelloWorld.java


package com.zhijieketang;

public class HelloWorld {
    public static void main(String[] args) {
        //访问顶层函数
        Double area = PackageLevelDemo.rectangleArea(320.0, 480.0);         ⑤
        System.out.println(area);
        //访问顶层属性
        System.out.println(PackageLevelDemo.getArea());                     ⑥
    }
}
```

上述代码第①行～第④行是一个 Kotlin 源代码文件，代码第③行声明了一个顶层函数，代码第④行是声明顶层属性。

提示　在 Kotlin 源文件中可以使用@JvmName 注解，指定编译之后的文件名。见代码第②行的@file:JvmName("PackageLevelDemo")注解指定编译之后的文件名为 PackageLevelDemo，则在 Java 中使用 PackageLevelDemo 类名，代码第⑤行和第⑥行是访问顶层函数和属性。

20.3.3　实例字段、静态字段和静态函数

Java 语言中所有的变量和函数都被封装到一个类中，类中包括实例函数、实例字段、静态字段和静态函数。Java 实例函数就是 Kotlin 类中声明的函数，而 Java 中的实例字段、静态字段和静态函数，Kotlin 也是支持的。

注意　Java 中的字段在很多资料中被翻译为成员变量，而 Java 中的函数在很多资料中被翻译为方法，为了与 Kotlin 中的相关概念翻译相同，本书将 Java 中的成员变量翻译为字段，Java 中的方法翻译为函数。

1. 实例字段

如果需要以 Java 实例字段形式（即实例名.字段名）访问 Kotlin 中的属性，则需要在该属性前加@JvmField 注解，表明该属性被当作 Java 中的字段使用，可见性相同。另外，延迟初始化（lateinit）属性在 Java 中被当作字段使用，可见性相同。

示例代码如下：

```
//Kotlin 代码文件: HelloProj/src/main/kotlin/com/zhijieketang/Person.kt

import java.util.*

class Person {
    //名字
    @JvmField
    var name = "Tony"                                             ①
    //年龄
    var age = 18
    //出生日期
    lateinit var birthDate: Date                                  ②
}

//Java 代码文件: HelloProj/src/main/java/com/zhijieketang/HelloWorld.java
package com.zhijieketang;


public class HelloWorld {
    public static void main(String[] args) {
        Person p = new Person();
        System.out.println(p.name);          //Tony              ③
        System.out.println(p.birthDate);     //null              ④
    }
}
```

上述代码第①行使用@JvmField 注解声明 name 属性，代码第②行声明延迟属性 birthDate。代码第③行和代码第④行访问字段。

2. 静态字段

如果需要以 Java 静态字段形式（即类名.字段名）访问 Kotlin 中的属性，可以有两种实现方式：

（1）属性声明为顶层属性，Java 中将所有的顶层成员（属性和函数）都认为是静态的，具体访问方式在 20.3.2 节已经介绍了，这里不再赘述。

（2）在 Kotlin 的声明对象和伴生对象中定义属性，这些属性需要使用@JvmField 注解、lateinit 或 const 来修饰。

示例代码如下：

```
//Kotlin 代码文件: HelloProj/src/main/kotlin/com/zhijieketang/ch20.3.3.kt
@file:JvmName("StaticFieldDemo")                                           ①

package com.a51work6.section3.s3

import java.util.*

object Singleton {                            //Singleton 声明对象
    @JvmField                                                              ②
    val x = 10

    lateinit var birthDate: Date                                          ③
}

class Account {                               //Account 伴生对象
    companion object {
        const val interestRate = 0.018                                    ④
    }
}

const val MAX_COUNT = 500                                                  ⑤

//Java 代码文件: HelloProj/src/main/java/com/zhijieketang/HelloWorld.java
...
//访问静态字段
System.out.println(Singleton.x);              //10                        ⑥
Singleton.birthDate = new Date();
System.out.println(Account.interestRate);     //0.018
System.out.println(StaticFieldDemo.MAX_COUNT); //500                      ⑦
```

上述代码第①行设置生成之后的文件名为 StaticFieldDemo。代码第②行@JvmField 注解 Singleton 对象的 x 属性。代码第③行声明延迟属性 birthDate。代码第④行声明伴生对象的 interestRate 属性是 const 常量类型。代码第⑤行声明顶层常量 MAX_COUNT。

代码第⑥行～第⑦行在 Java 中访问静态字段。

3. 静态函数

如果需要以 Java 静态函数形式（即类名.函数名）访问 Kotlin 中的函数，可以有两种实现方式：

（1）函数声明为顶层函数，这种访问方式在 20.3.2 小节已经介绍了，这里不再赘述。

（2）在 Kotlin 的声明对象和伴生对象中定义函数，这些函数需要使用@JvmStatic 来修饰。

示例代码如下：

```
//Kotlin 代码文件: HelloProj/src/main/kotlin/com/zhijieketang/ch20.3.3.kt
@file:JvmName("StaticFieldDemo")

package com.a51work6.section3.s3

import java.util.*

object Singleton {                      //Singleton 声明对象
    @JvmField
    val x = 10
    lateinit var birthDate: Date

    @JvmStatic
    fun displayX() {                                                        ①
        println(x)
    }
}

class Account {
    companion object {                  //Account 伴生对象
        const val interestRate = 0.018
        @JvmStatic                                                          ②
        fun interestBy(amt: Double): Double {
            return interestRate * amt
        }
    }
}

const val MAX_COUNT = 500

//Java 代码文件: HelloProj/src/main/java/com/zhijieketang/HelloWorld.java
...
//访问静态函数
Singleton.displayX();                                                       ③
Account.interestBy(5000);                                                   ④
```

上述代码第①行@JvmStatic 注解 Singleton 对象中的 displayX 函数，代码第②行@JvmStatic 注解伴生对象中的 interestBy 函数。代码第③行和第④行调用静态函数。

20.3.4　可见性

Java 和 Kotlin 都有 4 种可见性，但是除了 public 可完全兼容外，其他的可见性都是有所区别的。为了便于比较，首先介绍一下 Java 可见性。Java 可见性有私有、包私有、保护和公有 4 种。具体规则如表 20-5 所示。

表 20-5　Java类成员的可见性

可　见　性	同　一　个　类	同　一　个　包	不同包的子类	不同包非子类
私有	Yes			
包私有（默认）	Yes	Yes		
保护	Yes	Yes	Yes	
公有	Yes	Yes	Yes	Yes

将表 20-5 与 Kotlin 可见性修饰符使用规则表（见表 11-1）对照，可知 Kotlin 中没有默认包私有可见性，而 Java 中没有内部可见性。详细的解释说明如下。

1. Kotlin私有可见性

由于 Kotlin 私有可见性既可以声明类中成员，也可以声明顶层成员，那么映射到 Java 分为两种情况：

（1）Kotlin 类中私有成员映射为 Java 类中私有实例成员；

（2）Kotlin 中私有顶层成员映射为 Java 中私有静态成员。

2. Kotlin内部可见性

由于 Java 中没有内部可见性，那么 Kotlin 内部可见性映射为 Java 公有可见性。

3. Kotlin保护可见性

Kotlin 保护可见性映射为 Java 保护可见性。

4. Kotlin公有可见性

Kotlin 公有可见性映射为 Java 公有可见性。

下面通过示例介绍，被调用的 Kotlin 源代码文件 Employee.kt 如下：

```
//代码文件: chapter20/src/main/kotlin/com/a51work6/section3/s4/Employee.kt
package com.a51work6.section3.s4

//员工类
internal class Employee {
    internal var no: Int = 10                    // 内部可见性 Java 端可见
    protected var job: String? = null            // 保护可见性 Java 端子类继承可见

    private var salary: Double = 0.0             // 私有可见性 Java 端不可见
        set(value) {
            if (value >= 0.0) field = value
        }
    lateinit var dept: Department                // 公有可见性 Java 端可见
}

//部门类, open 可以被继承
open class Department {
    protected var no: Int = 0                    // 保护可见性 Java 端子类继承可见
    var name: String = ""                        // 公有可见性 Java 端可见
}

internal const val MAX_COUNT = 500               // 内部可见性 Java 端可见
private const val MIN_COUNT = 0                  // 私有可见性 Java 端不可见
```

调用的 Java 源代码文件:

```
//Java 代码文件: HelloProj/src/main/java/com/zhijieketang/HelloWorld.java
package com.zhijieketang;


public class HelloWorld {

    public static void main(String[] args) {

        Employee emp = new Employee();
        //访问 Kotlin 中内部可见性的 Employee 成员属性 no
        int no = emp.getNo$HelloProj();                              ①

        Department dept = new Department();
        //访问 Kotlin 中公有可见性的 Department 成员属性 name
        dept.setName("市场部");                                       ②

        //访问 Kotlin 中公有可见性的 Employee 中成员属性 dept
        emp.setDept(dept);                                           ③
        System.out.println(emp.getDept());

        //访问 Kotlin 中内部可见性的顶层属性 MAX_COUNT
        System.out.println(EmployeeKt.MAX_COUNT);                    ④
    }
}

class SubDepartment extends Department {                             ⑤
    void display() {
        //继承 Kotlin 中 Department 类保护可见性的成员属性 no
        System.out.println(this.getNo());                           ⑥
        //继承 Kotlin 中 Department 类公有可见性的成员属性 name
        System.out.println(this.getName());                         ⑦
    }
}
```

上述代码第①行是访问 Kotlin 中内部可见性的 Employee 成员属性 no, Java 把它映射成为公有的, 但是它的函数名不是 getNo, 而是 getNo$HelloProj(), 其中"HelloProj"是当前工程名。

公有可见性的成员可以访问, 见代码第②行和代码第③行。内部可见性的顶层成员也可以访问, 见代码第④行。

代码第⑤行声明一个类 SubDepartment, 它继承了来自于 Kotlin 的父类 Department。代码第⑥行访问从父类继承下来的 no 属性。代码第⑦行访问从父类继承下来的 name 属性。

20.3.5　生成重载函数

Kotlin 的函数参数可以设置默认值, 看起来像多个函数重载一样。但 Java 中并不支持参数默认值, 只支持全部参数函数。为了解决这个问题, 可以在 Kotlin 函数前使用@JvmOverloads 注解, Kotlin 编译器会生成多个重载函数。@JvmOverloads 注解的函数可以是构造函数、成员函数和顶层函数, 但不能是抽象函数。

示例代码如下：

```
//Java 代码文件: HelloProj/src/main/java/com/zhijieketang/HelloWorld.java
package com.zhijieketang;

class Animal @JvmOverloads constructor(val age: Int,
                                       val sex: Boolean = false)            ①

class DisplayOverloading {
    @JvmOverloads
    fun display(c: Char, num: Int = 1) {                                    ②
        println(c + " " + num)
    }
}

@JvmOverloads
fun makeCoffee(type: String = "卡布奇诺"): String {                        ③
    return "制作一杯${type}咖啡。"
}


//Java 代码文件: HelloProj/src/main/java/com/zhijieketang/HelloWorld.java
package com.zhijieketang;
public class HelloWorld {
    public static void main(String[] args) {
        Animal animal1 = new Animal(10, true);                             ④
        Animal animal2 = new Animal(10);                                   ⑤

        DisplayOverloading dis1 = new DisplayOverloading();
        dis1.display('A');                                                 ⑥
        dis1.display('B', 20);                                             ⑦

        AnimalKt.makeCoffee();                                             ⑧
        AnimalKt.makeCoffee("摩卡咖啡");                                    ⑨

    }
}
```

上述代码第①行声明了一个 Animal 类，它有一个主构造函数代码默认参数，主构造函数前添加 @JvmOverloads 注解，它会生成两个 Java 重载构造函数，见 Java 代码第④行和第⑤行。

代码第②行是声明了成员函数，它有默认参数，函数前也添加了@JvmOverloads 注解，它会生成两个 Java 重载函数，见 Java 代码第⑥行和第⑦行。

代码第③行是声明了顶层函数，它也有默认参数，函数前也添加了@JvmOverloads 注解。它会生成两个 Java 静态重载函数，见 Java 代码第⑧行和第⑨行。

20.3.6 异常检查

Kotlin 中没有受检查异常，在函数后面也不会有抛出异常声明。如果有如下 Kotlin 代码：

```
//代码文件: HelloProj/src/main/kotlin/com/zhijieketang/ExceptionDemo.kt
package com.zhijieketang;
...
// 解析日期
fun readDate(): Date? {
    val str = "201A-18-18"                          //非法格式日期
    val df = SimpleDateFormat("yyyy-MM-dd")         //抛出异常                              ①
    // 从字符串中解析日期
    return df.parse(str)
}
```

则上述代码第①行会抛出 ParseException 异常，这是因为解析的字符串不是一个合法的日期。在 Java 中 ParseException 是受检查异常，如果在 Java 中调用 readDate 函数，由于 readDate 函数没有声明抛出 ParseException 异常，编译器不会检查要求 Java 程序捕获异常处理。Java 调用代码如下:

```
//Java 代码文件: HelloProj/src/main/java/com/zhijieketang/HelloWorld.java
package com.zhijieketang;

import java.text.ParseException;

import static com.zhijieketang.ExceptionDemoKt.readDate;

public class Ch20_3_6 {
    public static void main(String[] args) {
        ExceptionDemoKt.readDate();
    }
}
```

这样处理异常不符合 Java 的习惯，为此可以在 Kotlin 的函数前加上@Throws 注解，修改 Kotlin 代码如下:

```
//代码文件: HelloProj/src/main/kotlin/com/zhijieketang/ExceptionDemo.kt
package com.zhijieketang;
...
// 解析日期
@Throws(ParseException::class)
fun readDate(): Date? {
    val str = "201A-18-18"                          //非法格式日期
    val df = SimpleDateFormat("yyyy-MM-dd")
    // 从字符串中解析日期
    return df.parse(str)
}
```

注意在 readDate 函数前添加注解@Throws(ParseException::class)，其中 ParseException 是需要处理的异常类。

那么 Java 代码可以修改为如下捕获异常形式:

```
public class HelloWorld {
    public static void main(String[] args) {
        try {
            ExceptionDemoKt.readDate();
        } catch (ParseException e) {
```

```
                e.printStackTrace();
        }
    }
}
```

当然，在 Java 中除了使用 try-catch 捕获异常，还可以声明抛出异常。

本章小结

通过对本章内容的学习，读者可以了解到 Kotlin 与 Java 的混合编程，其中包括数据类型映射、Kotlin 调用 Java 和 Java 调用 Kotlin。

<table>
<tr><td>

第 21 章

CHAPTER 21

</td><td>

Kotlin I/O 与文件管理

</td></tr>
</table>

Kotlin I/O（输入与输出）基于 Java I/O 流技术，但是 Java I/O 流技术使用起来比较烦琐，Kotlin 提供了很多扩展，使代码变得简洁。本章介绍了 Kotlin I/O 流和文件管理的相关知识。

21.1 Java I/O 流技术概述

Kotlin I/O 流技术主要来自 Java I/O 流技术，因此有必要先介绍一下 Java I/O 流技术。Java 将数据的输入和输出操作当作"流"来处理，"流"是一组有序的数据序列。"流"分为两种形式：输入流和输出流。从数据源中读取数据是输入流，将数据写入目的地是输出流。

提示　以 CPU 为中心，从外部设备读取数据到内存，进而再读入 CPU，这是输入（Input，缩写 I）的过程；将内存中的数据写入外部设备，这是输出（Output，缩写 O）的过程。所以输入与输出简称为 I/O。

21.1.1 Java 流设计理念

如图 21-1 所示，数据输入的数据源有多种形式，如文件、网络和键盘等。键盘是默认的标准输入设备。而数据输出的目的地也有多种形式，如文件、网络和控制台。控制台是默认的标准输出设备。

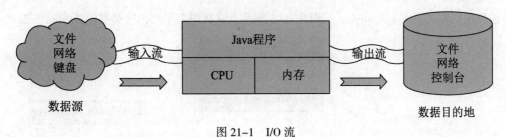

图 21-1　I/O 流

所有的输入形式都抽象为输入流，所有的输出形式都抽象为输出流，它们与设备无关。

21.1.2 Java 流类继承层次

以字节为单位的流称为字节流，以字符为单位的流称为字符流。Java 提供 4 个顶层抽象类，两个字节流抽象类：InputStream 和 OutputStream；两个字符流抽象类：Reader 和 Writer。

1. 字节输入流

字节输入流的根类是 InputStream，如图 21-2 所示。它有很多子类，这些类的说明如表 21-1 所示。

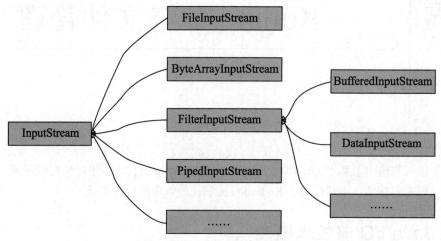

图 21-2　字节输入流类继承层次

表 21-1　主要的字节输入流

类	描　　述
FileInputStream	文件输入流
ByteArrayInputStream	面向字节数组的输入流
PipedInputStream	管道输入流，用于两个线程之间的数据传递
FilterInputStream	过滤输入流，是一个装饰器扩展其他输入流
BufferedInputStream	缓冲区输入流，是 FilterInputStream 的子类
DataInputStream	面向基本数据类型的输入流

2. 字节输出流

字节输出流的根类是 OutputStream，如图 21-3 所示，它有很多子类，这些类的说明如表 21-2 所示。

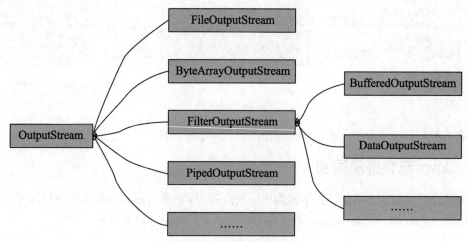

图 21-3　字节输出流类继承层次

表 21-2　主要的字节输出流

类	描　　述
FileOutputStream	文件输出流
ByteArrayOutputStream	面向字节数组的输出流
PipedOutputStream	管道输出流，用于两个线程之间的数据传递
FilterOutputStream	过滤输出流，是一个装饰器扩展其他输出流
BufferedOutputStream	缓冲区输出流，是FilterOutputStream的子类
DataOutputStream	面向基本数据类型的输出流

3. 字符输入流

字符输入流的根类是 Reader，这类流以 16 位的 Unicode 编码表示的字符为基本处理单位。如图 21-4 所示，它有很多子类，这些类的说明如表 21-3 所示。

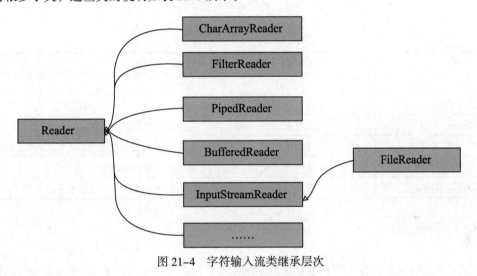

图 21-4　字符输入流类继承层次

表 21-3　主要的字符输入流

类	描　　述
FileReader	文件输入流
CharArrayReader	面向字符数组的输入流
PipedReader	管道输入流，用于两个线程之间的数据传递
FilterReader	过滤输入流，是一个装饰器扩展其他输入流
BufferedReader	缓冲区输入流，也是装饰器，不是FilterReader的子类
InputStreamReader	把字节流转换为字符流，也是一个装饰器，是FileReader的父类

4. 字符输出流

字符输出流的根类是 Writer，这类流以 16 位的 Unicode 编码表示的字符为基本处理单位。如图 21-5 所示，它有很多子类，这些类的说明如表 21-4 所示。

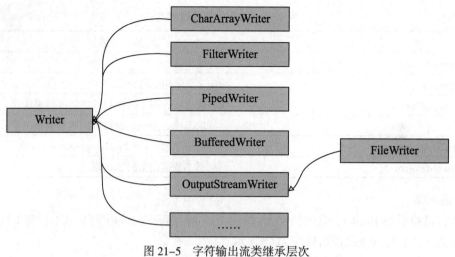

图 21-5　字符输出流类继承层次

表 21-4　主要的字符输出流

类	描　　　述
FileWriter	文件输出流
CharArrayWriter	面向字符数组的输出流
PipedWriter	管道输出流，用于两个线程之间的数据传递
FilterWriter	过滤输出流，是一个装饰器扩展其他输出流
BufferedWriter	缓冲区输出流，也是装饰器，不是FilterWriter的子类
OutputStreamWriter	把字节流转换为字符流，也是一个装饰器，是FileWriter的父类

21.2　字节流

要想掌握字节流的 API，首先要熟悉它的两个抽象类：InputStream 和 OutputStream，并了解它们有哪些主要的函数。

21.2.1　InputStream 抽象类

InputStream 是字节输入流的根类，影响着字节输入流的行为。Kotlin 为 InputStream 类定义了很多扩展函数和属性，下面主要介绍这些扩展函数。

（1）返回字节缓冲区输入流，代码如下：

```
fun InputStream.buffered(
    bufferSize: Int = DEFAULT_BUFFER_SIZE          //缓存区大小
): BufferedInputStream
```

（2）返回字符缓冲区输入流，charset 是字符集，默认是 UTF-8，代码如下：

```
fun InputStream.bufferedReader(
    charset: Charset = Charsets.UTF_8              //字符集
): BufferedReader
```

（3）从输入流中复制数据到输出流，返回复制的字节数，代码如下：

```
fun InputStream.copyTo(
    out: OutputStream,
    bufferSize: Int = DEFAULT_BUFFER_SIZE
): Long
```

（4）将字节输入流转换为字符输入流 InputStreamReader，charset 是字符集，默认是 UTF-8，代码如下：

```
fun InputStream.reader(
    charset: Charset = Charsets.UTF_8
): InputStreamReader
```

21.2.2　OutputStream 抽象类

OutputStream 是字节输出流的根类，影响着字节输出流的行为。Kotlin 为 OutputStream 类定义了很多扩展函数和属性，下面主要介绍这些扩展函数。

（1）返回字节缓冲区输出流，代码如下：

```
fun OutputStream.buffered(
    bufferSize: Int = DEFAULT_BUFFER_SIZE
): BufferedOutputStream
```

（2）返回字符缓冲区输出流，charset 是字符集，默认是 UTF-8，代码如下：

```
fun OutputStream.bufferedWriter(
    charset: Charset = Charsets.UTF_8
): BufferedWriter
```

（3）将字节输出流转换为字符输出流 OutputStreamWriter，charset 是字符集，默认是 UTF-8，代码如下：

```
fun OutputStream.writer(
    charset: Charset = Charsets.UTF_8
): OutputStreamWriter
```

21.2.3　案例：文件复制

前面介绍了 Kotlin 中字节流的常用扩展函数和属性，下面通过一个案例熟悉它们的使用。该案例实现了文件复制，数据源是文件，所以用到了文件输入流 FileInputStream，数据目的地也是文件，所以用到了文件输出流 FileOutputStream。

FileInputStream 和 FileOutputStream 都属于底层流，在实际开发时为了提高效率可以使用缓冲流 BufferedInputStream 和 BufferedOutputStream，使用字节缓冲流后就内置了一个缓冲区，第一次调用 read 函数时尽可能多地从数据源读取数据到缓冲区，后续再用 read 函数时先观察缓冲区中是否有数据，如果有，则读取缓冲区中的数据，如果没有，再将数据源中的数据读入缓冲区，这样可以减少直接读取数据源的次数。通过输出流调用 write 函数写入数据时，也先将数据写入缓冲区，缓冲区满了之后再写入数据目的地，这样可以减少直接对数据目的地的写入次数。使用了缓冲字节流可以减少 I/O 操作次数，提高效率。

下面通过文件复制的案例介绍如何使用字节流，该案例是将当前项目的 TestDir 目录中的 src.zip 文件复制到 TestDir 下的 subDir 目录中。代码如下：

```
//代码文件：com/zhijieketang/HelloWorld.kt
package com.zhijieketang
```

```
import java.io.FileInputStream
import java.io.FileOutputStream

fun main() {

    FileInputStream("./TestDir/src.zip").use { fis ->            ①
        FileOutputStream("./TestDir/subDir/src.zip").use { fos ->    ②

            //创建字节缓冲输入流
            val bis = fis.buffered()                              ③
            //创建字节缓冲输出流
            val bos = fos.buffered()                              ④

            //复制到输出流
            bis.copyTo(bos)                                       ⑤
            println("复制完成")
        }
    }
}
```

上述代码第①行是创建文件输入流，代码第②行是创建文件输出流，它们都使用 use 函数自动释放资源。代码第③行和第④行是创建缓冲流。代码第⑤行的 copyTo 函数将输入流复制到输出流，当流关闭时数据会被写入文件中。

21.3　字符流

21.2 节介绍了字节流的 API，本节将详细介绍字符流的 API。要想掌握字符流的 API，首先要熟悉它的两个抽象类：Reader 和 Writer，并了解它们有哪些主要的函数。

21.3.1　Reader 抽象类

Reader 是字符输入流的根类，它定义了很多函数，影响着字符输入流的行为。Kotlin 为 Reader 类定义了很多扩展函数和属性，下面主要介绍这些扩展函数。

（1）返回字符缓冲区输入流，代码如下：

```
fun Reader.buffered(
    bufferSize: Int = DEFAULT_BUFFER_SIZE
): BufferedReader
```

（2）从输入流中复制数据到输出流，返回复制的字符数，代码如下：

```
fun Reader.copyTo(
    out: Writer,
    bufferSize: Int = DEFAULT_BUFFER_SIZE
): Long
```

（3）遍历输入流中的每行数据，对每行数据进行处理，完成之后关闭流，代码如下：

```
fun Reader.forEachLine(action: (String) -> Unit)
```

（4）读取输入流中的数据到一个 List 集合，每一个行数据是一个元素，完成之后关闭流，代码如下：

```
fun Reader.readLines(): List<String>
```

（5）读取输入流中的数据到字符串中，代码如下：

```
fun Reader.readText(): String
```

21.3.2　Writer 抽象类

Writer 是字符输出流的根类，它定义了很多函数，影响着字符输出流的行为。Kotlin 为 Writer 类定义了一个扩展函数 buffered，buffered 函数返回字符缓冲区输出流，其定义如下：

```
fun Writer.buffered(
    bufferSize: Int = DEFAULT_BUFFER_SIZE
): BufferedWriter
```

21.3.3　案例：文件复制

21.3.1 和 21.3.2 节介绍了字符流常用的函数，下面通过一个案例熟悉它们的使用。该案例实现了文件复制，数据源是文件，所以用到了文件输入流 FileReader，数据目的地也是文件，所以用到了文件输出流 FileWriter。

FileReader 和 FileWriter 都属于底层流，在实际开发时为了提高效率可以使用缓冲流 BufferedReader 和 BufferedWriter。

下面通过文本文件复制的案例介绍如何使用字符流，该案例是将当前项目下 TestDir 目录中的 JButtonGroup.html 文件复制到 TestDir 下的 subDir 目录中。代码如下：

```
//代码文件: com/zhijieketang/HelloWorld.kt
package com.zhijieketang

import java.io.FileReader
import java.io.FileWriter

fun main() {
    FileReader("./TestDir/JButtonGroup.html").use { fis ->
        FileWriter("./TestDir/subDir/JButtonGroup.html").use { fos ->

            //创建字符缓冲输入流
            val bis = fis.buffered()
            //创建字符缓冲输出流
            val bos = fos.buffered()

            //复制到输出流
            bis.copyTo(bos)
            println("复制完成")
        }
    }
}
```

上述代码与 21.2.3 节的代码非常相似，只是将文件输入流改为 FileReader，文件输出流改为 FileWriter，还将文件换成了文本文件。

21.4　文件管理

在 Kotlin 中如果只是对文件进行操作，可以不直接使用文件流。Kotlin 在 Java 文件类 File 的基础上增加了很多扩展函数和属性，对字符串的操作变得非常简单。

21.4.1　File 类扩展函数

File 类可以表示一个文件也可以表示一个目录。Kotlin 提供的 File 扩展函数和属性有很多，这里重点介绍几个常用的函数。

（1）读取文件全部内容，返回字节数组，代码如下：

```
fun File.readBytes(): ByteArray
```

（2）读取文件全部内容，返回字符串，所以只能是文本文件，默认字符是 UTF-8，代码如下：

```
fun File.readText(charset: Charset = Charsets.UTF_8): String
```

（3）写入字节数组到文件中，代码如下：

```
fun File.writeBytes(array: ByteArray)
```

（4）写入字符串到文件，只能是文本文件，默认字符是 UTF-8，代码如下：

```
fun File.writeText(
    text: String,
    charset: Charset = Charsets.UTF_8)
```

（5）遍历文件中每行数据，对每行数据进行处理，只能是文本文件，代码如下：

```
fun File.forEachLine(
    charset: Charset = Charsets.UTF_8,
    action: (line: String) -> Unit)
```

（6）读取文件中的数据到一个 List 集合，每一个行数据是一个元素，只能是文本文件，代码如下：

```
fun File.readLines(
    charset: Charset = Charsets.UTF_8
): List<String>
```

（7）复制到目标文件，target 参数是目标文件，overwrite 参数选择是否覆盖目标文件，代码如下：

```
fun File.copyTo(
    target: File,
    overwrite: Boolean = false,
    bufferSize: Int = DEFAULT_BUFFER_SIZE
): File
```

（8）遍历文件目录和内容，direction 是遍历的方向，代码如下：

```
fun File.walk(
    direction: FileWalkDirection = FileWalkDirection.TOP_DOWN
): FileTreeWalk
```

（9）按自下而上的顺序遍历文件目录和内容，代码如下：

```
fun File.walkBottomUp(): FileTreeWalk
```

（10）按自上而下的顺序遍历文件目录和内容，代码如下：

```
fun File.walkTopDown(): FileTreeWalk
```

21.4.2　案例：读取目录文件

为熟悉文件操作，本节介绍一个案例，该案例从 TestDir 目录中列出所有
html 文件，TestDir 目录结构如图 21-6 所示。

代码如下：

```
//代码文件：com/zhijieketang/HelloWorld.kt
package com.zhijieketang

import java.io.File

fun main() {
    File("./TestDir/")
        .walk()
        .filter { it.isFile }
        .filter { it.extension == "html" }
        .forEach {
    println(it)
    }
}
```

图 21-6　TestDir 目录结构

上述代码采用函数式编程风格，代码实际上只有一行，非常简洁。其中 walk 函数找出 TestDir 目录下
所有的文件和目录，包括子目录；filter { it.isFile }过滤出元素而不是目录，因为 File 实例可以表示的是一个
目录和文件；filter { it.extension == "html" }是过滤出后缀是 html 的元素；最后通过 forEach 函数遍历每一个
元素。

本章小结

本章主要介绍了 Kotlin 的 I/O 技术和文件管理。读者需要熟悉 File 类的使用，需要掌握字节流两个根
类 InputStream 和 OutputStream，需要掌握字符流的两个根类 Reader 和 Writer，并熟练使用 Kotlin 为这些类
提供的扩展。

第 22 章

网 络 编 程

现代的应用程序都离不开网络，网络编程是非常重要的一门技术。Kotlin 标准库网络编程源自 Java 提供的 java.net 包，其中包含了网络编程所需要的一些最基础的类和接口。这些类和接口面向两个不同的层次：

（1）基于 Socket 的低层次网络编程。Socket 采用 TCP、UDP 等协议，这些协议属于低层次的通信协议，编程过程比较复杂。

（2）基于 URL 的高层次网络编程。URL 采用 HTTP 和 HTTPS，这些属于高层次的通信协议，相对低层次的编程过程比较容易。

低层次网络编程并不意味着它功能不强大。恰恰相反，正是因为层次低，基于 Socket 的编程能够提供更强大的功能和更灵活的控制，但是要更复杂一些。

本章将介绍基于 Socket 的低层次网络编程、基于 URL 的高层次网络编程以及数据交换格式。

22.1 网络基础

网络编程需要程序员掌握一些基础的网络知识，这里先介绍一些网络基础知识。

22.1.1 网络结构

首先介绍网络结构。网络结构是网络的构建方式，目前流行的有客户-服务器结构网络和对等结构网络。

1. 客户-服务器结构网络

客户-服务器（Client/Server，C/S）结构网络是一种主从结构网络。如图 22-1 所示，服务器一般处于等待状态，如果有客户端请求，服务器响应请求并建立连接为客户端提供服务。服务器是被动的，有点像在餐厅吃饭时的服务员。而客户端是主动的，像在餐厅吃饭的顾客。

事实上，生活中很多网络服务都采用这种结构，例如 Web 服务、文件传输服务和邮件服务等。它们存在的目的虽然不一样，但基本结构是一样的。这种网络结构与设备类型无关，服务器不一定是计算机，也可能是手机等移动设备。

2. 对等结构网络

对等结构网络也叫点对点网络（Peer to Peer，P2P），如图 22-2 所示，每个节点之间是对等的。每个节点既是服务器又是客户端，这种结构有点像吃自助餐。

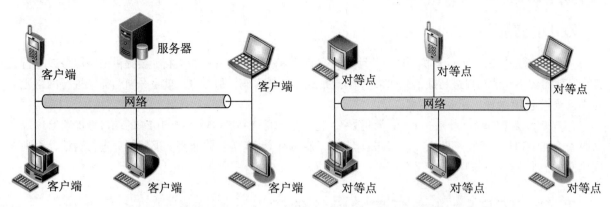

图 22-1　客户-服务器结构网络　　　　　　图 22-2　对等结构网络

对等结构网络分布范围比较小。通常在一间办公室或一个家庭内，因此它非常适合于移动设备间的网络通信，网络链路层由蓝牙和 Wi-Fi 实现。

22.1.2　TCP/IP

网络通信会用到协议，其中 TCP/IP 是非常重要的。TCP/IP 是由 IP 和 TCP 两个协议构成的，IP（Internet Protocol，因特网协议）是一种低级的路由协议，它将数据拆分成许多小的数据包，并通过网络将它们发送到某一特定地址，但无法保证所有包都能抵达目的地，也不能保证包的顺序。

由于 IP 传输数据的不安全性，网络通信时还需要 TCP，TCP（Transmission Control Protocol，传输控制协议）是一种高层次的协议，是面向连接的可靠数据传输协议，如果有些数据包没有收到会重发，并对数据包内容进行检查且保证数据包的顺序，所以该协议保证数据包能够安全地按照发送时的顺序送达目的地。

22.1.3　IP 地址

为实现网络中不同计算机之间的通信，每台计算机都必须有一个与众不同的标识，这就是 IP 地址，TCP/IP 使用 IP 地址来标识源地址和目的地址。最初所有的 IP 地址都是由 32 位数字构成，即由 4 个 8 位的二进制数组成，每 8 位之间用圆点隔开，如 192.168.1.1，这种类型的地址通过 IPv4 指定。而现在有一种新的地址模式称为 IPv6。IPv6 使用 128 位数字表示一个地址，分为 8 个 16 位的块。尽管 IPv6 比 IPv4 有很多优势，但是由于习惯的问题，很多设备还是采用 IPv4。Kotlin 语言同时支持 IPv4 和 IPv6。

在 IPv4 地址模式中 IP 地址分为 A、B、C、D 和 E 这 5 类：

（1）A 类地址用于大型网络，地址范围：1.0.0.1 ~ 126.155.255.254。

（2）B 类地址用于中型网络，地址范围：128.0.0.1 ~ 191.255.255.254。

（3）C 类地址用于小规模网络，地址范围：192.0.0.1 ~ 223.255.255.254。

（4）D 类地址用于多目的地信息的传输，有时作为备用。

（5）E 类地址保留，仅作为实验和开发用。

另外，有时还会用到一个特殊的 IP 地址 127.0.0.1。127.0.0.1 称为回送地址，是指本机的地址，主要用于网络软件测试及本地机进程间的通信，使用回送地址发送数据，不进行任何网络传输，只在本机进程间通信。

22.1.4 端口

一个 IP 地址标识一台计算机，每一台计算机又有很多网络通信程序在运行，会提供网络服务或进行通信，这就需要不同的端口进行通信。如果把 IP 地址比作电话号码，那么端口就是分机号码，进行网络通信时不仅要指定 IP 地址，还要指定端口号。

TCP/IP 系统中的端口号是一个 16 位的数字，它的范围是 0 ~ 65535。小于 1024 的端口号保留给预定义的服务，如 HTTP 是 80，FTP 是 21，Telnet 是 23，E-mail 是 25 等。除非要和那些服务进行通信，否则不应该使用小于 1024 的端口。

22.2　TCP Socket 低层次网络编程

TCP/IP 的传输层有两种传输协议：TCP（传输控制协议）和 UDP（用户数据报协议）。TCP 是面向连接的可靠数据传输协议。TCP 通信过程类似打电话，电话接通后双方才能通话，在挂断电话之前，电话一直占线。TCP 连接一旦建立起来，会一直占用，直到关闭连接。另外，TCP 为了保证数据的正确性，会重发一切没有收到的数据，还会对数据内容进行验证并保证数据传输的正确顺序。因此，TCP 对系统资源有很高的要求。

基于 TCP Socket 的编程很有代表性，下面先介绍 TCP Socket 编程。

22.2.1　TCP Socket 通信概述

Socket 是网络上的两个程序，通过一个双向的通信连接，实现数据的交换。这个双向链路的一端称为一个 Socket。Socket 通常用来实现客户端和服务器端的连接。Socket 是 TCP/IP 的一个十分流行的编程接口，一个 Socket 由一个 IP 地址和一个端口号确定。一旦建立连接，Socket 还会包含本机和远程主机的 IP 地址和远端口号，如图 22-3 所示，Socket 是成对出现的。

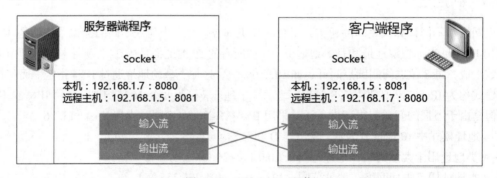

图 22-3　TCP Socket 通信

22.2.2　TCP Socket 通信过程

使用 Socket 进行 C/S 结构编程的通信过程如图 22-4 所示。

服务器端监听某个端口是否有连接请求，此时服务器端程序处于阻塞状态，直到客户端向服务器端发出连接请求，服务器端接收客户端请求，服务器会响应请求并处理请求，然后将结果应答给客户端，这样就会建立连接。一旦连接建立起来，通过 Socket 可以获得输入输出流对象。借助于输入输出流对象就可以实现服务器端与客户端的通信，最后不要忘记关闭 Socket 和释放一些资源（包括关闭输入输出流）。

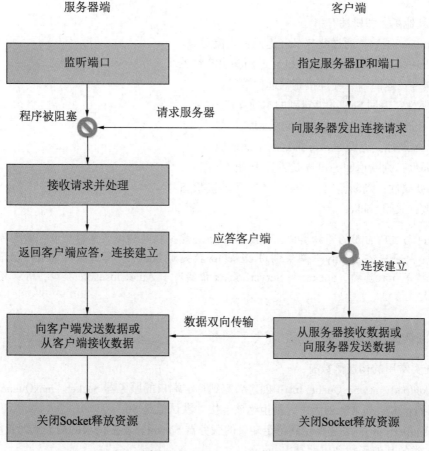

图 22-4 TCP Socket 通信过程

22.2.3 Socket 类

java.net 包为 TCP Socket 编程提供了两个核心类 Socket 和 ServerSocket，分别用来表示双向连接的客户端和服务器端。

本节先介绍 Socket 类。Socket 类常用的构造函数有：

- Socket(address: InetAddress!, port: Int)：创建 Socket 对象，并指定远程主机 IP 地址和端口号。
- Socket(address: InetAddress!, port: Int, localAddr: InetAddress!, localPort: Int)：创建 Socket 对象，并指定远程主机 IP 地址、端口号，以及本机的 IP 地址（localAddr）和端口号（localPort）。
- Socket(host: String!, port: Int)：创建 Socket 对象，并指定远程主机名和端口号，IP 地址为 null，null 表示回送地址，即 127.0.0.1。
- Socket(host: String!, port: Int, localAddr: InetAddress!, localPort: Int)：创建 Socket 对象，并指定远程主机、端口号，以及本机的 IP 地址（localAddr）和端口号（localPort）。host 为主机名，IP 地址为 null，null 表示回送地址，即 127.0.0.1。

提示 本书中"数据类型!"表示"平台类型"，String!表示 String 或者 String?。平台类型在前面已经介绍过了。

Socket 类的其他函数和属性有：

- □ getInputStream()函数：通过此 Socket 返回输入流对象。
- □ getOutputStream()函数：通过此 Socket 返回输出流对象。
- □ port: Int 属性：返回 Socket 连接到的远程端口。
- □ localPort 属性：返回 Socket 绑定到的本地端口。
- □ inetAddress 属性：返回 Socket 连接的地址。
- □ localAddress 属性：返回 Socket 绑定的本地地址。
- □ isClosed 属性：判断返回 Socket 是否处于关闭状态。
- □ isConnected 属性：判断返回 Socket 是否处于连接状态。
- □ close()函数：关闭 Socket。

注意 Socket 与流所占用的资源类似，不能通过 Java 虚拟机的垃圾收集器回收，需要程序员释放。释放的方法有两种：一种是在 finally 代码块调用 close()函数关闭 Socket，释放流所占用的资源；另一种是通过自动资源管理技术释放资源，Socket 和 ServerSocket 都实现了 AutoCloseable 接口，所以 Kotlin 中可以使用 use 函数。

22.2.4 ServerSocket 类

ServerSocket 类常用的构造函数有：

- □ ServerSocket(port: Int, maxQueue: Int)：创建绑定到特定端口的服务器 Socket。maxQueue 设置连接请求的最大队列长度，如果队列满了，则拒绝该连接。默认值是 50。
- □ ServerSocket(port: Int)：创建绑定到特定端口的服务器 Socket。连接请求的最大队列长度是 50。

ServerSocket 类的其他函数和属性有：

- □ getInputStream()函数：通过此 Socket 返回输入流对象。
- □ getOutputStream()函数：通过此 Socket 返回输出流对象。
- □ isClosed 属性：返回 Socket 是否处于关闭状态。
- □ isConnected 属性：返回 Socket 是否处于连接状态。
- □ accept()函数：侦听并接收 Socket 的连接。此函数在建立连接之前一直是阻塞状态。

ServerSocket 类本身不能直接获得 I/O 流对象，而是通过 accept()函数返回 Socket 对象，通过 Socket 对象取得 I/O 流对象，进行网络通信。此外，ServerSocket 也实现了 AutoCloseable 接口，通过自动资源管理技术关闭 ServerSocket。

22.2.5 案例：文件上传工具

基于 TCP Socket 的编程比较复杂，先从一个简单的文件上传工具案例介绍 TCP Socket 编程的基本流程。上传过程是一个单向 Socket 通信过程（如图 22-5 所示），客户端通过文件输入流读取文件，然后从 Socket 获得输出流写入数据，写入数据完成则上传成功，客户端任务完成。服务器端从 Socket 获得输入流，然后写入文件输出流，写入数据完成则上传成功，服务器端任务完成。

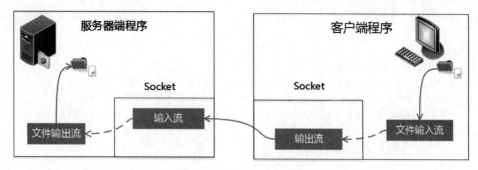

图 22-5　单向 Socket 通信

案例服务器端 UploadServer 的代码如下：

```kotlin
//代码文件: com/zhijieketang/UploadServer.kt
package com.zhijieketang

import java.io.BufferedInputStream
import java.io.FileOutputStream
import java.net.ServerSocket

fun main() {
    println("服务器端运行...")
    ServerSocket(8080).use { server ->                                      ①
        server.accept().use { socket ->                                     ②
            BufferedInputStream(socket.getInputStream()).use { sin ->       ③
                FileOutputStream("./TestDir/subDir/coco2dxcplus.jpg").use { fout ->   ④
                    sin.copyTo(fout)
                    println("接收完成! ")
                }
            }
        }
    }
}
```

上述代码第①行的 ServerSocket(8080)语句创建 ServerSocket 对象，并监听本机的 8080 端口，这时当前
线程还没有阻塞，调用代码第②行的 server.accept()才会阻塞当前线程，等待客户端请求。

　　提示　由于当前线程是主线程，所以 server.accept()会阻塞主线程，阻塞主线程是不明智的，如果是在
一个图形界面的应用程序，阻塞主线程会导致无法进行任何界面操作，就是常见"卡"的现象，所以最好
是把 server.accept()语句放到子线程中。

　　代码第③行的 socket.getInputStream()是从 socket 对象中获得输入流对象，代码第④行是文件输出流。上
面的输入输出代码，读者可以参考第 21 章，这里不再赘述。

案例客户端 UploadClient 代码如下：

```kotlin
//代码文件: com/zhijieketang/UploadClient.kt
package com.zhijieketang

import java.io.BufferedOutputStream
import java.io.FileInputStream
```

```kotlin
import java.net.Socket

fun main() {
    println("客户端运行...")
    Socket("127.0.0.1", 8080).use { socket ->                                    ①
        BufferedOutputStream(socket.getOutputStream()).use { sout ->             ②
            FileInputStream("./TestDir/coco2dxcplus.jpg").use { fin ->
                fin.copyTo(sout)
                println("上传成功! ")
            }
        }
    }
}
```

上述代码第①行的 Socket("127.0.0.1", 8080)是创建 Socket，指定远程主机的 IP 地址和端口号。代码第②行的 socket.getOutputStream()是从 socket 对象获得输出流。

提示 案例测试时，先运行服务器端，再运行客户端。

22.3　UDP Socket 低层次网络编程

UDP（用户数据报协议）就像日常生活中的邮件投递，不能保证可靠地寄到目的地。UDP 是无连接的，对系统资源的要求较少；UDP 可能丢包且不保证数据顺序。但是对于网络游戏和在线视频等要求传输快、实时性高、质量可稍差一点的数据传输，UDP 还是非常不错的。

UDP Socket 网络编程比 TCP Socket 编程简单得多，UDP 是无连接协议，不需要像 TCP 一样监听端口且建立连接才能进行通信。

22.3.1　DatagramSocket 类

java.net 包中提供了两个类 DatagramSocket 和 DatagramPacket，用来支持 UDP 通信。本节先介绍 DatagramSocket 类。DatagramSocket 用于在程序之间建立传送数据报的通信连接。

先来看 DatagramSocket 类常用的构造函数：

☐ DatagramSocket()：创建数据报 DatagramSocket 对象，并将其绑定到本地主机上任何可用的端口。

☐ DatagramSocket(port: Int)：创建数据报 DatagramSocket 对象，并将其绑定到本地主机上的指定端口。

☐ DatagramSocket(port: Int, laddr: InetAddress!)：创建数据报 DatagramSocket 对象，并将其绑定到指定的本地地址。

DatagramSocket 类的其他函数和属性有：

☐ send(p: DatagramPacket!)：发送数据报包。

☐ receive(p: DatagramPacket!)：接收数据报包。

☐ port 属性：返回 DatagramSocket 连接到的远程端口。

☐ localPort 属性：返回 DatagramSocket 绑定到的本地端口。

☐ inetAddress 属性：返回 DatagramSocket 连接的地址。

☐ localAddress 属性：返回 DatagramSocket 绑定的本地地址。

☐ isClosed 属性：返回 DatagramSocket 是否处于关闭状态。

- □ val isConnected: Boolean 属性：返回 DatagramSocket 是否处于连接状态。
- □ close()函数：关闭 Socket。

DatagramSocket 也实现了 AutoCloseable 接口，通过自动资源管理技术关闭 DatagramSocket。

22.3.2　DatagramPacket 类

DatagramPacket 类用来表示数据报包，是数据传输的载体。DatagramPacket 实现无连接数据报包投递服务，投递数据报包仅根据该包中的信息从一台机器的路由发送到另一台机器的路由。从一台机器发送到另一台机器的多个包可能选择不同的路由，也可能按不同的顺序到达，不保证包都能到达目的地。

下面看 DatagramPacket 类的构造函数：

- □ DatagramPacket(buf: ByteArray!, length: Int)：构造数据报包，其中 buf 是包数据，length 是接收包数据的长度。
- □ DatagramPacket(buf: ByteArray!, length: Int, address: InetAddress!, port: Int)：构造数据报包，包发送到指定主机上的指定端口号。
- □ DatagramPacket(buf: ByteArray!, offset: Int, length: Int)：构造数据报包，其中 offset 是 buf 字节数组的偏移量。
- □ DatagramPacket(buf: ByteArray!, offset: Int, length: Int, address: InetAddress!, port: Int)：构造数据报包，包发送到指定主机上的指定端口号。

DatagramPacket 类常用的 2 属性如下：

- □ address：返回发往或接收该数据报包相关的主机 IP 地址，属性类型是 InetAddress。
- □ data：返回数据报包中的数据，属性类型是 ByteArray。
- □ length：返回发送或接收到的数据的长度，属性类型是 Int。
- □ offset：返回发送或接收到的数据的偏移量，属性类型是 Int。
- □ port：返回发往或接收该数据报包相关的主机的端口号，属性类型是 Int。

22.3.3　案例：文件上传工具

使用 UDP Socket 将 22.2.5 节的文件上传工具重新实现。

案例服务器端 UploadServer 代码如下：

```
//代码文件：com/zhijieketang/UploadServer.kt
package com.zhijieketang
...
fun main() {

    println("服务器端运行...")

    DatagramSocket(8080).use { socket ->                                    ①
        FileOutputStream("./TestDir/subDir/coco2dxcplus.jpg").use { fout ->
            BufferedOutputStream(fout).use { out ->

                //准备一个缓冲区
                val buffer = ByteArray(1024)
```

```
        //循环接收数据报包
        while (true) {

            //创建数据报包对象，用来接收数据
            val packet = DatagramPacket(buffer, buffer.size)
            //接收数据报包
            socket.receive(packet)
            //接收数据长度
            val len = packet.length

            if (len == 3) {                                              ②
                //获得结束标志
                val flag = String(buffer, 0, 3)                          ③
                //判断结束标志，如果是 bye 结束接收
                if (flag == "bye") {
                    break
                }
            }
            //写入数据到文件输出流
            out.write(buffer, 0, len)
        }
        println("接收完成! ")
    }
  }
 }
}
```

上述代码第①行 DatagramSocket(8080)是创建 DatagramSocket 对象，并指定端口 8080，作为服务器一般应该明确指定绑定的端口。

与 TCP Socket 不同，UDP Socket 无法知道哪个数据包是最后一个，因此需要发送方发出一个特殊的数据包，包中包含了一些特殊标志。代码第③行～第④行是取出并判断这个标志。

案例客户端 UploadClient 代码如下：

```
//代码文件: com/zhijieketang/UploadClient.kt
package com.zhijieketang

...
fun main() {
    println("客户端运行...")

    DatagramSocket().use { socket ->                                    ①
        FileInputStream("./TestDir/coco2dxcplus.jpg").use { fin ->
            BufferedInputStream(fin).use { input ->

                //创建远程主机 IP 地址对象
                val address = InetAddress.getByName("localhost")

                //准备一个缓冲区
                val buffer = ByteArray(1024)
                //首次从文件流中读取数据
```

```
    var len = input.read(buffer)

    while (len != -1) {
        //创建数据报包对象
        val packet = DatagramPacket(buffer, len, address, 8080)
        //发送数据报包
        socket.send(packet)
        //再次从文件流中读取数据
        len = input.read(buffer)
    }
    //创建数据报对象
    val packet = DatagramPacket("bye".toByteArray(), 3, address, 8080)
    //发送结束标志
    socket.send(packet)                                            ②
    println("上传完成! ")
            }
        }
    }
}
```

上述代码是上传文件客户端，发送数据不会堵塞线程，因此没有使用子线程。代码第①行的 DatagramSocket()是创建 DatagramSocket 对象，由系统分配可以使用的端口，作为客户端不需要指定 DatagramSocket 对象，由系统分配即可。

代码第②行是发送结束标志，这个结束标志是字符串 bye，服务器端接收到这个字符串则结束接收数据报包。

22.4　数据交换格式

数据交换格式就像两个人在聊天一样，彼此都能听得懂对方的语言，其中的语言就相当于通信中的数据交换格式。有时候，为了防止聊天被人偷听，可以采用暗语。同理，计算机程序之间也可以通过数据加密技术防止"偷听"。

数据交换格式主要分为纯文本格式、XML 格式和 JSON 格式，其中纯文本格式是一种简单的、无格式的数据交换方式。

例如，为了告诉别人一些事情，我会写下如图 22-6 所示的留言条。

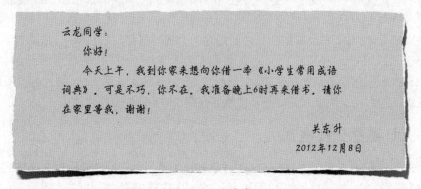

图 22-6　留言条

留言条有一定的格式，共有 4 部分：称谓、内容、落款和时间，如图 22-7 所示。

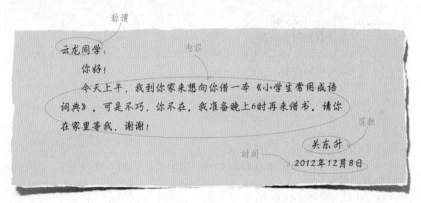

图 22-7　留言条格式

如果用纯文本格式描述留言条，可以按照如下的形式：

"云龙同学","你好! \n 今天上午，我到你家来想向你借一本《小学生常用成语词典》。可是不巧，你不在。我准备晚上 6 时再来借书。请你在家里等我，谢谢! ","关东升","2012 年 12 月 08 日"

留言条中的 4 部分数据按照顺序存放，各个部分之间用逗号分隔。数据量小的时候，可以采用这种格式。但是随着数据量的增加，问题也会暴露出来，可能会搞乱它们的顺序，如果各个数据部分能有描述信息就好了。而 XML 格式和 JSON 格式可以带有描述信息，它们叫作"自描述的"结构化文档。

将上面的留言条写成 XML 格式，具体如下：

```
<?xml version="1.0" encoding="UTF-8"?>
<note>
    <to>云龙同学</to>
    <conent>你好! \n 今天上午，我到你家来想向你借一本《小学生常用成语词典》。
        可是不巧，你不在。我准备晚上 6 时再来借书。请你在家里等我，谢谢! </conent>
    <from>关东升</from>
    <date>2012 年 12 月 08 日</date>
</note>
```

上述代码中位于尖括号中的内容（<to>…</to>等）就是描述数据的标识，在 XML 中称为"标签"。

将上面的留言条写成 JSON 格式，具体如下：

{to:"云龙同学",conent:"你好! \n 今天上午，我到你家来想向你借一本《小学生常用成语词典》。可是不巧，你不在。我准备晚上 6 时再来借书。请你在家里等我，谢谢! ",from:"关东升",date:"2012 年 12 月 08 日"}

数据放置在大括号{}之中，每个数据项目之前都有一个描述名字（如 to 等），描述名字和数据项目之间用冒号（:）分开。

一般来讲，JSON 所用的字节数要比 XML 少，这也是很多人喜欢采用 JSON 格式的主要原因，因此 JSON 也被称为"轻量级"的数据交换格式。接下来，重点介绍 JSON 数据交换格式。

22.4.1　JSON 数据交换格式

JSON（JavaScript Object Notation，JavaScript 对象符号）是一种轻量级的数据交换格式。所谓轻量级，是与 XML 格式相比而言的，描述项目的字符少，所以描述相同数据所需的字符个数要少，那么传输速率就会提高，而流量却会减少。

如果留言条采用 JSON 描述，可以设计成下面的样子：

```
{"to":"云龙同学",
    "conent": "你好! \n 今天上午，我到你家来想向你借一本《小学生常用成语词典》。可是不巧，你不在。
我准备晚上 6 时再来借书。请你在家里等我，谢谢! ",
    "from": "关东升",
    "date": "2012 年 12 月 08 日"}
```

由于 Web 和移动平台开发对流量的要求是要尽可能少，对速度的要求是要尽可能快，而轻量级的数据交换格式 JSON 就成为理想的数据交换格式。

构成 JSON 文档的两种结构为对象和数组。对象是"名称–值"对集合，它类似于 Java 中的 Map 类型，而数组是一连串元素的集合。

对象是一个无序的"名称–值"对集合，一个对象以左括号（{）开始，右括号（}）结束。每个"名称"后跟一个冒号（:），"名称–值"对之间使用逗号（,）分隔。JSON 对象的语法表如图 22-8 所示。

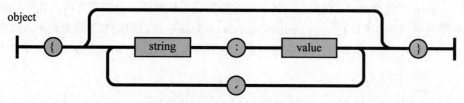

图 22-8　JSON 对象的语法表

下面是一个 JSON 对象的示例：

```
{
    "name":"a.htm",
    "size":345,
    "saved":true
}
```

数组是值的有序集合，以左中括号（[）开始，右中括号（]）结束，值之间使用逗号（,）分隔。JSON 数组的语法表如图 22-9 所示。

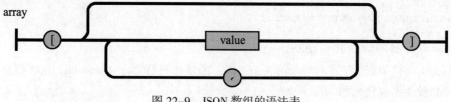

图 22-9　JSON 数组的语法表

下面是一个 JSON 数组的例子：

```
["text","html","css"]
```

在数组中，值可以是双引号括起来的字符串、数值、true、false、null、对象或者数组，而且这些结构可以嵌套。数组中值的 JSON 语法结构如图 22-10 所示。

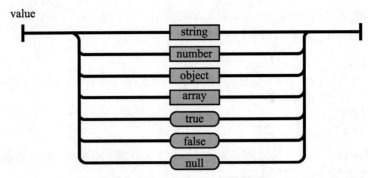

图 22-10　JSON 值的语法结构图

22.4.2　使用第三方 JSON 库

由于目前 Kotlin 官方没有提供 JSON 编码和解码所需要的类库，所以需要使用第三方 JSON 库，笔者推荐 Klaxon 库，Klaxon 库是纯 Kotlin 代码编写的，最重要的是不依赖于其他第三方库，支持 Gradle 配置很容易添加到现有项目中。读者可以在 https://github.com/cbeust/klaxon 查看帮助和下载源代码。由于是第三方库所以需要创建 IntelliJ IDEA+Gradle 项目，项目创建完成后再打开 build.gradle 文件，修改文件内容如下：

```
plugins {
    id 'java'
    id 'org.jetbrains.kotlin.jvm' version '1.4.21'
}

group 'com.zhijieketang'
version '1.0-SNAPSHOT'

repositories {

//    mavenCentral()                                               ①
    jcenter()                                                      ②
}

dependencies {
implementation 'com.beust:klaxon:5.0.1'                            ③

    implementation "org.jetbrains.kotlin:kotlin-stdlib"
```

在 build.gradle 文件中删除第①行 mavenCentral 库，添加代码第②行 jcenter 库，这些都是 Gradle 仓库，添加 Klaxon 库依赖关系见代码第③行。

22.4.3　JSON 数据编码和解码

JSON 和 XML 真正在进行数据交换时，它们存在的形式就是一个很长的字符串，这个字符串在网络中传输或者存储于磁盘等介质中。在传输和存储之前需要把 JSON 对象转换成为字符串才能传输和存储，这个过程称为"编码"过程。接收方需要将接收到的字符串转换成为 JSON 对象，这个过程称为"解码"过程。编码和解码过程就像发电报时发送方把语言变成能够传输的符号，而接收时要将符号转换为能够看懂的语言。下面介绍使用 Klaxon 库实现 JSON 数据的解码和编码过程。

1. 编码

如果想获得如下 JSON 字符串：

```
{"name":"tony","age":30,"sex":false,"a":[1,3]}
```

应该如何实现编码过程？参考代码如下：

```
val jsonObject = json {                              ①
    obj("name" to "tony", "age" to 30)               ②
}
jsonObject.put("sex", false)                         ③

val list = listOf(1, 3)                              ④
val jsonArray1 = json {                              ⑤
    //array(1, 3)                                    ⑥
    array(list)                                      ⑦
}
jsonObject.put("a", jsonArray1)                      ⑧

val jsonArray2 = json {                              ⑨
    array(jsonArray1)                                ⑩
}
//编码完成
println(jsonObject.toJsonString(prettyPrint = true)) ⑪
println(jsonArray2.toJsonString())                   ⑫
```

运行结果如下：

```
{
  "name": "tony",
  "age": 30,
  "sex": false,
  "a": [1, 3]
}
[[1,3]]
```

上述代码第①行是通过 json 函数创建 JSON 对象，代码第②行指定 JSON 对象内容，JSON 对象是一种 Map 结构，其中"name" to "tony"是一个键-值对。json 函数不仅可以创建 JSON 对象，还可以创建 JSON 数组，代码第⑤行和代码第⑨行都是创建 JSON 数组，json 函数中定义了 4 个函数：

```
obj(vararg args: Pair<String, *>): JsonObject  //指定 JSON 对象，见代码第②行
array(vararg args: Any?) : JsonArray<Any?> //指定 JSON 数组，参数是可变参数，见代码第⑥行
array(args: List<Any?>) : JsonArray<Any?>  //指定 JSON 数组，参数是 List 集合，见代码第⑦行
array(subArray : JsonArray<T>) : JsonArray<JsonArray<T>>   //指定 JSON 数组，参数是子
                                                           //JSON 数组，见代码第⑩行
```

另外，向 JSON 对象中添加键值对，可以使用 put 函数，见代码第③行和第⑧行。

代码第⑪行和第⑫行的 toJsonString 函数转换为字符串，真正完成了 JSON 编码过程，prettyPrint = true 可以输出经过格式化的字符串。

2. 解码

解码过程是编码的反向操作，如果有如下 JSON 字符串：

```
{"name":"tony", "age":30, "a":[1, 3]}
```

那么如何把这个 JSON 字符串解码成 JSON 对象或数组？参考代码如下：

```
val jsonString = """{"name":"tony", "age":30, "a":[1, 3]}"""          ①
val parser = Parser()                                                  ②
val jsonObj = parser.parse(StringBuilder(jsonString)) as JsonObject    ③
val name = jsonObj.string("name")                                      ④
println("name : $name")
val age = jsonObj.int("age")                                           ⑤
println("age : $age")

val jsonAry = jsonObj.array<Int>("a") as JsonArray<Int>
val n1 = jsonAry[0]
println("数组 a 第一个元素 : $n1")
val n2 = jsonAry[1]
println("数组 a 第二个元素 : $n2")
```

上述代码第①行是声明一个 JSON 字符串，网络通信过程中 JSON 字符串是从服务器返回的。代码第②行通过 JSON 字符串创建 JSON 对象，这个过程事实上就是 JSON 字符串的解析过程，如果能够成功地创建 JSON 对象，则说明解析成功，如果发生异常，则说明解析失败。

代码第③行从 JSON 对象中按照名称取出 JSON 中对应的数据。代码第④行是取出一个 JSON 数组对象，代码第⑤行取出 JSON 数组第一个元素。

注意 如果按照规范的 JSON 文档要求，每个 JSON 数据项目的"名称"必须使用双引号括起来，不能使用单引号或没有引号。在下面的代码文档中，"名称"省略了双引号，该文档在使用 Klaxon 库进行解析时会出现异常，虽然有些库可以解析，但这并不是规范的做法。在进行数据交换时，采用这种不规范的 JSON 文档进行数据交换，很有可能会导致严重的问题发生。

```
{ResultCode:0,Record:[
    {ID:'1',CDate:'2012-12-23',Content:'发布 iOSBook0',UserID:'tony'},
    {ID:'2',CDate:'2012-12-24',Content:'发布 iOSBook1',UserID:'tony'}]}
```

22.5 访问互联网资源

Kotlin 可以通过 Java 的 java.net.URL 类进行高层次网络编程，通过 URL 类访问互联网资源。使用 URL 进行网络编程不需要对协议本身有太多的了解，相对而言比较简单。

22.5.1 URL 概念

互联网资源是通过 URL 指定的，URL 是 Uniform Resource Locator 的简称，翻译过来是"一致资源定位器"，但人们一般习惯 URL 这个简称。

URL 组成格式如下：

协议名://资源名

"协议名"指明获取资源所使用的传输协议，如 http、ftp、gopher 和 file 等，"资源名"则是资源的完整地址，包括主机名、端口号、文件名或文件内部的一个引用。例如：

```
http://www.sina.com/
http://home.sohu.com/home/welcome.html
http://www.51work6.com:8800/Gamelan/network.html#BOTTOM
```

22.5.2　HTTP/HTTPS

互联网访问大多都基于 HTTP/HTTPS。下面介绍 HTTP/HTTPS。

1. HTTP

HTTP 是 Hypertext Transfer Protocol 的缩写，即超文本传输协议。HTTP 是一个属于应用层的面向对象的协议，其简捷、快速的方式适用于分布式超文本信息的传输。HTTP 于 1990 年被提出，经过多年的使用与发展，得到不断的完善和扩展。HTTP 支持 C/S 网络结构，即每一次请求时建立连接，服务器处理完客户端的请求后，应答给客户端然后断开连接，不会一直占用网络资源。

HTTP/1.1 协议共定义了 8 种请求函数：OPTIONS、HEAD、GET、POST、PUT、DELETE、TRACE 和 CONNECT。在 HTTP 访问中，一般使用 GET 和 HEAD 函数。

- □ GET 函数：是向指定的资源发出请求，发送的信息"显式"地跟在 URL 后面。GET 函数应该只用在读取数据，例如静态图片等。GET 函数有点像使用明信片给别人写信，"信内容"写在外面，接触到的人都可以看到，因此是不安全的。
- □ POST 函数：是向指定资源提交数据，请求服务器进行处理，例如提交表单或者上传文件等。数据被包含在请求体中。POST 函数像是把"信内容"装入信封中，接触到的人都看不到，因此是安全的。

2. HTTPS

HTTPS 是 Hypertext Transfer Protocol Secure，即超文本传输安全协议，是超文本传输协议和 SSL 的组合，用来提供加密通信和对网络服务器进行身份鉴定。

简单地说，HTTPS 是 HTTP 的升级版，HTTPS 与 HTTP 的区别是：HTTPS 使用 https://代替 http://，HTTPS 使用端口 443，而 HTTP 使用端口 80 来与 TCP/IP 进行通信。SSL 使用 40 位关键字作为 RC4 流加密算法，这对于商业信息的加密是合适的。HTTPS 和 SSL 支持使用 X.509 数字认证，如果需要，用户可以确认发送者是谁。

22.5.3　使用 URL 类

java.net.URL 类用于请求互联网上的资源，采用 HTTP/HTTPS，请求函数是 GET 函数，一般是请求静态的、少量的服务器端数据。

URL 类常用构造函数如下：

- □ URL(spec: String!)。根据字符串表示形式创建 URL 对象。
- □ URL(protocol: String!, host: String!, file: String!)。根据指定的协议名、主机名和文件名称创建 URL 对象。
- □ URL(protocol: String!, host: String!, port: Int!, file: String!)。根据指定的协议名、主机名、端口号和文件名称创建 URL 对象。

URL 类常用函数如下：

- □ openStream()。打开到此 URL 的连接，并返回一个输入流 InputStream 对象。

❑ openConnection()。打开到此 URL 的新连接，返回一个 URLConnection 对象。

下面通过一个示例介绍如何使用 java.net.URL 类，示例代码如下：

```kotlin
//代码文件：com/zhijieketang/HelloWorld.kt
package com.zhijieketang

import java.net.URL

fun main() {
    //Web 网址
    val url = "http://www.sina.com.cn/"
    URL(url).openStream().use({ input ->                      ①
        input.bufferedReader().forEachLine { println(it) }    ②
    })
}
```

上述代码第①行 URL(url)创建 URL 对象，参数是一个 HTTP 网址。然后调用 URL 对象的 openStream() 函数打开输入流。代码第②行 input.bufferedReader()打开一个缓存区字符输入流 BufferedReader，forEachLine 函数是遍历输入的数据。

22.5.4 实例：Downloader

为了进一步熟悉 URL 类，这一节介绍一个下载程序 Downloader，代码如下：

```kotlin
//代码文件：com/zhijieketang/HelloWorld.kt
package com.zhijieketang


import java.io.BufferedOutputStream
import java.io.FileOutputStream
import java.net.HttpURLConnection
import java.net.URL

//Web 服务网址
private val urlString = "https://ss0.bdstatic.com/5aV1bjqh_Q22odCf/static/superman/img/logo/bd_logo1_31bdc765.png"

fun main() {
    var conn: HttpURLConnection? = null
    try {
        conn = URL(urlString).openConnection() as HttpURLConnection
        conn.connect()
        conn.inputStream.use { input ->                                                   ①
            BufferedOutputStream(FileOutputStream("./download.png")).use { output ->       ②
                input.copyTo(output)                                                       ③
            }
        }
        println("下载成功")
    } catch (e: Exception) {
        println("下载失败")
```

```
    } finally {
        conn?.disconnect()
    }
}
```

上述代码第①行通过连接对象获得输入流 input 对象，代码第②行的 FileOutputStream("./download.png")
创建文件输出流，然后又创建缓冲流输出流。代码第③行实现从输出流到输入流的复制，由于输出流文件
输出流，因此实现下载。注意下载成功后会在当前项目目录下生成一个 download.png 文件。

本章小结

本章主要介绍了 Kotlin 网络编程，首先介绍了一些网络方面的基本知识；然后重点介绍了 TCP Socket
编程和 UDP Socket 编程；接着介绍了数据交换格式，重点介绍了 JSON 数据交换格式，由于 Kotlin 官方没
有提供 JSON 编码和解码库，需要使用第三方库；最后介绍了使用 URL 类访问互联网。

第 23 章

Kotlin 与 Java Swing 图形

用户界面编程

Kotlin 目前没有自己的图形界面技术。开发人员可以借助 Java 图形界面技术实现 Kotlin 图形界面应用程序。本章重点介绍 Java Swing 图形界面技术，如果读者对 Java Swing 很熟悉可以跳过本章内容。

图形用户界面（Graphical User Interface，GUI）编程对于某种语言来说非常重要。Java 的主要应用方向是基于 Web 浏览器的应用，用户界面主要是基于 HTML、CSS 和 JavaScript 等 Web 的技术，这些内容要到 Java EE 阶段才能学习到。

本章介绍的 Java 图形用户界面技术是基于 Java SE 的 Swing 技术，它们在实际应用中使用不多，因此对本章的内容只需了解。

23.1 Java 图形用户界面技术

Java 图形用户界面技术主要有：AWT、Applet、Swing 和 JavaFX。

1. AWT

AWT（Abstract Window Toolkit）是抽象窗口工具包，AWT 是 Java 程序提供的建立图形用户界面最基础的工具集。AWT 支持图形用户界面编程的功能包括用户界面组件（控件）、事件处理模型、图形图像处理（形状和颜色）、字体、布局管理器和本地平台的剪贴板来进行剪切和粘贴等。AWT 是 Applet 和 Swing 技术的基础。

AWT 在实际的运行过程中是调用所在平台的图形系统，因此同样一段 AWT 程序在不同的操作系统平台下运行时所看到的样式是不同的。例如在 Windows 下运行，显示的窗口是 Windows 风格的窗口，如图 23-1 所示，而在 UNIX 下运行时，显示的是 UNIX 风格的窗口，如图 23-2 所示的 macOS[①]风格的 AWT 窗口。

2. Applet

Applet 称为 Java 小应用程序，Applet 基础是 AWT，但它主要嵌入 HTML 代码中，由浏览器加载和运行，由于存在安全隐患和运行速度慢等问题，已经很少使用了。

3. Swing

Swing 是 Java 主要的图形用户界面技术，Swing 提供跨平台的界面风格，用户可以自定义 Swing 的界面风格。Swing 提供了比 AWT 更完整的组件，引入了许多新的特性。Swing API 是围绕着实现 AWT 各个部分

---

① macOS 是苹果计算机操作系统，它也是 UNIX 内核。

的 API 构筑的。Swing 是由 100%纯 Java 实现的，Swing 组件没有本地代码，不依赖操作系统的支持，这是它与 AWT 组件的最大区别。本章重点介绍 Swing 技术。

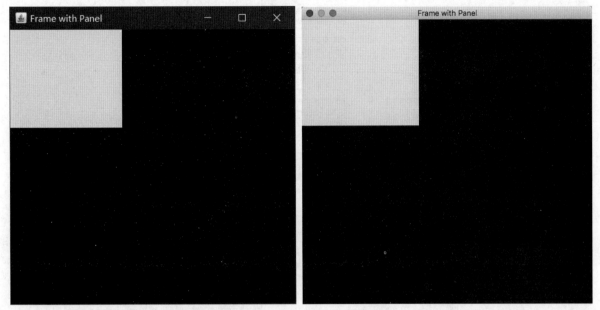

图 23-1　Windows 风格的 AWT 窗口　　　　　　图 23-2　macOS 风格的 AWT 窗口

4. JavaFX

JavaFX 是开发丰富互联网应用程序（Rich Internet Application，RIA）的图形用户界面技术，JavaFX 期望能够在桌面应用的开发领域与 Adobe 公司的 AIR、微软公司的 Silverlight 相竞争。传统的互联网应用程序是基于 Web 的，客户端是浏览器，而丰富互联网应用程序试图打造自己的客户端替代浏览器。

23.2　Swing 技术基础

AWT 是 Swing 的基础，Swing 事件处理和布局管理都是依赖于 AWT，AWT 内容来自 java.awt 包，Swing 内容来自 javax.swing 包。AWT 和 Swing 作为图形用户界面技术包括了组件（Component）、容器（Container）、事件处理和布局管理器（LayoutManager）4 个主要的概念。下面将围绕这些概念展开。

23.2.1　Swing 类层次结构

容器和组件构成了 Swing 的主要内容，下面分别介绍 Swing 中的容器和组件类层次结构。

图 23-3 是 Swing 容器类层次结构，Swing 容器类主要有 JWindow、JFrame 和 JDialog，其他的不带"J"开头的都是 AWT 提供的类，在 Swing 中大部分类都是以"J"开头。

图 23-4 是 Swing 组件类层次结构，Swing 所有组件继承自 JComponent，JComponent 又间接继承自 AWT 的 java.awt.Component 类。Swing 组件很多，这里不一一解释了，在后面的学习过程中会重点介绍一些组件。

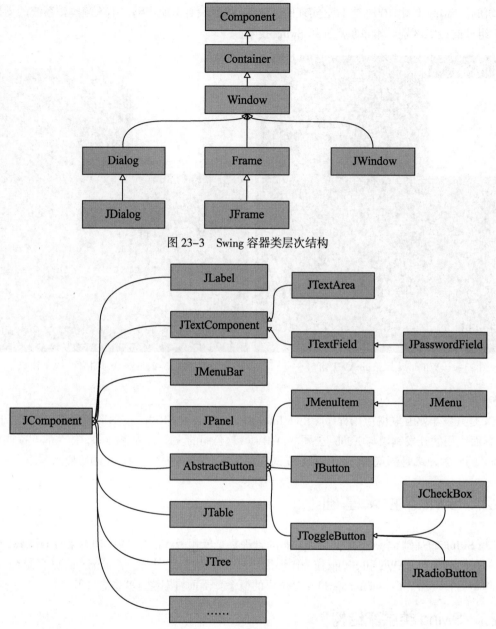

图 23-3　Swing 容器类层次结构

图 23-4　Swing 组件类层次结构

23.2.2　Swing 程序结构

图形用户界面主要是由窗口及窗口中的组件构成，编写 Swing 程序的过程主要就是创建窗口和添加组件的过程。Swing 中的窗口主要使用 JFrame，很少使用 JWindow。JFrame 有标题、边框、菜单、大小和窗口管理按钮等窗口要素，而 JWindow 没有标题栏和窗口管理按钮。

构建 Swing 程序主要有两种方式：创建 JFrame 和继承 JFrame。下面通过一个示例介绍这两种方式如何构建 Swing 程序，该示例运行效果如图 23-5 所示，窗口标题是 MyFrame，窗口中有显示字符串"Hello Swing!"。

1. 创建JFrame方式

创建 JFrame 方式就是直接实例化 JFrame 对象，然后设置 JFrame 属性，添加窗口所需要的组件。

示例代码如下：

```
//Kotlin 代码文件：HelloProj/src/com/zhijieketang/
HelloWorld1.kt
package com.zhijieketang

import javax.swing.JFrame
import javax.swing.JLabel

fun main() {
    //创建窗口对象
    val frame = JFrame("MyFrame")                               ①

    //创建 Label
    val label = JLabel("Hello Swing! ")                         ②
    //获得窗口的内容面板
    val pane = frame.contentPane                                ③
    //添加 Label 到内容面板
    pane.add(label)                                             ④

    //设置窗口大小
    frame.setSize(300, 300)                                     ⑤
    //设置窗口可见
    frame.isVisible = true                                      ⑥
}
```

图 23-5　Swing 示例运行效果

上述代码第①行使用 JFrame 的 JFrame(title: String!)构造函数创建 JFrame 对象，title 是设置创建的标题。默认情况下 JFrame 是没有大小且不可见的，因此创建 JFrame 对象后还需要设置大小和可见，代码第⑤行是设置窗口大小，代码第⑥行是设置窗口的可见。

创建好窗口后，就需要将其中的组件添加进来，代码第②行是创建标签对象，构造函数中的字符串参数是标签要显示的文本。创建好组件之后需要把它添加到窗口的内容面板上，代码第③行是获得窗口的内容面板，它是 Container 容器类型。代码第④行调用容器的 add 函数将组件添加到窗口上。

注意　在 Swing 中添加 JFrame 上的所有可见组件（除菜单栏外）到内容面板上，而不要直接添加到 JFrame 上，这是 Swing 绘制系统所要求的。内容面板如图 23-6 所示，内容面板是 JFrame 中包含的一个子容器。

提示　几乎所有的图形用户界面技术在构建界面时都采用层级结构（树形结构），如图 23-7 所示。根是顶层容器（只能包含其他容器的容器），子容器有内容面板和菜单栏（本例中没有菜单），然后将其他的组件添加到内容面板容器中。所有的组件都由 add 函数添加，通过调用 add 函数将其他组件添加到容器中，作为当前容器的子组件。

2. 继承JFrame方式

继承 JFrame 方式就是编写一个继承 JFrame 的子类，在构造函数中初始化窗口，添加窗口所需要的组件。

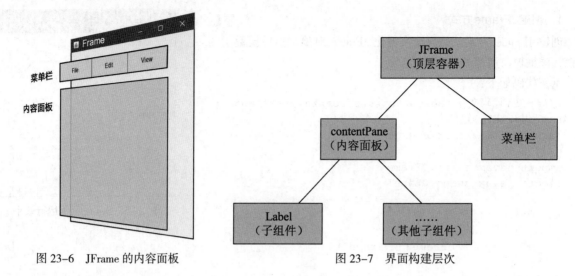

图 23-6 JFrame 的内容面板   图 23-7 界面构建层次

自定义窗口代码如下：

```
//Kotlin 代码文件：chapter23/src/main/kotlin/com/a51work6/section2/MyFrame.kt
package com.a51work6.section2

import javax.swing.JLabel
import javax.swing.JFrame

class MyFrame(title: String) : JFrame(title) {                        ①

    init {
        //创建 Label
        val label = JLabel("Hello Swing! ")
        //获得窗口的内容面板
        val pane = contentPane
        //添加 Label 到内容面板
        pane.add(label)

        //设置窗口大小
        setSize(300, 300)
        //设置窗口可见
        isVisible = true
    }
}
```

上述代码第①行是声明 MyFrame 继承 JFrame，并声明主构造函数，参数是窗口标题。

调用代码如下：

```
//Kotlin 代码文件：HelloProj/src/com/zhijieketang/HelloWorld2.kt
package com.zhijieketang

import javax.swing.JFrame
import javax.swing.JLabel
```

```
class MyFrame(title: String) : JFrame(title) {                                    ①

    init {
        //创建 Label
        val label = JLabel("Hello Swing! ")
        //获得窗口的内容面板
        val pane = contentPane
        //添加 Label 到内容面板
        pane.add(label)

        //设置窗口大小
        setSize(300, 300)
        //设置窗口可见
        isVisible = true
    }
}
```

运行上述代码可知，继承 JFrame 方式和创建 JFrame 方式的效果完全一样。

提示　创建 JFrame 方式适合于项目小、代码量少、窗口不多、组件少的情况。继承 JFrame 的方式适合于大项目，可以针对不同界面自定义一个 Frame 类，属性可以在构造函数中进行设置；缺点是需要有效地管理很多类文件。

23.3　事件处理模型

图形界面的组件要响应用户操作，就必须添加事件处理机制。Swing 采用 AWT 的事件处理模型进行事件处理。在事件处理的过程中涉及三个要素：

（1）事件：是用户对界面的操作，在 Java 中事件被封装，称为事件类 java.awt.AWTEvent 及其子类，例如按钮单击事件类是 java.awt.event.ActionEvent。

（2）事件源：是事件发生的场所，就是各个组件，例如按钮单击事件的事件源是按钮（Button）。

（3）事件处理者：是事件处理程序，在 Java 中事件处理者是实现特定接口的事件对象。

在事件处理模型中最重要的是事件处理者，它根据事件（假设 XXXEvent 事件）的不同会实现不同的接口，这些接口命名为 XXXListener，所以事件处理者也称为事件监听器。最后事件源通过 addXXXListener 函数添加事件监听，监听 XXXEvent 事件。各种事件和对应的监听器接口如表 23-1 所示。

事件处理者可以是实现了 XXXListener 接口的任何形式，即一般类、内部类、对象表达式和 Lambda 表达式等。如果 XXXListener 接口只有一个抽象函数，事件处理者还可以是 Lambda 表达式。为了方便访问窗口中的组件，往往使用内部类、对象表达式和 Lambda 表达式。

表 23-1　事件类型和事件监听器接口

事 件 类 型	相应监听器接口	监听器接口中的函数
Action	ActionListener	actionPerformed(ActionEvent)
Item	ItemListener	itemStateChanged(ItemEvent)
Mouse	MouseListener	mousePressed(MouseEvent)
		mouseReleased(MouseEvent)

续表

事 件 类 型	相应监听器接口	监听器接口中的函数
Mouse	MouseListener	mouseEntered(MouseEvent)
		mouseExited(MouseEvent)
		mouseClicked(MouseEvent)
Mouse Motion	MouseMotionListener	mouseDragged(MouseEvent)
		mouseMoved(MouseEvent)
Key	KeyListener	keyPressed(KeyEvent)
		keyReleased(KeyEvent)
		keyTyped(KeyEvent)
Focus	FocusListener	focusGained(FocusEvent)
		focusLost(FocusEvent)
Adjustment	AdjustmentListener	adjustmentValueChanged(AdjustmentEvent)
Component	ComponentListener	componentMoved(ComponentEvent)
		componentHidden (ComponentEvent)
		componentResized(ComponentEvent)
		componentShown(ComponentEvent)
Window	WindowListener	windowClosing(WindowEvent)
		windowOpened(WindowEvent)
		windowIconified(WindowEvent)
		windowDeiconified(WindowEvent)
		windowClosed(WindowEvent)
		windowActivated(WindowEvent)
		windowDeactivated(WindowEvent)
Container	ContainerListener	componentAdded(ContainerEvent)
		componentRemoved(ContainerEvent)
Text	TextListener	textValueChanged(TextEvent)

23.3.1　内部类和对象表达式处理事件

内部类和对象表达式能够方便地访问窗口中的组件，本节先介绍内部类和对象表达式实现的事件监听器。

下面通过一个示例介绍采用内部类和对象表达式实现的事件处理模型，如图 23-8 所示的示例，每个界面中有两个按钮和一个标签，当单击 Button1 或 Button2 时会改变标签显示的内容。

（a）　　　　　　　　　　　　（b）

图 23-8　事件处理模型示例

示例代码如下：

```kotlin
//Kotlin 代码文件：HelloProj/src/com/zhijieketang/HelloWorld.kt
package com.zhijieketang

import java.awt.BorderLayout
import java.awt.event.ActionEvent
import java.awt.event.ActionListener
import javax.swing.JButton
import javax.swing.JFrame
import javax.swing.JLabel

class MyFrame(title: String) : JFrame(title) {
    //创建标签
    private val label = JLabel("Label")                                ①

    init {
        //创建 Button1
        val button1 = JButton("Button1")
        //创建 Button2
        val button2 = JButton("Button2")

        //注册事件监听器，监听 Button1 单击事件
        button1.addActionListener(object : ActionListener {            ②
            override fun actionPerformed(event: ActionEvent) {
                label.text = "Hello Swing!"
            }
        })
        //注册事件监听器，监听 Button2 单击事件
        button2.addActionListener(ActionEventHandler())               ③

        //添加标签到内容面板
        contentPane.add(label, BorderLayout.NORTH)                    ④
        //添加 Button1 到内容面板
        contentPane.add(button1, BorderLayout.CENTER)
        //添加 Button2 到内容面板
        contentPane.add(button2, BorderLayout.SOUTH)

        //设置窗口大小
        setSize(350, 120)
        //设置窗口可见
        isVisible = true
    }

    //Button2 事件处理者
    inner class ActionEventHandler : ActionListener {                 ⑤
        override fun actionPerformed(e: ActionEvent) {
            label.text = "Hello World!"
        }
    }
}
```

```
}

//主函数
fun main() {
    //创建 Frame 对象
    MyFrame("MyFrame")
}
```

上述代码第④行通过 contentPane.add(label, BorderLayout.NORTH)函数将标签添加到内容面板，这个 add 函数与前面介绍的有所不同，它的第二个参数是指定组件的位置，有关布局管理的内容，将在 23.4 节详细介绍。

代码第②行和第③行都是注册事件监听器监听 Button 的单击事件（ActionEvent），代码第②行的事件监听器是一个对象表达式，代码第⑤行的事件监听器是一个内部类，它们都实现了 ActionEventHandler 接口。

23.3.2　Lambda 表达式处理事件

如果一个事件监听器接口只有一个抽象函数，这种接口称为 SAM 接口，SAM 接口可以使用 Lambda 表达式实现，SAM 接口主要有：ActionListener、AdjustmentListener、ItemListener、MouseWheelListener、TextListener 和 WindowStateListener 等。

将 23.3.2 节的示例修改如下：

```
//Kotlin 代码文件：HelloProj/src/com/zhijieketang/HelloWorld.kt
package com.zhijieketang

import java.awt.BorderLayout
import java.awt.event.ActionEvent
import java.awt.event.ActionListener
import javax.swing.JButton
import javax.swing.JFrame
import javax.swing.JLabel

class MyFrame(title: String) : JFrame(title), ActionListener {           ①
    //创建标签
    private val label = JLabel("Label")

    init {
        //创建 Button1
        val button1 = JButton("Button1")
        //创建 Button2
        val button2 = JButton("Button2")

        //注册事件监听器，监听 Button1 单击事件
        button1.addActionListener { label.text = "Hello Swing!" }        ②
        //注册事件监听器，监听 Button2 单击事件
        button2.addActionListener(this)                                  ③

        //添加标签到内容面板
        contentPane.add(label, BorderLayout.NORTH)
        //添加 Button1 到内容面板
```

```
        contentPane.add(button1, BorderLayout.CENTER)
        //添加 Button2 到内容面板
        contentPane.add(button2, BorderLayout.SOUTH)

        //设置窗口大小
        setSize(350, 120)
        //设置窗口可见
        isVisible = true
    }

    override fun actionPerformed(event: ActionEvent) {                    ④
        label.text = "Hello Swing!"
    }
}

//主函数
fun main() {
    //创建 Frame 对象
    MyFrame("MyFrame")
}
```

上述代码第②行采用 Lambda 表达式实现了事件监听器，可见代码非常简单。另外，当前窗口本身也可以是事件处理者，代码第①行声明窗口实现 ActionListener 接口，代码第④行是实现抽象函数，那么注册事件监听器参数就是 this 了，见代码第③行。

23.3.3　使用适配器

事件监听器都是接口，在 Kotlin 接口中定义的抽象函数必须全部实现，哪怕对某些函数并不关心，也要给一对空的大括号表示实现。例如 WindowListener 是窗口事件（WindowEvent）监听器接口，为了在窗口中接收到窗口事件，需要在窗口中注册 WindowListener 事件监听器，示例代码如下：

```
this.addWindowListener(object : WindowListener {
    override fun windowActivated(e: WindowEvent) {
    }
    override fun windowClosed(e: WindowEvent) {}
    override fun windowClosing(e: WindowEvent) {                          ①
        //退出系统
        System.exit(0)
    }
    override fun windowDeactivated(e: WindowEvent) {}
    override fun windowDeiconified(e: WindowEvent) {}
    override fun windowIconified(e: WindowEvent) {}
    override fun windowOpened(e: WindowEvent) {}
})
```

实现 WindowListener 接口需要实现提供它的 7 个函数，很多情况下只需要实现其中一两个函数，本示例是关闭窗口，只需要实现代码第①行的 windowClosing 函数，并不关心其他的函数，但是也必须给出空的实现。这样的代码看起来很臃肿，为此 AWT 提供了一些与监听器相配套的适配器。监听器是接口，命名采用 XXXListener，而适配器是类，命名采用 XXX Adapter。在使用时通过继承事件所对应的适配器类覆盖所需要的函数，无关函数需不需要实现。

采用适配器注册接收窗口事件代码如下：

```
this.addWindowListener(object : WindowAdapter() {
    override fun windowClosing(e: WindowEvent) {
        //退出系统
        System.exit(0)
    }
})
```

可见上述代码非常简洁。事件适配器提供了一种简单的实现监听器的手段，可以缩短程序代码。但是，由于 Kotlin 的单一继承机制，当需要多种监听器或此类已有父类时，就无法采用事件适配器了。

并非所有的监听器接口都有对应的适配器类，一般定义了多个函数的监听器接口才需要对应的适配器类。例如，WindowListener 有多个函数对应多种不同的窗口事件时，才需要配套的适配器，主要的适配器如下：

- □ ComponentAdapter：组件适配器。
- □ ContainerAdapter：容器适配器。
- □ FocusAdapter：焦点适配器。
- □ KeyAdapter：键盘适配器。
- □ MouseAdapter：鼠标适配器。
- □ MouseMotionAdapter：鼠标运动适配器。
- □ WindowAdapter：窗口适配器。

23.4 布局管理

在 Swing 图形用户界面中，容器内的所有组件布局都是由布局管理器管理的。布局管理器负责管理组件的排列顺序、大小、位置以及当窗口移动或调整大小后组件如何变化等。

Swing 提供了 7 种布局管理器，包括 FlowLayout、BorderLayout、GridLayout、BoxLayout、CardLayout、SpringLayout 和 GridBagLayout，其中最基础的是 FlowLayout、BorderLayout 和 GridLayout 布局管理器。下面重点介绍这三种布局。

23.4.1 FlowLayout 布局

FlowLayout 布局摆放组件的规律是：从上到下、从左到右进行摆放组件，如果容器足够宽，第一个组件先添加到容器中第一行的最左边，后续的组件依次添加到上一个组件的右边，如果当前行已摆放不下该组件，则摆放到下一行的最左边。

FlowLayout 主要的构造函数如下：

- □ FlowLayout(align: Int, hgap: Int, vgap: Int)：创建一个 FlowLayout 对象，它具有指定的对齐方式及指定的水平和垂直间隙，hgap 参数是组件之间的水平间隙，vgap 参数是组件之间的垂直间隙，单位是像素。
- □ FlowLayout(align: Int)：创建一个 FlowLayout 对象，它具有指定的对齐方式，默认的水平和垂直间隙是 5 个像素。
- □ FlowLayout()：创建一个 FlowLayout 对象，它是居中对齐的，默认的水平和垂直间隙是 5 个像素。

上述参数 align 是对齐方式，它是通过 FlowLayout 的常量指定的，这些常量说明如下：

☐ FlowLayout.CENTER：指示每一行组件都是居中的。

☐ FlowLayout.LEADING：指示每一行组件都与容器方向的开始边对齐，例如，对于从左到右的方向，则与左边对齐。

☐ FlowLayout.LEFT：指示每一行组件都是左对齐的。

☐ FlowLayout.RIGHT：指示每一行组件都是右对齐的。

☐ FlowLayout.TRAILING：指示每行组件都与容器方向的结束边对齐，例如，对于从左到右的方向，则与右边对齐。

示例代码如下：

```kotlin
//Kotlin 代码文件: HelloProj/src/com/zhijieketang/HelloWorld.kt
package com.zhijieketang

import java.awt.FlowLayout
import javax.swing.JButton
import javax.swing.JFrame
import javax.swing.JLabel

class MyFrame(title: String) : JFrame(title) {

    //声明标签
    private val label: JLabel

    init {

        layout = FlowLayout(FlowLayout.LEFT, 20, 20)           ①
        //创建标签
        label = JLabel("Label")
        //添加标签到内容面板
        contentPane.add(label)                                 ②

        //创建 Button1
        val button1 = JButton("Button1")
        //添加 Button1 到内容面板
        contentPane.add(button1)                               ③

        //创建 Button2
        val button2 = JButton("Button2")
        //添加 Button2 到内容面板
        contentPane.add(button2)                               ④

        //设置窗口大小
        setSize(350, 120)
        //设置窗口可见
        isVisible = true

        //注册事件监听器，监听 Button2 单击事件
        button2.addActionListener { label.text = "Hello Swing!" }
```

```
        //注册事件监听器，监听 Button1 单击事件
        button1.addActionListener { label.text = "Hello World!" }
    }
}
//主函数
fun main() {
    //创建 Frame 对象
    MyFrame("FlowLayout 示例")
}
```

上述代码第①行是设置当前窗口的布局为 FlowLayout 布局，采用 FlowLayout(align: Int, hgap: Int, vgap: Int) 构造函数。一旦设置了 FlowLayout 布局，就可以通过 add 函数添加组件到窗口的内容面板，见代码第②行、第③行和第④行。

运行结果如图 23-9（a）所示。如果采用 FlowLayout 布局且水平空间比较小，组件会垂直摆放，如图 23-9（b）所示，拖曳窗口的边缘使窗口变窄，最后一个组件换行了。

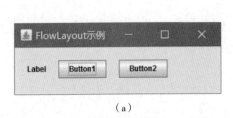

（a）

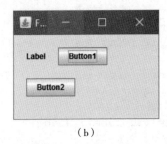

（b）

图 23-9　FlowLayout 示例运行结果

23.4.2　BorderLayout 布局

BorderLayout 布局是窗口的默认布局管理器，23.3 节的示例就是采用 BorderLayout 布局实现的。

BorderLayout 是 JWindow、JFrame 和 JDialog 的默认布局管理器。BorderLayout 布局管理器把容器分成 5 个区域：北、南、东、西和中。BorderLayout 布局如图 23-10 所示，每个区域只能放置一个组件。

BorderLayout 主要的构造函数如下：

□ BorderLayout(hgap: Int, vgap: Int)。创建一个 BorderLayout 对象，指定水平和垂直间隙，hgap 参数是组件之间的水平间隙，vgap 参数是组件之间的垂直间隙，单位是像素。

□ BorderLayout()。创建一个 BorderLayout 对象，组件之间没有间隙。

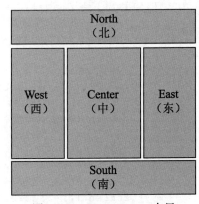

图 23-10　BorderLayout 布局

BorderLayout 布局有 5 个区域，为此 BorderLayout 中定义了 5 个约束常量，说明如下：

□ BorderLayout.CENTER。中间区域的布局约束（容器中央）。

□ BorderLayout.EAST。东区域的布局约束（容器右边）。

□ BorderLayout.NORTH。北区域的布局约束（容器顶部）。

□ BorderLayout.SOUTH。南区域的布局约束（容器底部）。

□ BorderLayout.WEST。西区域的布局约束（容器左边）。

示例代码如下：

/Kotlin 代码文件: HelloProj/src/com/zhijieketang/HelloWorld.kt
package com.zhijieketang

```kotlin
import java.awt.BorderLayout
import java.awt.Button
import javax.swing.JFrame

class MyFrame(title: String) : JFrame(title) {

    init {
        //设置 BorderLayout 布局
        layout = BorderLayout(10, 10)                              ①

        //添加按钮到容器的 North 区域
        contentPane.add(Button("NORTH"), BorderLayout.NORTH)       ②
        //添加按钮到容器的 South 区域
        contentPane.add(Button("SOUTH"), BorderLayout.SOUTH)       ③
        //添加按钮到容器的 East 区域
        contentPane.add(Button("EAST"), BorderLayout.EAST)         ④
        //添加按钮到容器的 West 区域
        contentPane.add(Button("WEST"), BorderLayout.WEST)         ⑤
        //添加按钮到容器的 Center 区域
        contentPane.add(Button("CENTER"), BorderLayout.CENTER)     ⑥

        setSize(300, 300)
        isVisible = true
    }
}
//主函数
fun main() {
    //创建 Frame 对象
    MyFrame("BorderLayout 示例")
}
```

上述代码第①行设置窗口布局为 BorderLayout 布局，组件之间的间隙是 10 个像素，事实上窗口默认布局就是 BorderLayout，只是组件之间没有间隙，如图 23-11 所示。代码第②行~第⑥行分别添加了 5 个按钮，使用 add 函数添加，第一个参数是要添加的组件；第二个参数是指定约束。

当使用 BorderLayout 时，如果容器的大小发生变化，其变化规律为：组件的相对位置区域不变，大小发生变化。如图 23-12 所示，如果容器变高或矮，则 North 和 South 区域不变，West、Center 和 East 区域变高或矮；如果容器变宽或窄，West 和 East 区域不变，North、Center 和 South 区域变宽或窄。

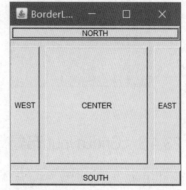

图 23-11　BorderLayout 布局示例运行结果

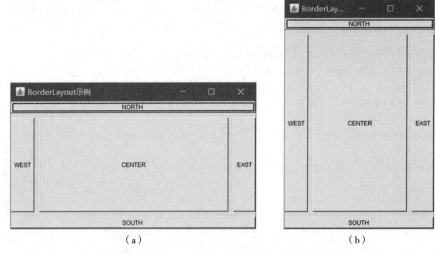

（a） （b）

图 23-12 BorderLayout 布局与容器大小变化

另外，在 5 个区域中不一定都放置了组件，如果某个区域缺少组件，会对界面布局有比较大的影响，具体影响如图 23-13 所示，图中列出了一些主要的情况。

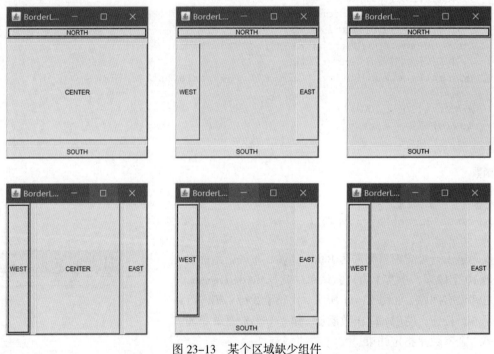

图 23-13 某个区域缺少组件

23.4.3 GridLayout 布局

GridLayout 布局以网格形式对组件进行摆放，容器被分成大小相等的矩形，一个矩形中放置一个组件。GridLayout 布局主要的构造函数如下：

（1）GridLayout()：创建具有默认值的 GridLayout 对象，即每个组件占据一行一列。

（2）GridLayout(rows: Int, cols: Int)：创建具有指定行数和列数的 GridLayout 对象。

（3）GridLayout(rows: Int, cols: Int, hgap: Int, vgap: Int)：创建具有指定行数和列数的 GridLayout 对象，并指定水平和垂直间隙。

示例代码如下：

```kotlin
//Kotlin 代码文件: HelloProj/src/com/zhijieketang/HelloWorld.kt
package com.zhijieketang

import java.awt.Button
import java.awt.GridLayout
import javax.swing.JFrame

class MyFrame(title: String) : JFrame(title) {

    init {

        //设置 3 行 3 列的 GridLayout 布局管理器
        layout = GridLayout(3, 3)             ①

        //添加按钮到第一行的第一格
        contentPane.add(Button("1"))          ②
        //添加按钮到第一行的第二格
        contentPane.add(Button("2"))
        //添加按钮到第一行的第三格
        contentPane.add(Button("3"))
        //添加按钮到第二行的第一格
        contentPane.add(Button("4"))
        //添加按钮到第二行的第二格
        contentPane.add(Button("5"))
        //添加按钮到第二行的第三格
        contentPane.add(Button("6"))
        //添加按钮到第三行的第一格
        contentPane.add(Button("7"))
        //添加按钮到第三行的第二格
        contentPane.add(Button("8"))
        //添加按钮到第三行的第三格
        contentPane.add(Button("9"))          ③

        setSize(400, 400)
        isVisible = true
    }
}
//主函数
fun main() {
    //创建 Frame 对象
    MyFrame("GridLayout 示例")
}
```

上述代码第①行是设置当前窗口布局为 3 行 3 列的 GridLayout 布局，它有 9 个区域，分别从左到右、从上到下摆放。代码第②行~第③行添加了 9 个按钮（Button）。运行结果如图 23-14 所示。

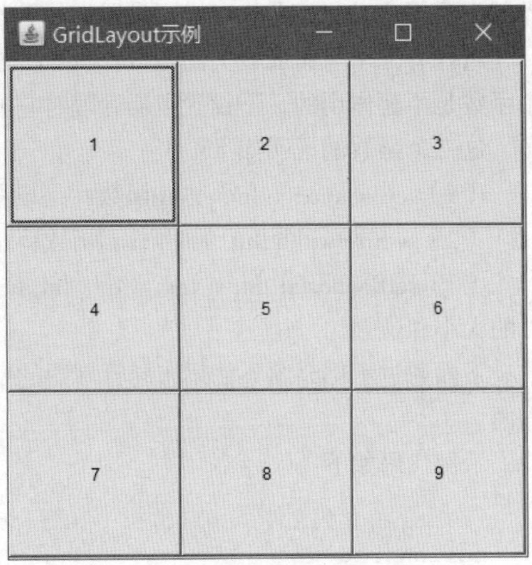

图 23-14　GridLayout 布局示例运行结果

GridLayout 布局将容器分成几个区域，也会出现某个区域缺少组件的情况，GridLayout 布局会根据行列划分的不同平均占据容器的空间，实际情况比较复杂。图 23-15 列出了一些主要情况。

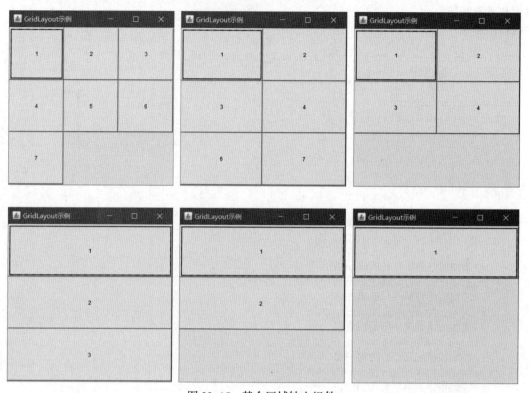

图 23-15　某个区域缺少组件

23.4.4　不使用布局管理器

如果要开发的图形用户界面应用不考虑跨平台，也不考虑动态布局，窗口大小也不变，那么布局管理器就失去了意义。容器也可以不设置布局管理器，此时的布局是由开发人员自己管理的。

组件有三个与布局有关的函数：setLocation、setSize 和 setBounds。在设置了布局管理的容器中，这几个函数是不起作用的，不设置布局管理时它们才会起作用。

这三个函数的说明如下：

（1）setLocation(x: Int, y: Int)函数：是设置组件的位置；

（2）setSize(width: Int, height: Int)函数：是设置组件的大小；

（3）setBounds(x: Int, y: Int , width: Int, height: In)函数：是设置组件的大小和位置。

下面通过示例介绍不使用布局管理器的情况，如图 23-16 所示的界面。

示例代码如下：

```
//Kotlin 代码文件：HelloProj/src/com/zhijieketang/
HelloWorld.kt
package com.zhijieketang
```

图 23-16　不使用布局管理器示例

```
import javax.swing.JButton
import javax.swing.JFrame
import javax.swing.JLabel
import javax.swing.SwingConstants

class MyFrame(title: String) : JFrame(title) {

    init {

        //设置窗口大小不变的
        isResizable = false                                    ①

        //不设置布局管理器
        layout = null                                          ②

        //创建标签
        val label = JLabel("Label")
        //设置标签的位置和大小
        label.setBounds(89, 13, 100, 30)                       ③
        //设置标签文本水平居中
        label.horizontalAlignment = SwingConstants.CENTER      ④
        //添加标签到内容面板
        contentPane.add(label)

        //创建 Button1
        val button1 = JButton("Button1")
        //设置 Button1 的位置和大小
        button1.setBounds(89, 59, 100, 30)                     ⑤
        //添加 Button1 到内容面板
        contentPane.add(button1)

        //创建 Button2
        val button2 = JButton("Button2")
        //设置 Button2 的位置
        button2.setLocation(89, 102)                           ⑥
        //设置 Button2 的大小
        button2.setSize(100, 30)                               ⑦
        //添加 Button2 到内容面板
        contentPane.add(button2)

        //设置窗口大小
        setSize(300, 200)
        //设置窗口可见
        isVisible = true

        //注册事件监听器，监听 Button2 单击事件
        button2.addActionListener { label.text = "Hello Swing!" }

        //注册事件监听器，监听 Button1 单击事件
```

```
        button1.addActionListener { label.text = "Hello World!" }
    }
}
//主函数
fun main() {
    //创建 Frame 对象
    MyFrame("不使用布局管理器示例")
}
```

上述代码第①行是设置不能调整窗口大小，不设置布局管理器后，容器中的组件都是绝对布局，容器大小如果变化，其中的组件大小和位置都不会变化，如图 23-17 所示，将窗口拉大后，组件还是在原来的位置。

图 23-17　不使用布局管理器后调整窗口大小

代码第②行 layout 属性设置管理器，layout = null 是不设置布局管理器。

代码第③行和第⑤行是通过调用 setBounds 函数设置组件的大小和位置。也可以分别调用 setLocation 和 setSize 函数设置组件的大小和位置，实现与 setBounds 函数相同的效果，见代码第⑥行和第⑦行。

另外，代码第④行 horizontalAlignment 属性设置了标签的文本水平居中。

23.5　Swing 组件

Swing 的所有组件都继承自 JComponent，主要有文本处理、按钮、标签、列表、面板、组合框、滚动条、滚动面板、菜单、表格和树等。下面介绍常用的组件。

23.5.1　标签和按钮

标签和按钮在前面示例中已经用到了，本节再深入地介绍一下它们。

Swing 中标签类是 JLabel，它不仅可以显示文本还可以显示图标，JLabel 的构造函数如下：

□ JLabel()：创建一个无图标无标题标签对象。

□ JLabel(image: Icon!)：创建一个具有图标的标签对象。

□ JLabel(image: Icon!, horizontalAlignment: Int)：通过指定图标和水平对齐方式创建标签对象。

□ JLabel(text: String!)：创建一个标签对象，并指定显示的文本。

□ JLabel(text: String!, icon: Icon!, horizontalAlignment: Int)：通过指定显示的文本、图标和水平对齐方式创建标签对象。

□ JLabel(text: String!, horizontalAlignment: Int)：通过指定显示的文本和水平对齐方式创建标签对象。

上述构造函数 horizontalAlignment 参数是水平对齐方式，它的取值是 SwingConstants 中定义的 LEFT、CENTER、RIGHT、LEADING 和 TRAILING 5 个常量之一。

Swing 中的按钮类是 JButton，JButton 不仅可以显示文本还可以显示图标，JButton 常用的构造函数有：

□ JButton()。创建不带文本或图标的按钮对象。

□ JButton(icon : Icon!)。创建一个带图标的按钮对象。

□ JButton(text: String!)。创建一个带文本的按钮对象。

□ JButton(text: String!, icon : Icon!)。创建一个带初始文本和图标的按钮对象。

下面通过示例介绍如何在标签和按钮中使用图标。如图 23-18 所示的界面，界面中的上面图标是标签，下面两个图标是按钮，当单击按钮时标签可以切换图标。

（a）

（b）

图 23-18　标签和按钮示例

示例代码如下：

```kotlin
//Kotlin 代码文件: HelloProj/src/com/zhijieketang/HelloWorld.kt
package com.zhijieketang

import javax.swing.*

class MyFrame(title: String) : JFrame(title) {

    //用于标签切换的图标
    private val images = arrayOf<Icon>(
            ImageIcon("./icon/0.png"),
            ImageIcon("./icon/1.png"),
            ImageIcon("./icon/2.png"),
            ImageIcon("./icon/3.png"),
            ImageIcon("./icon/4.png"),
            ImageIcon("./icon/5.png"))                              ①

    //当前页索引
    private var currentPage = 0                                     ②

    init {

        //设置窗口大小不变的
```

```
        isResizable = false

        //不设置布局管理器
        layout = null                                                    ③

        //创建标签
        val label = JLabel(images[0])
        //设置标签的位置和大小
        label.setBounds(94, 27, 100, 50)
        //设置标签文本水平居中
        label.horizontalAlignment = SwingConstants.CENTER
        //添加标签到内容面板
        contentPane.add(label)

        //创建向后翻页按钮
        val backButton = JButton(ImageIcon("./icon/ic_menu_back.png"))   ④
        //设置按钮的位置和大小
        backButton.setBounds(77, 90, 47, 30)
        //添加按钮到内容面板
        contentPane.add(backButton)

        //创建向前翻页按钮
        val forwardButton = JButton(ImageIcon("./icon/ic_menu_forward.png"))  ⑤
        //设置按钮的位置和大小
        forwardButton.setBounds(179, 90, 47, 30)
        //添加按钮到内容面板
        contentPane.add(forwardButton)

        //设置窗口大小
        setSize(300, 200)
        //设置窗口可见
        isVisible = true

        //注册事件监听器，监听向后翻页按钮单击事件
        backButton.addActionListener {
            if (currentPage < images.size - 1) {
                currentPage++
            }
            label.icon = images[currentPage]
        }

        //注册事件监听器，监听向前翻页按钮单击事件
        forwardButton.addActionListener {
            if (currentPage > 0) {
                currentPage--
            }
            label.icon = images[currentPage]
        }
    }
}
```

```
//主函数
fun main() {
    //创建 Frame 对象
    MyFrame("MyFrame")
}
```

上述代码第①行定义 ImageIcon 数组，用于标签切换图标，注意 Icon 是接口，ImageIcon 是实现 Icon 接口。代码第②行的 currentPage 变量记录了当前页索引，前后翻页按钮会改变前页索引。

代码第③行是不设置布局管理器。代码第④行和第⑤行是创建向后翻页按钮，构造函数参数是 ImageIcon 对象。

23.5.2　文本输入组件

文本输入组件主要有文本框（JTextField）、密码框（JPasswordField）和文本区(JTextArea)。文本框和密码框都只能输入和显示单行文本。当按下 Enter 键时，可以触发 ActionEvent 事件。而文本区可以输入和显示多行多列文本。

文本框（JTextField）常用的构造函数有：

□ JTextField()。创建一个空的文本框对象。

□ JTextField(columns: Int)。指定列数，创建一个空的文本框对象，列数是文本框显示的宽度，列数主要用于 FlowLayout 布局。

□ JTextField(text: String)。创建文本框对象，并指定初始化文本。

□ JTextField(text: String, columns: Int)。创建文本框对象，并指定初始化文本和列数。

JPasswordField 继承自 JTextField 构造函数，这里不再赘述。

文本区(JTextArea)常用的构造函数有：

□ JTextArea()。创建一个空的文本区对象。

□ JTextArea(rows : Int, columns: Int)。创建文本区对象，并指定行数和列数。

□ JTextArea(text : String!)。创建文本区对象，并指定初始化文本。

□ JTextArea(text : String!, rows : Int, int columns: Int)。创建文本区对象，并指定初始化文本、行数和列数。

下面通过示例介绍文本输入组件。如图 23-19 所示的界面，界面中有三个标签（TextField:、Password: 和 TextArea:），一个文本框、一个密码框和一个文本区。这个布局有点复杂，可以采用布局嵌套，如图 23-20 所示，将 TextField:标签、Password:标签、文本框和密码框都放到一个面板（panel1）中；将 TextArea:和文本区放到一个面板（panel2）中。两个面板 panel1 和 panel2 放到内容视图中，内容视图采用 BorderLayout 布局，每个面板内部采用 FlowLayout 布局。

图 23-19　文本输入组件示例

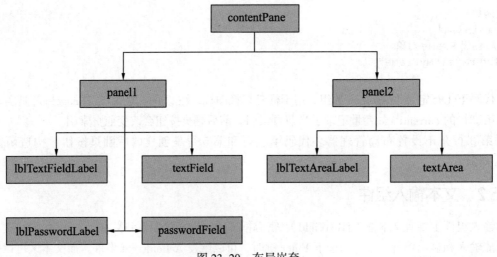

图 23-20　布局嵌套

示例代码如下：

```kotlin
//Kotlin 代码文件：HelloProj/src/com/zhijieketang/HelloWorld.kt
package com.zhijieketang

import java.awt.BorderLayout
import javax.swing.*

class MyFrame(title: String) : JFrame(title) {

    private val textField: JTextField
    private val passwordField: JPasswordField

    init {
        //创建一个面板 panel1 放置 TextField 和 Password
        val panel1 = JPanel()                                    ①
        //将面板 panel1 添加到内容视图
        contentPane.add(panel1, BorderLayout.NORTH)              ②

        //创建标签
        val lblTextFieldLabel = JLabel("TextField:")
        //添加标签到面板 panel1
        panel1.add(lblTextFieldLabel)

        //创建文本框
        textField = JTextField(12)                               ③
        //添加文本框到面板 panel1
        panel1.add(textField)

        //创建标签
        val lblPasswordLabel = JLabel("Password:")
        //添加标签面板 panel1
        panel1.add(lblPasswordLabel)
```

```kotlin
        //创建密码框
        passwordField = JPasswordField(12)                              ④
        //添加密码框到面板 panel1
        panel1.add(passwordField)

        //创建一个面板 panel2 放置 TextArea
        val panel2 = JPanel()                                           ⑤
        contentPane.add(panel2, BorderLayout.SOUTH)                     ⑥

        //创建标签
        val lblTextAreaLabel = JLabel("TextArea:")
        //添加标签到面板 panel2
        panel2.add(lblTextAreaLabel)

        //创建文本区
        val textArea = JTextArea(3, 20)                                 ⑦
        //添加文本区到面板 panel2
        panel2.add(textArea)

        //设置窗口大小
        pack()                 //紧凑排列，其作用相当于 setSize()          ⑧

        // 设置窗口可见
        isVisible = true

        textField.addActionListener { textArea.text = "在文本框上按下 Enter 键" } ⑨
    }
}
//主函数
fun main() {
    //创建 Frame 对象
    MyFrame("文本输入组件")
}
```

上述代码第①行和第⑤行是创建面板容器，面板（JPanel）是一种没有标题栏和边框的容器，经常用于嵌套布局。然后再将这两个面板添加到内容视图中，见代码第②行和第⑥行。

代码第③行创建文本框对象，指定列数是 12。代码第④行是创建密码框，指定列数是 12。它们都添加到面板 panel1 中。

代码第⑦行创建文本区对象，指定行数为 3，列数为 20，并将其添加到面板 panel2 中。

代码第⑧行 pack 函数是设置窗口的大小，它设置的大小是将容器中所有组件刚好包裹进去。

代码第⑨行是文本框 textField 注册 ActionEvent 事件，当用户在文本框中按下 Enter 键时触发。

23.5.3　复选框和单选按钮

Swing 中提供了用于多选和单选功能的组件。

多选组件是复选框（JCheckBox），复选框（JCheckBox）有时也单独使用，能提供两种状态的开和关。

单选组件是单选按钮（JRadioButton），同一组的多个单选按钮应该具有互斥特性，这也是为什么单选按钮也叫作收音机按钮（RadioButton），就是当一个按钮按下时，其他按钮一定抬起。同一组多个单选按钮应该放到同一个 ButtonGroup 对象中，ButtonGroup 对象不属于容器，它会创建一个互斥作用的范围。

JCheckBox 主要构造函数如下：

☐ JCheckBox()。创建一个没有文本、没有图标并且最初未被选定的复选框对象。

☐ JCheckBox(icon : Icon!)。创建一个带有图标、最初未被选定的复选框对象。

☐ JCheckBox(icon : Icon!, selected : boolean)。创建一个带图标的复选框对象，并指定其最初是否处于选定状态。

☐ JCheckBox(text: String)。创建一个带文本的、最初未被选定的复选框对象。

☐ JCheckBox(text: String, selected : boolean)。创建一个带文本的复选框对象，并指定其最初是否处于选定状态。

☐ JCheckBox(text: String, icon : Icon!)。创建一个带有指定文本和图标的、最初未被选定的复选框对象。

☐ JCheckBox(text: String, icon : Icon!, selected : boolean)。创建一个带文本和图标的复选框对象，并指定其最初是否处于选定状态。

JCheckBox 和 JRadioButton 它们有着相同的父类 JToggleButton，有着相同函数和类似的构造函数，因此这里不再介绍 JRadioButton 构造函数。

下面通过示例介绍复选框和单选按钮。如图 23-21 所示的界面，界面中有一组复选框和一组单选按钮。

图 23-21 复选框和单选按钮示例

示例代码如下：

```kotlin
//Kotlin 代码文件: HelloProj/src/com/zhijieketang/HelloWorld.kt
package com.zhijieketang

...

class MyFrame(title: String) : JFrame(title), ItemListener {          ①

    //声明并创建 RadioButton 对象
    private val radioButton1 = JRadioButton("男")                      ②
    private val radioButton2 = JRadioButton("女")                      ③

    init {

        //创建一个面板 panel1 放置 TextField 和 Password
        val panel1 = JPanel()
        val flowLayout1 = panel1.layout as FlowLayout
        flowLayout1.alignment = FlowLayout.LEFT
        //将面板 panel1 添加到内容视图
        contentPane.add(panel1, BorderLayout.NORTH)

        //创建标签
        val lblTextFieldLabel = JLabel("选择你喜欢的编程语言：")
        //添加标签到面板 panel1
        panel1.add(lblTextFieldLabel)
```

```kotlin
        //创建 checkBox1 对象
        val checkBox1 = JCheckBox("Java")                               ④
        //添加 checkBox1 到面板 panel1
        panel1.add(checkBox1)

        val checkBox2 = JCheckBox("C++")
        //添加 checkBox2 到面板 panel1
        panel1.add(checkBox2)

        val checkBox3 = JCheckBox("Objective-C")
        //注册 checkBox3 对 ActionEvent 事件监听
        checkBox3.addActionListener {                                   ⑤
            //打印 checkBox3 状态
            println(checkBox3.isSelected)
        }
        //添加 checkBox3 到面板 panel1
        panel1.add(checkBox3)

        //创建一个面板 panel2 放置 TextArea
        val panel2 = JPanel()
        val flowLayout2 = panel2.layout as FlowLayout
        flowLayout2.alignment = FlowLayout.LEFT
        contentPane.add(panel2, BorderLayout.SOUTH)

        //创建标签
        val lblTextAreaLabel = JLabel("选择性别: ")
        //添加标签到面板 panel2
        panel2.add(lblTextAreaLabel)

        //创建 ButtonGroup 对象
        val buttonGroup = ButtonGroup()                                ⑥
        //添加 RadioButton 到 ButtonGroup 对象
        buttonGroup.add(radioButton1)
        buttonGroup.add(radioButton2)

        //添加 RadioButton 到面板 panel2                               ⑦
        panel2.add(radioButton1)
        panel2.add(radioButton2)

        //注册 ItemEvent 事件监听器
        radioButton1.addItemListener(this)                            ⑧
        radioButton2.addItemListener(this)

        //设置窗口大小
        pack()                      //紧凑排列，其作用相当于 setSize()

        //设置窗口可见
        isVisible = true
    }
```

```kotlin
//实现 ItemListener 接口方法
override fun itemStateChanged(e: ItemEvent) {          ⑨
    if (e.stateChange == ItemEvent.SELECTED) {         ⑩
        val button = e.item as JRadioButton
        println(button.text)
    }
}
}
}


//主函数
fun main() {
    //创建 Frame 对象
    MyFrame("复选框和单选按钮")
}
```

上述代码第②行和第③行创建了两个单选按钮对象，为了能让这两个单选按钮互斥，需要把它们添加到一个 ButtonGroup 对象中，见代码第⑥行创建 ButtonGroup 对象并把它们添加进来。为了监听两个单选按钮的选择状态，注册 ItemEvent 事件监听器，见代码第⑧行。为了一起处理两个单选按钮事件，它们需要使用同一个事件处理者，本例是 this，这说明当前窗口是事件处理者，它实现了 ItemListener 接口，见代码第①行。代码第⑨行实现了 ItemListener 接口的抽象函数。两个单选按钮使用同一个事件处理者，那么如何判断是哪一个按钮触发的事件呢？代码第⑩行是判断按钮是否被选中，如果选中先通过 e.getItem()函数获得按钮引用，然后再通过 getText()函数获得按钮的文本标签。

代码第④行是创建了一个复选框对象，并且应该把它添加到面板 panel1 中。复选框和单选按钮都属于按钮，能响应 ActionEvent 事件，代码第⑤行是注册 checkBox3 对 ActionEvent 事件的监听。

23.5.4　下拉列表

Swing 中提供了下拉列表（JComboBox）组件，每次只能选择其中的一项。

JComboBox 常用的构造函数有：

☐ JComboBox()。创建一个下拉列表对象。

☐ JComboBox(items: Array)。创建一个下拉列表对象，items 设置下拉列表中的选项。下拉列表中选项内容可以是任意类，而不再局限于 String。

下面通过示例介绍下拉列表组件，如图 23-22 所示的界面，界面中有两个下拉列表组件。

图 23-22　下拉列表示例

示例代码如下：

```kotlin
//Kotlin 代码文件: HelloProj/src/com/zhijieketang/HelloWorld.kt
package com.zhijieketang
```

```kotlin
import java.awt.GridLayout
import java.awt.event.ItemEvent
import javax.swing.JComboBox
import javax.swing.JFrame
import javax.swing.JLabel
import javax.swing.SwingConstants

class MyFrame(title: String) : JFrame(title) {

    private val s1 = arrayOf("Java", "C++", "Objective-C")
    private val s2 = arrayOf("男", "女")

    //声明下拉列表 JComboBox
    private val choice1 = JComboBox(s1)                              ①
    private val choice2 = JComboBox(s2)                              ②

    init {

        layout = GridLayout(2, 2, 0, 0)
        //创建标签
        val lblTextFieldLabel = JLabel("选择你喜欢的编程语言：")
        lblTextFieldLabel.horizontalAlignment = SwingConstants.RIGHT
        contentPane.add(lblTextFieldLabel)

        //注册 Action 事件侦听器，采用 Lambda 表达式
        choice1.addActionListener { e ->                            ③
            val cb = e.source as JComboBox<String>                  ④
            //获得选择的项目
            val itemString = cb.selectedItem as String             ⑤
            println(itemString)
        }
        contentPane.add(choice1)

        //创建标签
        val lblTextAreaLabel = JLabel("选择性别：")
        lblTextAreaLabel.horizontalAlignment = SwingConstants.RIGHT
        contentPane.add(lblTextAreaLabel)

        //注册项目选择事件侦听器
        choice2.addItemListener { e ->                              ⑥
            //项目选择
            if (e.stateChange == ItemEvent.SELECTED) {              ⑦
                //获得选择的项目
                val itemString = e.item as String                  ⑧
                println(itemString)
            }
        }
        contentPane.add(choice2)
        //设置窗口大小
```

```
        setSize(400, 150)
        //设置窗口可见
        isVisible = true
    }

}
//主函数
fun main() {
    //创建 Frame 对象
    MyFrame("下拉列表示例")
}
```

上述代码第①行和第⑤行是创建下拉列表组件对象，其中构造函数参数是字符串数组。下拉列表组件在进行事件处理时，可以注册两种事件监听器：ActionListener 和 ItemListener。这两个监听器都只有一个抽象函数需要实现，因此可以采用 Lambda 表达式作为事件处理者，代码第②行和第⑥行分别注册这两个事件监听器。

代码第③行通过 e 事件参数获得事件源，代码第④行是获得选中的项目。代码第⑦行是判断当前的项目是否被选中，代码第⑧行是从 e 事件参数中取出项目对象。

23.5.5 列表

Swing 中提供了列表（JList）组件，可以单选或多选。

JList 常用的构造函数有：

□ JList()。创建一个列表对象。

□ JList(listData: Array)。创建一个列表对象，listData 设置列表中的选项。列表中选项内容可以是任意类，而不再局限于 String。

下面通过示例介绍列表组件，如图 23-23 所示的界面，界面中有一个列表组件。

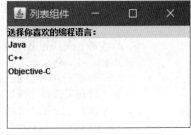

图 23-23　列表组件示例

示例代码如下：

```
//Kotlin 代码文件：HelloProj/src/com/zhijieketang/HelloWorld.kt
package com.zhijieketang

import java.awt.BorderLayout
import javax.swing.JFrame
import javax.swing.JLabel
import javax.swing.JList
import javax.swing.ListSelectionModel

class MyFrame(title: String) : JFrame(title) {

    private val s1 = arrayOf("Java", "C++", "Objective-C")

    init {
        //创建标签
        val lblTextFieldLabel = JLabel("选择你喜欢的编程语言：")
        contentPane.add(lblTextFieldLabel, BorderLayout.NORTH)
```

```
        //列表组件 JList
        val list1 = JList(s1)                                           ①
        list1.selectionMode = ListSelectionModel.SINGLE_SELECTION       ②
        //注册项目选择事件侦听器，采用 Lambda 表达式。
        list1.addListSelectionListener { e ->                           ③
            if (!e.valueIsAdjusting) {                                  ④
                //获得选择的内容
                val itemString = list1.selectedValue as String         ⑤
                println(itemString)
            }
        }
        contentPane.add(list1, BorderLayout.CENTER)

        //设置窗口大小
        setSize(300, 200)
        //设置窗口可见
        isVisible = true
    }

}
//主函数
fun main() {
    //创建 Frame 对象
    MyFrame("列表示例")
}
```

上述代码第①行创建列表组件对象，代码第②行是设置列表为单选，代码第③行是选择列表事件，代码第④行!e.valueIsAdjusting 可判断鼠标释放，e.valueIsAdjusting 可以判断鼠标是否按下。代码第⑤行是取出 selectedValue 属性获得的项目值。

23.5.6　分隔面板

Swing 中提供了一个分隔面板（JSplitPane）组件，可以将屏幕分成左右或上下两部分。JSplitPane 常用的构造函数有：

□ JSplitPane(newOrientation : Int)。创建一个分隔面板，参数 newOrientation 指定布局方向，newOrientation 取值是 JSplitPane.HORIZONTAL_SPLIT 水平或 JSplitPane. VERTICAL_SPLIT 垂直。

□ JSplitPane(newOrientation: Int, newLeftComponent: Component!, newRightComponent: Component!)。创建一个分隔面板，参数 newOrientation 指定布局方向，newLeftComponent 是左侧面板组件，newRightComponent 是右侧面板组件。

下面通过示例介绍分隔面板组件。如图 23-24 所示的界面，界面分左右两部分，左边有列表组件，选中列表项目时右边会显示相应的图片。

图 23-24　分隔面板示例

示例代码如下：

```kotlin
//Kotlin 代码文件：HelloProj/src/com/zhijieketang/HelloWorld.kt
package com.zhijieketang

import java.awt.BorderLayout
import javax.swing.*

class MyFrame(title: String) : JFrame(title) {

    private val data = arrayOf("bird1.gif",
            "bird2.gif", "bird3.gif", "bird4.gif", "bird5.gif", "bird6.gif")

    init {

        // 右边面板
        val rightPane = JPanel()
        rightPane.layout = BorderLayout(0, 0)
        val lblImage = JLabel()
        lblImage.horizontalAlignment = SwingConstants.CENTER
        rightPane.add(lblImage, BorderLayout.CENTER)

        //左边面板
        val leftPane = JPanel()
        leftPane.layout = BorderLayout(0, 0)
        val lblTextFieldLabel = JLabel("选择鸟儿：")
        leftPane.add(lblTextFieldLabel, BorderLayout.NORTH)

        //列表组件 JList
        val list1 = JList(data)
        list1.selectionMode = ListSelectionModel.SINGLE_SELECTION
        //注册项目选择事件侦听器，采用 Lambda 表达式。
        list1.addListSelectionListener { e ->
            if (!e.valueIsAdjusting) {
                //获得选择的内容
                val itemString = list1.selectedValue as String
                val petImage = "images/$itemString"                          ①
                val icon = ImageIcon(petImage)                               ②
                lblImage.icon = icon

            }
        }
        leftPane.add(list1, BorderLayout.CENTER)

        //分隔面板
        val splitPane = JSplitPane(JSplitPane.HORIZONTAL_SPLIT, leftPane, rightPane)  ③
```

```
        splitPane.dividerLocation = 100                                    ④

        contentPane.add(splitPane, BorderLayout.CENTER)                    ⑤

        //设置窗口大小
        setSize(300, 200)
        //设置窗口可见
        isVisible = true
    }

}
//主函数
fun main() {
    //创建 Frame 对象
    MyFrame("分隔面板")
}
```

上述代码分别创建了两个面板。然后在代码第③行创建分隔面板，设置布局是水平方向和左右面板。代码第④行 splitPane.dividerLocation = 100 是设置分隔条的位置。代码第⑤行是将分隔面板添加到内容面板中。

代码第①行是获得图片的相对路径，代码第②行是创建图片 ImageIcon 对象，MyFrame::class.java.getResource(petImage)语句是获取资源图片的绝对路径。

提示　资源文件是放在字节码文件夹中的文件，可通过 XXX.class. java.getResource()函数获得它运行时的绝对路径。

23.5.7　使用表格

当有大量数据需要展示时，可以使用二维表格，有时也可以使用表格修改数据。表格是非常重要的组件。Swing 提供了表格组件 JTable 类，但是表格组件比较复杂，它的表现形式是与数据分离的。Swing 的很多组件都是按照 MVC 设计模式进行设计的，JTable 最有代表性，按照 MVC 设计理念 JTable 属于视图，对应的模型是 javax.swing.table.TableModel 接口实现类，根据自己的业务逻辑和数据实现 TableModel 接口。TableModel 接口要求实现所有抽象函数，使用起来比较麻烦，有时只需使用很简单的表格，这时可以使用 AbstractTableModel 抽象类。实际开发时需要继承 AbstractTableModel 抽象类。

JTable 类常用的构造函数有：

□ JTable(dm: TableModel!)。通过模型创建表格，dm 是模型对象，其中包含了表格要显示的数据。

□ JTable(rowData: Array<Array>>, columnNames: Array)。通过二维数组和指定列名，创建一个表格对象，rowData 是表格中的数据，columnNames 是列名。

□ JTable(numRows : Int,　numColumns: Int)。指定行和列数创建一个空的表格对象。

一个使用 JTable 表格的示例如图 23-25 所示，该表格放置在一个窗口中，由于数据比较多，还有滚动条。下面具体介绍如何通过 JTable 实现该示例。

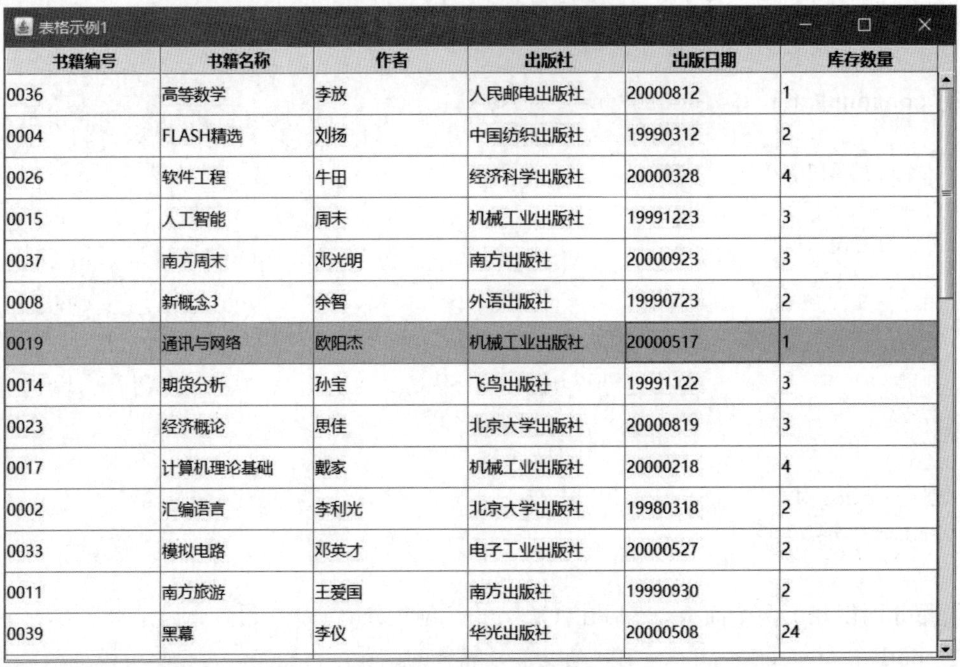
表格示例1

书籍编号	书籍名称	作者	出版社	出版日期	库存数量
0036	高等数学	李放	人民邮电出版社	20000812	1
0004	FLASH精选	刘扬	中国纺织出版社	19990312	2
0026	软件工程	牛田	经济科学出版社	20000328	4
0015	人工智能	周末	机械工业出版社	19991223	3
0037	南方周末	邓光明	南方出版社	20000923	3
0008	新概念3	余智	外语出版社	19990723	2
0019	通讯与网络	欧阳杰	机械工业出版社	20000517	1
0014	期货分析	孙宝	飞鸟出版社	19991122	3
0023	经济概论	思佳	北京大学出版社	20000819	3
0017	计算机理论基础	戴家	机械工业出版社	20000218	4
0002	汇编语言	李利光	北京大学出版社	19980318	2
0033	模拟电路	邓英才	电子工业出版社	20000527	2
0011	南方旅游	王爱国	南方出版社	19990930	2
0039	黑幕	李仪	华光出版社	20000508	24

图 23-25 JTable 表格示例

这一节先介绍通过二维数组和列名实现表格。这种方式创建表格不需要模型，实现起来比较简单。但是表格只能接受二维数组作为数据。

具体代码如下：

```
//Kotlin 代码文件：HelloProj/src/com/zhijieketang/HelloWorld.kt
package com.zhijieketang

import java.awt.BorderLayout
import java.awt.Font
import java.awt.Toolkit
import javax.swing.JFrame
import javax.swing.JScrollPane
import javax.swing.JTable
import javax.swing.ListSelectionModel
import javax.swing.ListSelectionModel.SINGLE_SELECTION

class MyFrameTable(title: String) : JFrame(title) {

    //获得当前屏幕的宽高
    private val screenWidth = Toolkit.getDefaultToolkit().screenSize.getWidth()  ①
    private val screenHeight = Toolkit.getDefaultToolkit().screenSize.getHeight() ②

    private val table: JTable

    //表格列标题
    private var columnNames = arrayOf("书籍编号", "书籍名称", "作者",
                                      "出版社", "出版日期", "库存数量")
```

```kotlin
//表格数据
private var rowData = arrayOf(
        arrayOf("0036", "高等数学", "李放", "人民邮电出版社", "20000812", 1),
        arrayOf("0004", "FLASH 精选", "刘扬", "中国纺织出版社", "19990312", 2),
        arrayOf("0026", "软件工程", "牛田", "经济科学出版社", "20000328", 4),
        ...
        )

init {

    table = JTable(rowData, columnNames)                                    ③
    //设置表中内容字体
    table.font = Font("微软雅黑", Font.PLAIN, 16)
    //设置表列标题字体
    table.tableHeader.font = Font("微软雅黑", Font.BOLD, 16)
    //设置表行高
    table.rowHeight = 40
    //设置为单行选中模式
    table.setSelectionMode(SINGLE_SELECTION)
    //返回当前行的状态模型
    val rowSM = table.selectionModel
    //注册侦听器，选中行发生更改时触发
    rowSM.addListSelectionListener{ e ->                                    ④
        //只处理鼠标按下
        if (!e.valueIsAdjusting) {
            return@addListSelectionListener
        }
        val lsm = e.source as ListSelectionModel
        if (lsm.isSelectionEmpty) {
            println("没有选中行")
        } else {
            val selectedRow = lsm.minSelectionIndex
            println("第" + selectedRow + "行被选中")
        }
    }                                                                      ⑤

    val scrollPane = JScrollPane()                                         ⑥
    scrollPane.setViewportView(table)                                      ⑦
    contentPane.add(scrollPane, BorderLayout.CENTER)

    //设置窗口大小
    setSize(960, 640)
    //计算窗口位⑨于屏幕中心的坐标
    val x = (screenWidth - 960).toInt() / 2                                ⑧
    val y = (screenHeight - 640).toInt() / 2                               ⑨
    //设置窗口位于屏幕中心
    setLocation(x, y)

    // 设置窗口可见
    isVisible = true
```

```
    }
}
//主函数
fun main() {
    //创建 Frame 对象
    MyFrame("MyFrame")
}
```

上述代码第①行和第②行是获得当前机器屏幕的高和宽，通过屏幕的高和宽可以计算出当前窗口屏幕居中时的坐标，代码第⑧行和第⑨行是计算这个坐标，由于坐标原点在屏幕的左上角，所以窗口居中坐标公式为：

```
x = (屏幕宽度-窗口宽度) / 2
y = (屏幕高度-窗口高度) / 2
```

代码第③行是创建 JTable 表格对象，采用了二维数组和字符串一维数组创建表格对象。代码第④行 ~ 第⑤行是注册事件监听器，当选择变化时触发监听器。由于 ListSelectionListener 接口属于 SAM 接口，所以可以使用 Lambda 表达式实现该接口。

表格一般都会放到一个滚动面板（JScrollPane）中，这可以保证数据超出屏幕时能够出现滚动条。把表格添加到滚动面板并不是使用 add 函数，而是使用代码第⑦行的 scrollPane.setViewportView(table)语句。滚动面板是非常特殊的面板，它管理这一个视口或窗口，当里面的内容超出视口时会出现滚动条，setViewportView 函数可以设置一个容器或组件作为滚动面板的视口。

23.6 案例：图书库存

在实际项目开发中数据往往是从数据库中查询返回的，数据结构有多种形式，采用自定义模型可以接收任何形式的数据。本节将 23.5.7 小节的图书表格示例采用自定义模型重构。

在进行数据库设计时，数据库中每一个表都对应 Kotlin 实体类，实体类是系统的"人""事""物"等一些名词，例如图书（Book）就是一个实体类，实体类 Book 代码如下：

```
//Kotlin 代码文件：HelloProj/src/main/kotlin/com/zhijieketang/BookTableModel.kt
package com.zhijieketang

//图书实体类
data class Book(
        //图书编号
        val bookid: String,
        //图书名称
        val bookname: String,
        //图书作者
        val author: String,
        //出版社
        val publisher: String,
        //出版日期
        val pubtime: String,
        //库存数量
```

```
        val inventory: Int
)
```

实体类可以声明为数据类。

由于本书没有介绍数据库编程，本示例表格中的数据是从 JSON 文件 Books.json 中读取的，Books.json 位于项目的 db 目录中，JSON 文件 Books.json 的内容如下：

```
[{"bookid":"0036","bookname":"高等数学","author":"李放","publisher":"人民邮电出版社",
"pubtime":"20000812","inventory":1},
{"bookid":"0004","bookname":"FLASH精选","author":"刘扬","publisher":"中国纺织出版社",
"pubtime":"19990312","inventory":2},
...
{"bookid":"0005","bookname":"java 基础","author":"王一","publisher":"电子工业出版社",
"pubtime":"19990528","inventory":3},
{"bookid":"0032","bookname":"SOL 使用手册","author":"贺民","publisher":"电子工业出版社",
"pubtime":"19990425","inventory":2}]
```

从文件 Books.json 可见整个文档结构是 JSON 数组，因为 JSON 字符串的开始和结尾被中括号括起来，说明这是 JSON 数组。JSON 数组的每一个元素是 JSON 对象，因为 JSON 对象是用大括号括起来的，代码如下。

```
{"bookid":"0032","bookname":"SOL 使用手册","author":"贺民","publisher":"电子工业出版社",
"pubtime":"19990425","inventory":2}
```

清楚这个 JSON 文档结构非常必要，编程时会根据这个文档结构解析 JSON 文档代码如下：

```
//Kotlin 代码文件: HelloProj/src/main/kotlin/com/zhijieketang/BookTableModel.kt
package com.zhijieketang

import com.github.salomonbrys.kotson.fromJson
import com.google.gson.Gson
import java.io.FileReader
import javax.swing.table.AbstractTableModel

private val bookList: List<Book>                                       ①
    get() {
        //数据文件
        val dbFile = "./db/Books.json"                                 ②
        //读取文件
        (FileReader(dbFile)).use { fileReader ->
            val jsonString = fileReader.readText()                     ③
            val gson = Gson()
            val list = gson.fromJson<List<Book>>(jsonString)           ④
            return list
        }
    }
```

上述代码第①声明属性 bookList 用于保存从 JSON 字符串中解码的数据。代码第②声明变量指定 JSON 文件路径，文件被放置到当前工程的 db 目录中，代码第③行是从 Books.json 文件中读取 JSON 字符串。代码第④行是解码 JSON 字符串。

下面看看模型 BookTableModel 代码：

```kotlin
//Kotlin 代码文件: HelloProj/src/main/kotlin/com/zhijieketang/BookTableModel.kt
package com.zhijieketang

class BookTableModel() : AbstractTableModel() {                              ①
    private val bookList: List<Book>
        ...
        }

    //列名数组
    private val columnNames = arrayOf("书籍编号", "书籍名称", "作者", "出版社", "出版日期",
    "库存数量")

    //获得行数
    override fun getRowCount(): Int = bookList.size

    //获得列数
    override fun getColumnCount(): Int = columnNames.size

    //获得 row 行 col 列的数据
    override fun getValueAt(row: Int, col: Int): Any? {                      ②
        val (bookid, bookname, author, publisher, pubtime, inventory) = bookList[row]
        return when (col) {
            0 -> bookid
            1 -> bookname
            2 -> author
            3 -> publisher
            4 -> pubtime
            5 -> inventory
            else -> null
        }
    }

    //获得某列的名字
    override fun getColumnName(col: Int): String = columnNames[col]          ③
}
```

上述代码是自定义的模型，它继承了抽象类 AbstractTableModel，见代码第①行。抽象类 AbstractTableModel 要求必须实现 getColumnCount()、getRowCount()和 getValueAt(row: Int, col: Int)三个抽象函数，getColumnCount()函数提供表格列数，getRowCount()函数提供表格行数，getValueAt(row: Int, col: Int)函数提供指定行和列的单元格内容。代码第③行的 getColumnName(col: Int)函数不是抽象类要求实现的函数，重写该函数能够给表格提供有意义的列名。

窗口代码如下：

```kotlin
//Kotlin 代码文件: HelloProj/src/com/zhijieketang/HelloWorld.kt
package com.zhijieketang

import java.awt.BorderLayout
import java.awt.Font
import java.awt.Toolkit
import javax.swing.JFrame
```

```
import javax.swing.JScrollPane
import javax.swing.JTable
import javax.swing.ListSelectionModel

class MyFrame   Table(title: String ) : JFrame(title) {

    //获得当前屏幕的宽高
    private val screenWidth = Toolkit.getDefaultToolkit().screenSize.getWidth()
    private val screenHeight = Toolkit.getDefaultToolkit().screenSize.getHeight()

    private val table: JTable

    init {
        val model = BookTableModel(data)

        table = JTable(model)
        with(table) {                                                    ①
            //设置表中内容字体
            font = Font("微软雅黑", Font.PLAIN, 16)
            //设置表列标题字体
            tableHeader.font = Font("微软雅黑", Font.BOLD, 16)
            //设置表行高
            rowHeight = 40
            //设置为单行选中模式
            setSelectionMode(SINGLE_SELECTION)
        }
        //返回当前行的状态模型
        val rowSM = table.selectionModel
        //注册侦听器，选中行发生更改时触发
        rowSM.addListSelectionListener { e ->
            //只处理鼠标按下
            if (!e.valueIsAdjusting) {
                return@addListSelectionListener
            }
            val lsm = e.source as ListSelectionModel
            if (lsm.isSelectionEmpty) {
                println("没有选中行")
            } else {
                val selectedRow = lsm.minSelectionIndex
                println("第" + selectedRow + "行被选中")
            }
        }

        val scrollPane = JScrollPane()
        scrollPane.setViewportView(table)
        contentPane.add(scrollPane, BorderLayout.CENTER)

        //设置窗口大小
        setSize(960, 640)
        //计算窗口位于屏幕中心的坐标
```

```
        val x = (screenWidth - 960).toInt() / 2
        val y = (screenHeight - 640).toInt() / 2
        //设置窗口位于屏幕中心
        setLocation(x, y)
        //设置窗口可见
        isVisible = true
    }

}
//主函数
fun main() {
    //创建 Frame 对象
    MyFrameTable("图书库存")
}
```

窗口代码与 23.5.7 节的类似，需要注意代码第①行使用了 with 函数，同时设置 table 对象的多个函数。其中代码不再赘述。

本章小结

本章介绍了 Kotlin 借助 Java Swing 技术编写图形用户界面应用。详细介绍了 Swing 的布局管理、Swing 常用组件，最后介绍了一个 JTable 案例。

第 24 章

轻量级 SQL 框架——Exposed

　　数据必须以某种方式存储起来才有用，数据库实际上是一组相关数据的集合。例如，某个医疗机构中所有信息的集合可以被称为一个"医疗机构数据库"，这个数据库中的所有数据都与医疗机构相关。

　　数据库编程相关的技术有很多，涉及具体的数据库安装、配置和管理，还要掌握 SQL 语句才能编写程序访问数据库。本章重点介绍 MySQL 数据库的安装和配置以及利用 Exposed 框架进行数据库编程。

24.1　MySQL 数据库管理系统

　　在介绍 Exposed 框架前先介绍数据库管理系统。数据库管理系统负责对数据进行管理、维护和使用。现在主流数据库管理系统有 Oracle、SQL Server、DB 2、Sybase 和 MySQL 等，本节将介绍 MySQL 数据库管理系统的使用和管理。

　　MySQL（https://www.mysql.com）是流行的开放源码 SQL 数据库管理系统，它由 MySQL AB 公司开发，先被 Sun 公司收购，后来又被 Oracle 公司收购，现在 MySQL 数据库是 Oracle 旗下的数据库产品，Oracle 负责提供技术支持和维护。

　　目前 Oracle 提供了多个 MySQL 版本，其中社区版 MySQL Community Edition 是免费的，比较适合中小企业数据库，本书也对这个版本进行介绍。

　　社区版下载地址是 https://dev.mysql.com/downloads/mysql/。如图 24-1 所示，可以选择不同的平台版本，MySQL 可在 Windows、Linux 和 UNIX 等操作系统上安装和运行。本书选择的是 Windows 版中的 mysql-8.0.20-winx64 安装文件。笔者推荐 Windows (x86, 64-bit), ZIP Archive 版本。

　　mysql-8.0.20-winx64 是压缩文件，安装时只需解压后进行一些配置就可以了。

　　首先解压 mysql-8.0.20-winx64 到一个合适的文件夹中。然后将<MySQL 解压文件夹>\bin 添加到 Path 环境变量中。

　　配置数据库需要用管理员权限，在命令提示符中运行一些指令进行配置。管理员权限在命令提示符，可以使用 Windows PowerShell（管理员）进入。

　　提示　Windows PowerShell（管理员）进入过程：右击屏幕左下角的 Windows 图标■，弹出如图 24-2 所示的 Windows 菜单，选择 Windows PowerShell（管理员）菜单，打开如图 24-3 所示的 Windows PowerShell（管理员）对话框。

图 24-1　MySQL 数据库社区版下载

图 24-2　Windows 菜单

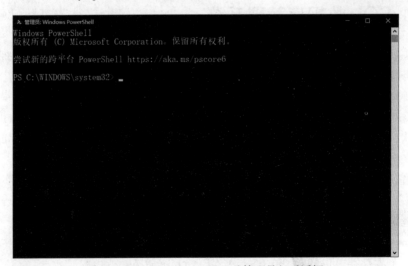

图 24-3　Windows PowerShell（管理员）对话框

指令进行配置如下：

（1）初始化数据库。

初始化数据库指令如下：

```
mysqld --initialize --user=mysql --console
```

初始化过程如图 24-4 所示。初始化成功后 root 用户会生成一个临时密码，请一定记住这个密码。笔者生成的密码是&x.esX_Ze2V。

图 24-4　初始化数据库指令

（2）安装 MySQL 服务。

安装 MySQL 服务就是把 MySQL 数据库启动配置成为 Windows 系统中的一个服务。这样当 Windows 启动后，MySQL 数据库自动启动。安装 MySQL 服务指令如下：

```
mysqld --install
```

（3）启用服务。

启用服务指令如下：

```
net start mysql
```

MySQL 数据库服务启动成功说明数据库安装和配置成功。查看 MySQL 数据库服务可以打开 Windows 服务，如图 24-5 所示。

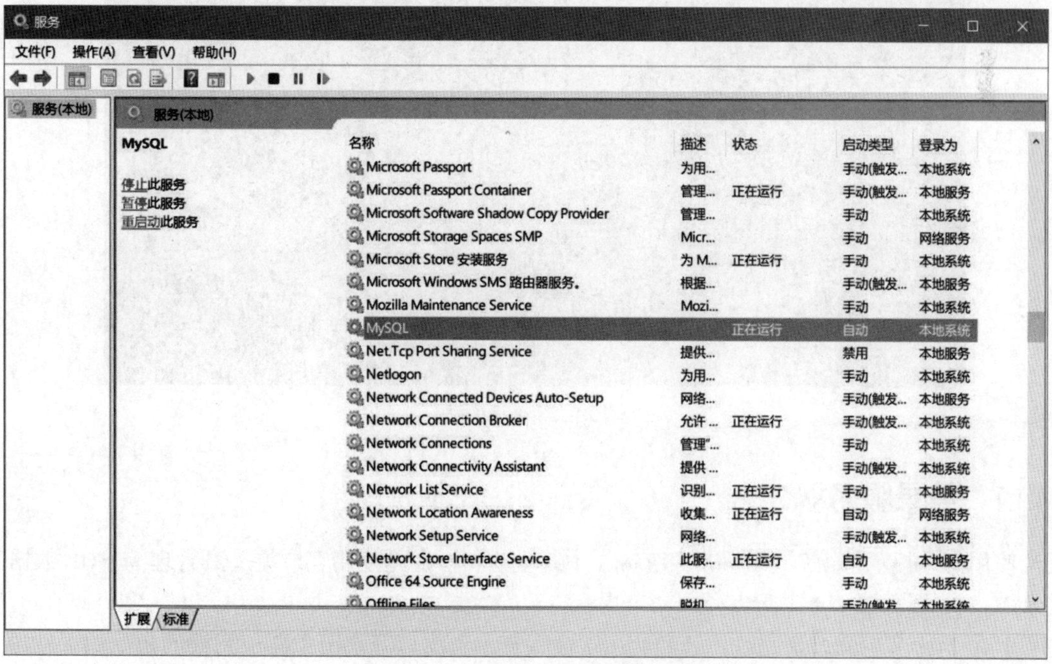

图 24-5　MySQL 数据库服务启动

（4）修改 root 临时密码。

通过命令提示符窗口登录 MySQL 数据库服务器后，运行如下指令，按 Enter 键，在提示输入密码后，再按 Enter 键，如图 24-6 所示。

```
mysql -u root -p
```

图 24-6　登录 MySQL 数据库服务器

登录成功后，在 mysql 提示符中输入如下指令。其中 12345 是修改后的新密码，如图 24-7 所示。

```
ALTER USER 'root'@'localhost' IDENTIFIED WITH mysql_native_password BY '12345';
```

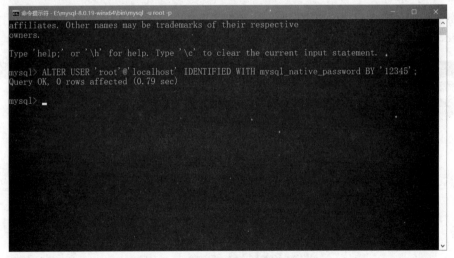

图 24-7　修改密码

24.1.1　登录服务器

无论使用命令提示符窗口（macOS 和 Linux 中终端窗口）还是使用客户端工具管理 MySQL 数据库，都需要登录 MySQL 服务器。本书重点介绍命令提示符窗口登录。

事实上在 24.1 节中修改密码时，已经使用了命令提示符窗口登录服务器。完整的指令如下：

```
mysql -h 主机 IP 地址（主机名） -u 用户 -p
```

其中–h、–u、–p 是参数，说明如下：

–h：是要登录的服务器主机名或 IP 地址，可以是远程的一个服务器主机。注意–h 后面可以没有空格。如果是本机登录可以省略。

–u：是登录服务器的用户，这个用户一定是数据库中存在的，并且具有登录服务器的权限。注意–u 后面可以没有空格。

–p：是用户对应的密码，可以直接–p 后面输入密码，可以在按 Enter 键后再输入密码。

如果想登录本机数据库，用户是 root，密码是 12345，那么至少有如下 6 种指令可以登录数据库。

```
mysql -u root -p
mysql -u root -p12345
mysql -uroot -p12345
mysql -h localhost -u root -p
mysql -h localhost -u root -p12345
mysql -hlocalhost -uroot -p12345
```

如图 24-8 所示是 mysql –hlocalhost –uroot –p12345 指令登录服务器。

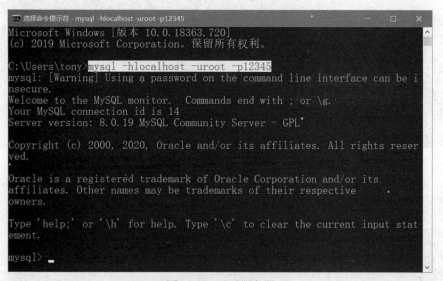

图 24-8　登录服务器

24.1.2　常见的管理命令

通过命令行客户端管理 MySQL 数据库，需要了解一些常用的命令。

1. help命令

第一个应该熟悉的就是 help 命令，help 命令能够列出 MySQL 其他命令的帮助。在命令行客户端中输入 help，不需要分号结尾，直接按 Enter 键即可，如图 24-9 所示。这里都是 MySQL 的管理命令，这些命令大部分不需要分号结尾。

2. 退出命令

从命令行客户端中退出，可以在命令行客户端中使用 quit 或 exit 命令，如图 24-10 所示。这两个命令也不需要分号结尾。通过命令行客户端管理 MySQL 数据库，需要了解一些常用的命令。

```
选择命令提示符 - mysql -hlocalhost -uroot -p12345

mysql> help

For information about MySQL products and services, visit:
   http://www.mysql.com/
For developer information, including the MySQL Reference Manual, visit:
   http://dev.mysql.com/
To buy MySQL Enterprise support, training, or other products, visit:
   https://shop.mysql.com/

List of all MySQL commands:
Note that all text commands must be first on line and end with ';'
?         (\?) Synonym for `help'.
clear     (\c) Clear the current input statement.
connect   (\r) Reconnect to the server. Optional arguments are db and host.
delimiter (\d) Set statement delimiter.
ego       (\G) Send command to mysql server, display result vertically.
exit      (\q) Exit mysql. Same as quit.
go        (\g) Send command to mysql server.
help      (\h) Display this help.
notee     (\t) Don't write into outfile.
print     (\p) Print current command.
prompt    (\R) Change your mysql prompt.
quit      (\q) Quit mysql.
rehash    (\#) Rebuild completion hash.
source    (\.) Execute an SQL script file. Takes a file name as an argument.
status    (\s) Get status information from the server.
system    (\!) Execute a system shell command.
tee       (\T) Set outfile [to_outfile]. Append everything into given outfile.
use       (\u) Use another database. Takes database name as argument.
charset   (\C) Switch to another charset. Might be needed for processing binlog with
multi-byte charsets.
warnings  (\W) Show warnings after every statement.
nowarning (\w) Don't show warnings after every statement.
resetconnection(\x) Clean session context.

For server side help, type 'help contents'
```

图 24-9　使用 help 命令

```
选择命令提示符
delimiter (\d) Set statement delimiter.
ego       (\G) Send command to mysql server, display result vertically.
exit      (\q) Exit mysql. Same as quit.
go        (\g) Send command to mysql server.
help      (\h) Display this help.
notee     (\t) Don't write into outfile.
print     (\p) Print current command.
prompt    (\R) Change your mysql prompt.
quit      (\q) Quit mysql.
rehash    (\#) Rebuild completion hash.
source    (\.) Execute an SQL script file. Takes a file name as an argument.
status    (\s) Get status information from the server.
system    (\!) Execute a system shell command.
tee       (\T) Set outfile [to_outfile]. Append everything into given outfile.
use       (\u) Use another database. Takes database name as argument.
charset   (\C) Switch to another charset. Might be needed for processing binlog with
multi-byte charsets.
warnings  (\W) Show warnings after every statement.
nowarning (\w) Don't show warnings after every statement.
resetconnection(\x) Clean session context.

For server side help, type 'help contents'

mysql> exit
Bye

C:\Users\tony>
```

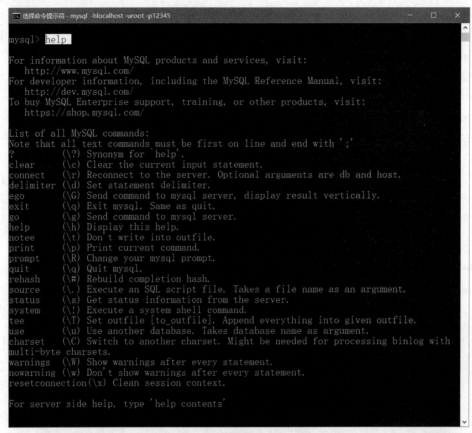

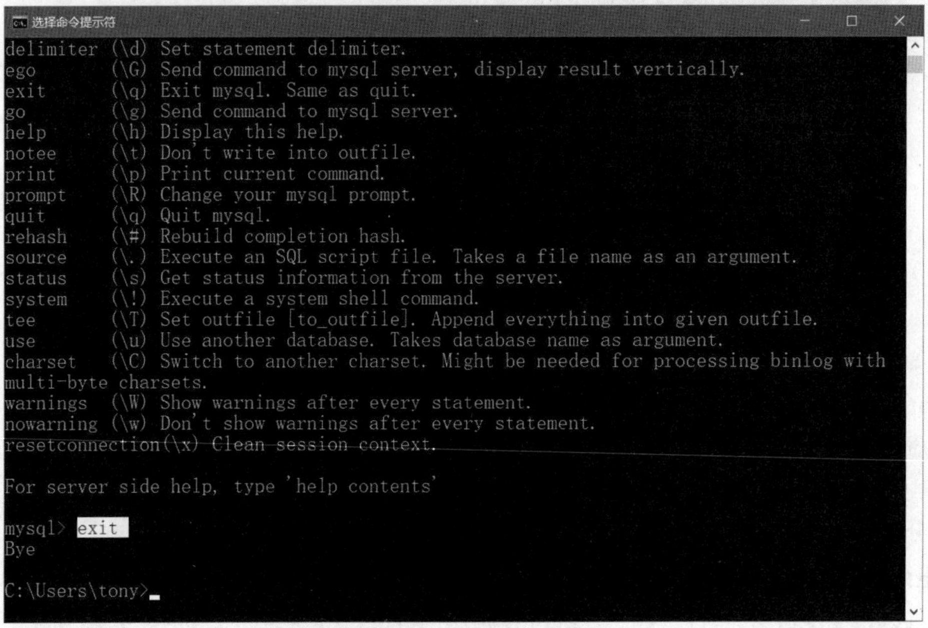

图 24-10　使用退出命令

3. 数据库管理命令

在使用数据库的过程中，有时需要知道数据库服务器中有哪些数据库。查看数据库的命令是 show databases;，如图 24-11 所示，注意该命令后面是以分号结尾的。

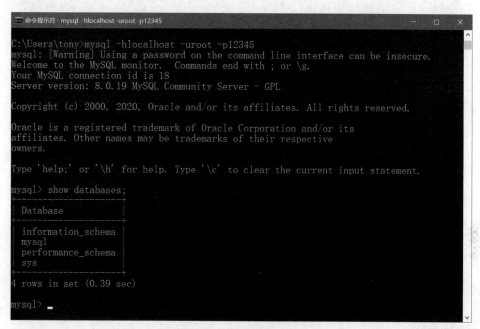

图 24-11　查看数据库信息

创建数据库可以使用 create database testdb;命令，如图 24-12 所示，testdb 是自定义数据库名，注意该命令后面是以分号结尾的。

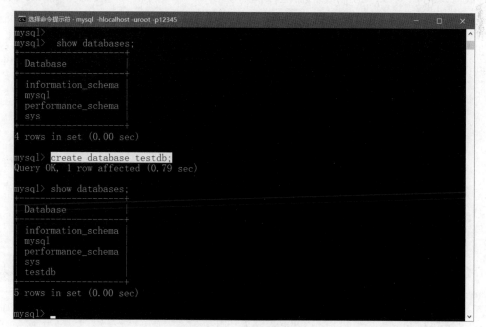

图 24-12　创建数据库

想要删除数据库可以使用 drop database testdb;命令，如图 24-13 所示，testdb 是自定义数据库名，注意该命令后面是以分号结尾的。

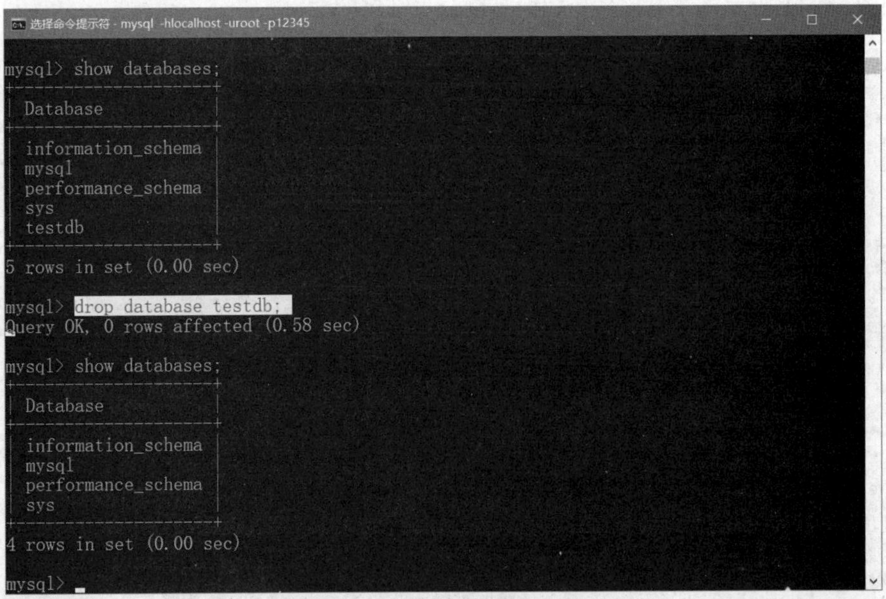

图 24-13　删除数据库

4. 数据表管理命令

在使用数据库的过程中，有时需要知道某个数据库下有多少个数据表，并需要查看表结构等信息。

查看有多少个数据表的命令是 show tables;，如图 24-14 所示，注意该命令后面是以分号结尾的。一个服务器中有很多数据库，应该先使用 use 选择数据库。如图 24-14 所示，use sys 命令结尾没有分号。

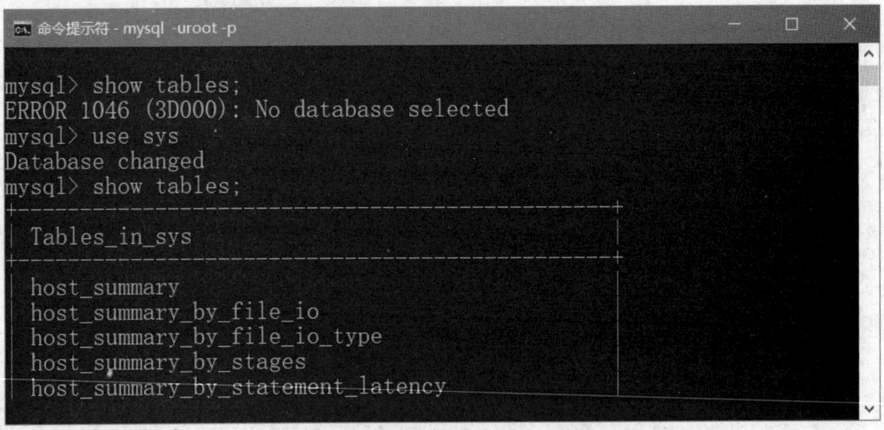

图 24-14　查看数据库中表信息

知道了有哪些表后，还需要知道表结构，可以使用 desc 命令，如获得 city 表结构可以使用 desc host_summary;命令，如图 24-15 所示，注意该命令后面是以分号结尾的。

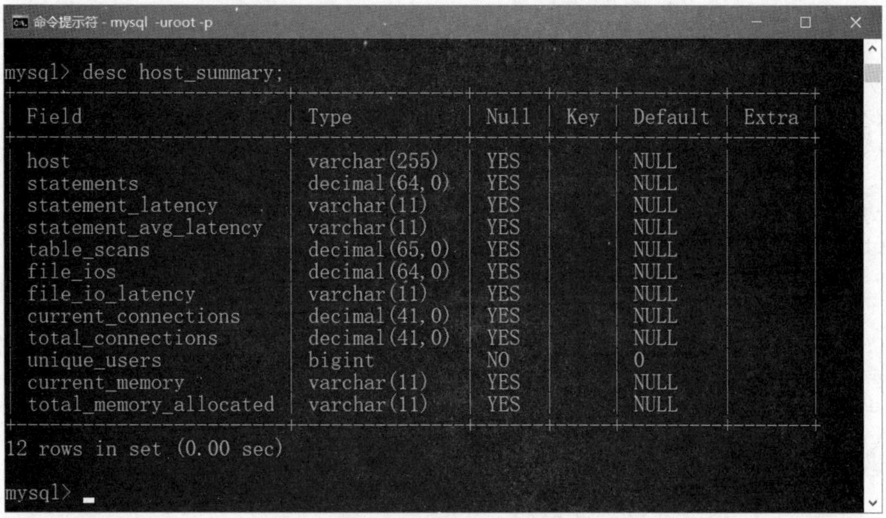

图 24-15 查看表结构

24.2 Kotlin 与 DSL

DSL（领域特定语言，Domain Specific Language）是针对某个领域所设计出来的一个特定的语言，如 SQL 语言、正则表达式和 HTML 等。而 Java、C 和 C++等语言称为 GPL（通用编程语言，General Purpose Language）。DSL 专注于特定领域或任务，放弃了与该领域无关的功能，使得其更加专注，也更简单易用。

Kotlin 提供了 DSL 支持，如函数式编程和 Lambda 表达式都是 DSL 的基础。此外，还有 Kotlin 中集合和数组中的函数 selectAll、groupBy、orderBy 和 sortedBy 等，这些函数方便 DSL 进行处理数据。

目前支持 DSL 的 Kotlin 库或框架有很多，例如下面的两个框架：

□ kotlinx.html（https://github.com/Kotlin/kotlinx.html）：生成 HTML 页面。

□ Exposed（https://github.com/JetBrains/Exposed）：轻量级 SQL 框架。

24.3 使用 Exposed 框架

本章的重点是介绍数据库编程，因此重点介绍 Exposed 框架的使用。Exposed 是 Kotlin DSL 轻量级的 SQL 框架，Exposed 是基于 JDBC（Java Database Connectivity）技术实现的。使用 JDBC 比较麻烦，要先建立数据连接、编写 SQL 语句、操作数据库，最后要关闭数据库。而使用 Exposed 的开发人员不需要关心数据库连接或关闭等与业务无关的问题，只需要关注数据操作。

24.3.1 配置项目

为了能够在项目中使用 Exposed 框架，需要创建 IntelliJ IDEA 与 Gradle 项目，项目创建完成后再打开 build.gradle 文件，修改文件 build.gradle 内容如下：

```
//代码文件：chapter25/PetStore/PetStore/build.gradle
plugins {
    id 'java'
    id 'org.jetbrains.kotlin.jvm' version '1.4.21'
```

```
}

group 'com.zhijieketang'
version '1.0-SNAPSHOT'

repositories {
//    mavenCentral()                                                    ①
      jcenter()                                                         ②
}

dependencies {
    implementation("org.jetbrains.exposed:exposed-core:$exposedVersion")    ③
    implementation("org.jetbrains.exposed:exposed-dao:$exposedVersion")
    implementation("org.jetbrains.exposed:exposed-jdbc:$exposedVersion")    ④
    implementation("mysql:mysql-connector-java:8.0.20")                     ⑤


}
```

代码第①行在 build.gradle 文件中删除 mavenCentral 库，代码第②行添加 jcenter 库，这些都是 Gradle 仓库，添加 Exposed 库依赖关系（见代码第③~④行）。代码第⑤行是添加 MySQL 数据库 JDBC 驱动程序的依赖关系。

在配置文件中多次引用 exposed 版本号是因为可以在配置文件中使用变量$exposedVersion，它是在 gradle.properties 文件配置的。修改文件 gradle.properties 内容如下：

```
//代码文件: chapter25/PetStore/PetStore/gradle.properties
kotlin.code.style=official
exposedVersion=0.29.1                                                   ①
```

代码第①行添加配置信息 exposedVersion 在配置文件中引用的变量，=0.29.1 是具体的变量值。

24.3.2　面向 DSL API

Exposed 框架提供了两种形式的 API，一种是面向 DSL 的 API；另一种是面向对象的 API。本节将介绍面向 DSL 的 API，这里的 DSL 类似于标准 SQL。

下面通过示例介绍如何使用 Exposed DSL API，示例中有一个公司部门表（Departments），它有两个字段 id 和 name，如表 24-1 所示。

表 24-1　Departments表结构

字 段 名	类 型	是否可以为Null	主 键	是否自增长
id	integer	否	是	是
name	varchar(30)	是	否	否

示例代码如下：

```
//代码文件: /HelloProj/src/main/kotlin/com/zhijieketang/HelloWorld.kt
package com.zhijieketang

import org.jetbrains.exposed.sql.*
import org.jetbrains.exposed.sql.SchemaUtils.create
```

```kotlin
import org.jetbrains.exposed.sql.transactions.transaction

// 声明部门表
object Departments : Table() {                                              ①
    //声明表中字段
    val id = integer("id").autoIncrement()                                 ②
    val name = varchar("name", length = 30)                                ③
    override val primaryKey = PrimaryKey(id, name = "PK_DEP_ID")           ④
}

const val URL = "jdbc:mysql://localhost:3306/MyDB?serverTimezone=UTC&useUnicode=
true&characterEncoding=utf-8"                                              ⑤
const val DRIVER_CLASS = "com.mysql.cj.jdbc.Driver"                        ⑥

fun main() {
    //连接数据库
    Database.connect(URL, user = "root", password = "12345", driver = DRIVER_CLASS) ⑦
    //操作数据库
    transaction {                                                          ⑧
        //创建部门表 Departments
        create(Departments)                                                ⑨
        //部门表插入数据
        Departments.insert {                                               ⑩
            it[name] = "销售部"
        }
        Departments.insert {
            it[name] = "技术部"
        }
        showDatas()                                                        ⑪

        //更新数据
        Departments.update({ Departments.name eq "销售部" }) {              ⑫
            it[name] = "市场部"
        }
        showDatas()

        //删除数据
        Departments.deleteWhere { Departments.id lessEq 1 }               ⑬
        showDatas()
    }
}


//查询所有数据，并打印
fun showDatas() {
    println("--------------------")
    Departments.selectAll().forEach {                                      ⑭
        println("${it[Departments.id]}: ${it[Departments.name]}")          ⑮
    }
}
```

上述代码实现了创建 Departments 表，以及对 Departments 进行了数据 CRUD 操作。代码第①行声明一个部门表，Exposed SQL DSL 中要操作的数据库中所有的表都要在此声明，声明采用 Kotlin 对象声明语法，代码第②行和第③行是表的声明字段，integer 和 varchar 函数对应 SQL 中的字段类型整数和可变字符串类型，类似的函数有：

- □ 数值类型：integer、long、decimal。
- □ 字符类型：char、text、varchar。
- □ 日期、时间类型：date、datetime。
- □ 布尔类型：bool。
- □ 大二进对象类型：blob。

这些函数都与 SQL 字段类型对应，从函数名可知字段类型，代码第②行的 autoIncrement 函数设置字段为自增长，代码第④行是重写主键字段。其中 primaryKey 函数设置字段为主键，其中参数 name 是设置主键名字。

上述代码第⑤行是设置数据库需要的 URL 字符串，代码第⑥行是设置 JDBC 驱动程序，不同数据库 URL 和 JDBC 驱动程序是不同的，这里总结了几个常用数据库 URL 和驱动程序。其中 MyDB 是数据库名，另外 3306 是 MySQL 服务器所用的端口，useUnicode=true&characterEncoding=utf-8 是设置字符集为 UTF-8。如果是中文也可设置为 gbk。

代码第⑦行的函数 Database.connect 是连接数据库，代码第⑧行的 transaction{...}函数是开启数据库事务管理，transaction{...}范围内的 SQL 操作都是一个事物。

提示 数据库事务通常包含了多个对数据库读/写的操作，这些操作是有序的。当事务被提交给了数据库管理系统，则数据库管理系统需要确保该事务中的所有操作都成功完成，结果被永久保存在数据库中。如果事务中有的操作没有成功完成，则事务中的所有操作都需要被回滚，回到事务执行前的状态。同时，该事务对数据库或者其他事务的执行无影响，所有的事务都好像在独立地运行。

代码第⑨行的 create 函数是创建数据库表，它的参数是可变参数。代码第⑩行是调用表中的 insert 函数插入数据，it[name] = "销售部"表达式是为 name 字段设置数值。

代码第⑪行调用自定义函数 showDatas，该函数查询所有数据并打印，其中代码第⑭行中的 selectAll 函数查询所有数据，代码第⑮行 it[Departments.id]是访问 id 字段内容，代码第⑮行 it[Departments name]是访问 name 字段的内容。

代码第⑫行 update 函数是更新表，Departments.name eq "销售部"表达式是更新条件，相当于 SQL 的 name = "销售部"，eq 是 Exposed 框架提供的中缀运算符=（等于）。Exposed 框架中缀运算符与 SQL 运算符的对照如表 24-2 所示。

代码第⑬行 deleteWhere 是按照条件删除数据，Departments.id lessEq 1 表达式是删除条件，相当于 SQL 语句的 id <= 1。

表 24-2　中缀运算符与SQL运算符对照

中缀运算符	SQL运算符
eq	=
neq	!=
less	<

续表

中缀运算符	SQL运算符
lessEq	<=
greater	>
greaterEq	>=
like	like
inList	in
between	between
plus	+
minus	–
times	*
div	/

提示 测试上述代码需要在数据库中创建 testDB 数据库。

上述代码第一次运行结果如下：

```
--------------------
1：销售部
2：技术部
--------------------
1：市场部
2：技术部
--------------------
2：技术部
```

24.3.3 面向对象 API

24.3.2 小节介绍了 Exposed DSL API，它的代码风格非常类似于 SQL 语句。在 Exposed 框架中不仅提供了 DSL API，还提供了面向对象的 API，本节将介绍 Exposed 对象 API。

所谓"面向对象的 API"主要是通过对象来操作数据库，它提供了一种对象关系型映射技术（ORM），类似于 Hibernate 框架[1]。

示例代码如下：

```
//代码文件：/HelloProj/src/main/kotlin/com/zhijieketang/HelloWorld.kt
package com.zhijieketang


import org.jetbrains.exposed.dao.IntEntity
import org.jetbrains.exposed.dao.IntEntityClass
import org.jetbrains.exposed.dao.id.EntityID
import org.jetbrains.exposed.dao.id.IntIdTable
import org.jetbrains.exposed.sql.Database
```

---

[1] Hibernate 是一种 Java 语言下的对象关系映射解决方案。它为面向对象的领域模型到传统的关系型数据库的映射提供了一个使用方便的框架。

```kotlin
import org.jetbrains.exposed.sql.SchemaUtils.create
import org.jetbrains.exposed.sql.selectAll
import org.jetbrains.exposed.sql.transactions.transaction


...
// 声明部门表
object Departments : IntIdTable () {                                        ①
    //声明表中字段
    val name = varchar("name", length = 30)                                 ②
}
// 声明部门实体
class Department(id: EntityID<Int>) : IntEntity(id) {                        ③
    //为数据表 Departments 与实体 Department 建立映射关系
    companion object : IntEntityClass<Department>(Departments)               ④

    var name by Departments.name                                            ⑤
}

const val URL = "jdbc:mysql://localhost:3306/MyDB?serverTimezone=UTC&useUnicode=
true&characterEncoding=utf-8"
const val DRIVER_CLASS = "com.mysql.cj.jdbc.Driver"


fun main() {

    //连接数据库
    Database.connect(URL, user = "root", password = "12345", driver = DRIVER_CLASS)
    //操作数据库
    transaction {
        //创建部门表 Departments
        create(Departments)                                                 ⑥

        //部门实体中插入数据
        Department.new {                                                    ⑦
            name = "销售部"
        }

        val dept = Department.new {                                         ⑧
            name = "技术部"
        }
        showDatas()

        //修改部门实体属性
        dept.name = "市场部"                                                 ⑨
        showDatas()

        //删除部门实体
        dept.delete()                                                       ⑩
        showDatas()
    }
```

```
    }

    //查询所有数据，并打印
    fun showDatas() {
        println("---------------------")
        Departments.selectAll().forEach {
            println("${it[Departments.id]}: ${it[Departments.name]}")
        }
    }
```

代码第①行是声明创建数据库中的部门表，注意父类是 IntIdTable，IntIdTable 是一种主键命名为 id 且自增长的整数类型字段。代码第②行是声明表中 name 字段，由于继承了 IntIdTable，所以还有一个 id 字段。

代码第③行是声明部门实体[①]类，父类是 IntEntity，即主键为 Int 类型的实体。应用程序中的实体类与数据库中的表是有对应关系的，这就是 ORM（对象关系映射），Exposed 对象 API 就是面向这些实体对象的操作。代码第④行是将数据库在表 Departments 与程序中实体 Department 类建立起映射关系，IntEntityClass<Department>是指明实体类，Departments 是指明数据中的表。代码第⑤行是指定实体类 Department 的属性与表 Departments 的字段映射关系。

代码第⑥行是创建部门表 Departments。代码第⑦行和第⑧行都是调用实体类的 new 函数创建一个 Department 实体对象，这个操作的结果会使 Exposed 框架在数据库 Departments 表中增加一条记录。代码第⑧行是有返回值的，这个返回值就是成功创建 Department 实体对象的引用，通过这个引用可以修改和删除实体，Exposed 框架会同步这些操作到数据库表中。代码第⑨行是修改部门实体 name 属性为"市场部"，相应的数据库 Departments 表也会更新对应记录的 name 字段。代码第⑩行是删除当前的部门实体，相应的数据库 Departments 表也会删除对应的记录。

24.4　案例：多表连接查询操作

24.3 节的示例中只使用了一个表，在实际开发工作中会经常遇到多表之间有外键约束的情况，会经常用到多表连接查询。

24.4.1　创建数据库

下面通过案例介绍使用 Exposed DSL API 实现多表连接查询的操作。案例中公司部门表和员工表的 E-R 图[②]如图 24-16 所示，其中 Employees 的 dept_id（所在部门 id）字段的外键关联到 Departments 的 id 字段，外键约束了所有员工的所在部门一定是在部门表中存在的数据。

根据图 24-16，编程创建数据库程序代码如下：

```
// 声明部门表
object Departments : Table() {
    //声明表中字段
    val id = integer("id").autoIncrement().primaryKey()
    val name = varchar("name", length = 30)
```

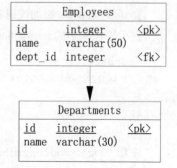

图 24-16　E-R 图

---

① "实体"是系统中的"人""事""物"等名词，如部门、员工、商品、订单和订单明细等。

② E-R 图也称实体-联系图(Entity Relationship Diagram)，提供了表示实体（或表）、属性（或字段）和联系的表示方法。

```
}

// 声明员工表
object Employees : Table() {
    //声明表中字段
    val id = integer("id").autoIncrement().primaryKey()
    val name = varchar("name", length = 50)
    val deptId = (integer("dept_id") references Departments.id).nullable()  ①
}

...
transaction {
    ...
    create(Departments, Employees)
    ...
}
```

上述代码在数据库中创建两个表，两个表的 id 字段都是自增长的整数类型。代码第①行是设置 dept_id 字段，"references Departments.id" 指定外键关联到 Departments 表的 id 字段。

24.4.2 配置 SQL 日志

为了更好地调试，往往需要参看 SQL DSL 执行过程生成的 SQL 语句，特别是那些复杂的查询语句。Exposed 框架提供了 SQL 日志工具类 SqlLogger，使用时需要进行一些配置。打开 build.gradle 文件，修改 dependencies 内容如下：

```
dependencies {
    compile "org.jetbrains.kotlin:kotlin-stdlib-jre8:$kotlin_version"
    compile 'org.jetbrains.exposed:exposed:0.9.1'
    compile("mysql:mysql-connector-java:5.1.6")
    compile 'org.slf4j:slf4j-api:1.7.25'                                          ①
    compile 'org.slf4j:slf4j-simple:1.7.25'                                       ②
    compile "org.jetbrains.kotlinx:kotlinx-html-jvm:0.6.8"
    testCompile group: 'junit', name: 'junit', version: '4.12'
}
```

在 dependencies 添加代码第①行和第②行，这是因为 SqlLogger 依赖于 slf4j 日志框架。
在程序代码中的 transaction{...}还需要添加如下语句：

```
transaction {
    logger.addLogger(StdOutSqlLogger)
    ...
}
```

注意 logger.addLogger(StdOutSqlLogger)语句应该是 transaction{...}中的第一条语句。

24.4.3 实现查询

下面具体介绍几个表连接查询。案例代码如下：

```kotlin
//代码文件: /HelloProj/src/main/kotlin/com/zhijieketang/HelloWorld.kt
package com.zhijieketang

import org.jetbrains.exposed.sql.*
import org.jetbrains.exposed.sql.SchemaUtils.create
import org.jetbrains.exposed.sql.transactions.transaction
import org.jetbrains.exposed.sql.StdOutSqlLogger

//声明部门表
object Departments : Table() {
    //声明表中字段
    val id = integer("id").autoIncrement().primaryKey()
    val name = varchar("name", length = 30)
}

//声明员工表
object Employees : Table() {
    //声明表中字段
    val id = integer("id").autoIncrement().primaryKey()
    val name = varchar("name", length = 50)
    val deptId = (integer("dept_id") references Departments.id).nullable()
}

const val URL = "jdbc:mysql://localhost:3306/MyDB?serverTimezone=UTC&useUnicode=
true&characterEncoding=utf-8"
const val DRIVER_CLASS = "com.mysql.cj.jdbc.Driver"


fun main() {
    //连接数据库
    Database.connect(URL, user = "root", password = "12345", driver = DRIVER_CLASS)
    //操作数据库
    transaction {
        logger.addLogger(StdOutSqlLogger)
        //创建表
        create(Departments, Employees)
        //部门表插入数据
        val deptId1 = Departments.insert {                                    ①
            it[name] = "销售部"
        } get Departments.id
        val deptId2 = Departments.insert {
            it[name] = "技术部"
        } get Departments.id
        Departments.insert {
            it[name] = "财务部"
        }

        //员工表插入数据
        Employees.insert {
            it[name] = "张三"
```

```
            it[deptId] = deptId1
        }
        Employees.insert {
            it[name] = "李四"
            it[deptId] = deptId2
        }
        Employees.insert {
            it[name] = "王五"
            it[deptId] = deptId2
        }                                                                    ②
        //1.查询 "技术部" 的所有员工信息
        (Employees innerJoin Departments).slice(Employees.id, Employees.name,
Departments.name).
                select { Departments.name eq "技术部" }.forEach {
                println("${it[Employees.id]}: ${it[Employees.name]} 所在部门: ${it[Departments.
name]}")
        }                                                                    ③

        //2.查询员工 "张三" 所在部门信息
        (Employees innerJoin Departments).slice(Departments.id, Departments.name,
Employees.name).
                select { Employees.name eq "张三" }.forEach {
                println("员工: ${it[Employees.name]} 所在部门: ${it[Departments.id]}:
${it[Departments.name]}")
        }                                                                    ④
    }
}
```

上述代码第①行 ~ 第②行向数据库中插入一些测试数据。

代码第③行实现了查询 "技术部" 的所有员工信息，其中 Employees innerJoin Departments 是声明查询为内连接（Inner Join）查询。Exposed 还支持左外连接（Left Join）和交叉连接（Cross Join）查询，使用的函数分别是 leftJoin 和 crossJoin。slice 函数是设置选定的字段列表，所有后面用到的字段都要在此列出。select 函数指定查询条件。

代码第④行实现了查询员工 "张三" 所在的部门信息，其中函数与代码第③行一样，这里不再赘述。

上述代码执行结果如下：

```
SQL: INSERT INTO departments (`name`) VALUES ('销售部')
SQL: INSERT INTO departments (`name`) VALUES ('技术部')
SQL: INSERT INTO employees (dept_id, `name`) VALUES (19, '张三')
SQL: INSERT INTO employees (dept_id, `name`) VALUES (20, '李四')
SQL: INSERT INTO employees (dept_id, `name`) VALUES (20, '王五')
SQL: SELECT employees.id, employees.`name`, departments.`name` FROM employees INNER
JOIN departments ON departments.id = employees.dept_id WHERE departments.`name` =
'技术部'
2: 李四 所在部门: 技术部
3: 王五 所在部门: 技术部
5: 李四 所在部门: 技术部
6: 王五 所在部门: 技术部
8: 李四 所在部门: 技术部
```

9：王五 所在部门：技术部
11：李四 所在部门：技术部
12：王五 所在部门：技术部
14：李四 所在部门：技术部
15：王五 所在部门：技术部
17：李四 所在部门：技术部
18：王五 所在部门：技术部
20：李四 所在部门：技术部
21：王五 所在部门：技术部

```
SQL: SELECT departments.id, departments.`name`, employees.`name` FROM employees INNER
JOIN departments ON departments.id = employees.dept_id WHERE employees.`name` =
'张三'
```

员工：张三 所在部门：1：销售部
员工：张三 所在部门：4：销售部
员工：张三 所在部门：7：销售部
员工：张三 所在部门：10：销售部
员工：张三 所在部门：13：销售部
员工：张三 所在部门：16：销售部
员工：张三 所在部门：19：销售部

```
SQL: INSERT INTO departments (`name`) VALUES ('财务部')
```

以上代码中的"SQL:内容"都是 SqlLogger 日志输出的，是生成的内连接查询 SQL 语句。

本章小结

本章首先介绍了 MySQL 数据库的安装、配置和日常的管理命令。然后介绍了 DSL 以及 Kotlin 对于 DSL 的支持。最后重点讲解了 Exposed 框架，这是读者需要重点掌握的。

第四篇 项 目 实 战

　　本篇包括 2 章内容，介绍了 Kotlin 项目开发过程中相关的技术。内容包括开发 PetStore 宠物商店项目和开发 Kotlin 版 QQ 聊天工具项目，完整介绍 PetStore 宠物商店和 QQ 聊天工具项目的设计和开发过程。

第 25 章　项目实战 1：开发 PetStore 宠物商店项目

第 26 章　项目实战 2：开发 Kotlin 版 QQ 聊天工具

项目实战 1：开发 PetStore 宠物商店项目

前面学习了 Kotlin 的基础知识，但是只有通过项目实战将知识贯穿起来，才能将书本的知识变成自己的。通过项目实战，读者能够了解软件开发流程，了解所学知识在实际项目中使用的情况。

本章介绍通过 Kotlin 语言实现的 PetStore 宠物商店项目，所涉及的知识点有 Kotlin 面向对象、Lambda 表达式、Swing 技术、Exposed 框架和数据库等相关知识，其中还会用到方方面面的 Kotlin 基础知识。

25.1 系统分析与设计

本节对 PetStore 宠物商店项目进行分析和设计，其中设计过程包括原型设计、数据库设计、架构设计和系统设计。

25.1.1 项目概述

PetStore 是 Sun（现为 Oracle）公司为了演示自己的 Java EE 技术而编写的一个基于 Web 宠物店的项目。项目启动页面如图 25-1 所示，项目介绍网站是 http://www.oracle.com/technetwork/Java/index-136650.html。

PetStore 是典型的电子商务项目，是现在很多电商平台的雏形。主要应用的技术是 Java EE 技术，用户界面采用 Java Web 技术实现。但本书介绍 Kotlin 语言，不介绍 Java Web 技术，所以本章的 PetStore 项目的用户界面采用 Kotlin 与 Java Swing 技术实现。

25.1.2 需求分析

PetStore 宠物商店项目的主要功能有：用户登录、查询商品、添加商品到购物车、查看购物车、下订单、查看订单。

采用用例分析函数描述的 PetStore 宠物商店用例图如图 25-2 所示。

图 25-1 PetStore 项目启动页面

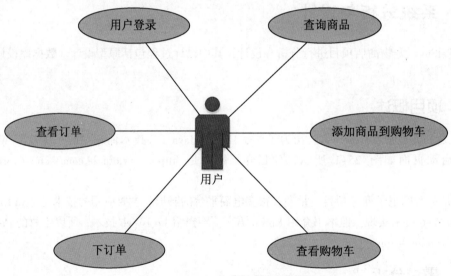

图 25-2 PetStore 宠物商店用例图

25.1.3 原型设计

原型设计草图对于开发人员、设计人员、测试人员、UI 设计人员和用户都是非常重要的。PetStore 宠物商店项目的原型设计图如图 25-3 所示。

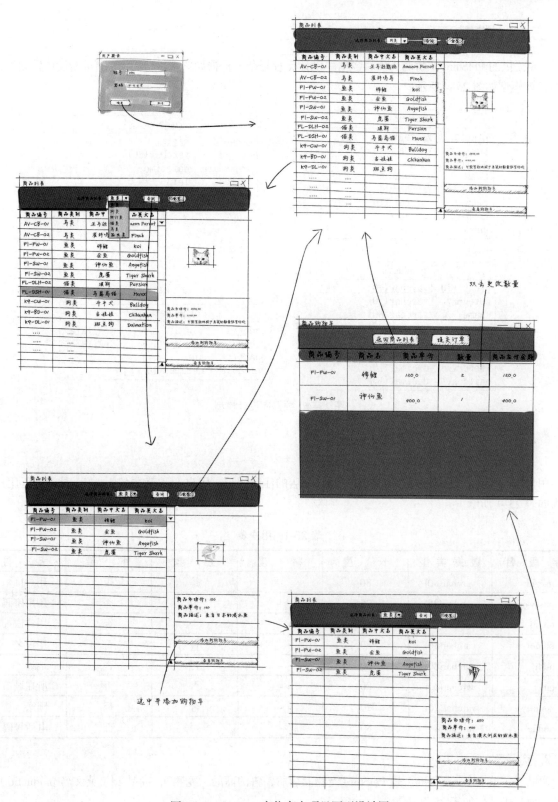

图 25-3　PetStore 宠物商店项目原型设计图

25.1.4　数据库设计

Sun 提供的 PetStore 宠物商店项目数据库设计比较复杂，根据如图 25-2 的用例图重新设计数据库，数据库设计模型如图 25-4 所示。

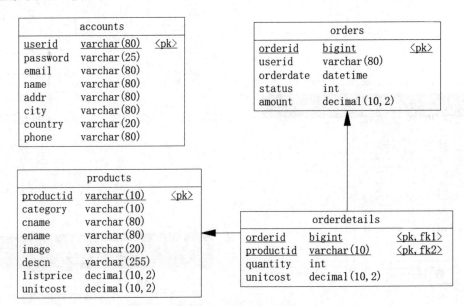

图 25-4　数据库设计模型

数据库设计模型中各个表说明如下：

1. 用户表

用户表（英文名 accounts）是 PetStore 宠物商店的注册用户，用户 Id（英文名 userid）是主键，用户表结构如表 25-1 所示。

表 25-1　用户表

字　段　名	数据类型	长　　度	精　　度	主　　键	外　　键	备　　注
userid	varchar(80)	80	–	是	否	用户Id
password	varchar(25)	25	–	否	否	用户密码
email	varchar(80)	80	–	否	否	用户Email
name	varchar(80)	80	–	否	否	用户名
addr	varchar(80)	80	–	否	否	地址
city	varchar(80)	80	–	否	否	所在城市
country	varchar(20)	20	–	否	否	国家
phone	varchar(80)	80	–	否	否	电话号码

2. 商品表

商品表（英文名 products）是 PetStore 宠物商店所销售的商品（宠物），商品 Id（英文名 productid）是主键，商品表结构如表 25-2 所示。

表 25-2 商品表

字 段 名	数 据 类 型	长 度	精 度	主 键	外 键	备 注
productid	varchar(10)	10	–	是	否	商品Id
category	varchar(10)	10	–	否	否	商品类别
cname	varchar(80)	80	–	否	否	商品中文名
ename	varchar(80)	80	–	否	否	商品英文名
image	varchar(20)	20	–	否	否	商品图片
descn	varchar(255)	255	–	否	否	商品描述
listprice	decimal(10,2)	10	2	否	否	商品市场价
unitcost	decimal(10,2)	10	2	否	否	商品单价

3. 订单表

订单表（英文名 orders）记录了用户每次购买商品所生成的订单信息，订单 Id（英文名 orderid）是主键，订单表结构如表 25-3 所示。

表 25-3 订单表

字 段 名	数 据 类 型	长 度	精 度	主 键	外 键	备 注
orderid	bigint		–	是	否	订单Id
userid	varchar(80)	80	–	否	否	下订单的用户Id
orderdate	datetime		–	否	否	下订单时间
status	int		–	否	否	订单付款状态 0待付款 1已付款
amount	decimal(10,2)	10	2	否	否	订单应付金额

4. 订单明细表

订单表中没有商品信息、购买商品的数量、购买时商品的单价等信息，这些信息被记录在订单明细表中。订单明细表（英文名 ordersdetails）记录了某个订单更加详细的信息，订单明细表主键是由 orderid 和 productid 两个字段联合而成，是一种联合主键，订单明细表结构如表 25-4 所示。

表 25-4 订单明细表

字 段 名	数 据 类 型	长 度	精 度	主 键	外 键	备 注
orderid	bigint		–	是	是	订单Id
productid	varchar(10)	10	–	是	是	商品Id
quantity	int		–	否	否	商品数量
unitcost	decimal(10,2)	10	2	否	否	商品单价

从图 25-4 所示的数据库设计模型中可以编写 DDL（数据定义）语句，使用这些语句可以很方便地创建和维护数据库中的表结构。

25.1.5 架构设计

无论是复杂的企业级系统，还是手机上的应用，都应该有效地组织程序代码，进而提高开发效率、降低开发成本。这就需要设计，而架构设计就是系统的"骨架"，它是源自于前人经验的总结和提炼形成的一种模式。但是遗憾的是本书的定位是初学者，本书并不是介绍架构设计方面的书。为了满足开发 PetStore 宠物商店项目的需要，这里给出最简单的架构设计结果。

世界著名软件设计大师 Martin Fowler 在他的《企业应用架构模式》（*Patterns of Enterprise Application Architecture*）一书中提到，为了有效地组织代码，一个系统应该分为三个基本层，如图 25-5 所示。"层"（Layer）是相似功能的类和接口的集合，"层"之间是松耦合的，"层"的内部是高内聚的。

（1）表示层。用户与系统交互的组件集合。用户通过这一层向系统提交请求或发出指令，系统通过这一层接收用户请求或指令，待指令消化吸收后再调用下一层，接着将调用结果展现到这一层。表示层应该是轻薄的，不应该具有业务逻辑。

（2）服务层。系统的核心业务处理层。负责接收表示层的指令和数据，待指令和数据消化吸收后，再进行组织业务逻辑的处理，并将结果返回给表示层。

（3）数据持久层。数据持久层用于访问持久化数据，持久化数据可以保存在数据库、文件、其他系统或者网络中。根据不同的数据来源，数据持久层会采用不同的技术，例如：如果数据保存在数据库中，则使用 JDBC 技术；如果数据保存在 JSON 文件中，则需要 I/O 流和 JSON 解码技术实现。

Martin Fowler 分层架构设计看起来像一个多层"蛋糕"，蛋糕师在制作多层"蛋糕"时先做下层再做上层，最后做顶层。没有下层就没有上层，这叫作"上层依赖于下层"。为了降低耦合度，层之间还需要定义接口，通过接口隔离实现细节，上层调用者只关心接口，不关心下一层的实现细节。

Martin Fowler 分层架构是基本的形式，在具体实现项目设计时，可能有所增加，也可能有所减少。本章实现的 PetStore 宠物商店项目，由于简化了需求且逻辑比较简单，可以不需要服务层，表示层可以直接访问数据持久层，如图 25-6 所示，表示层采用 Swing 技术实现，数据持久层采用 Exposed 技术实现。

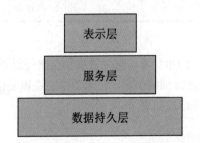

图 25-5 Martin Fowler 分层架构设计

图 25-6 PetStore 宠物商店项目架构设计

25.1.6 系统设计

系统设计是在具体架构下的设计，PetStore 宠物商店项目主要分为数据持久层和表示层。下面分别介绍它们的具体实现过程。

1. 数据持久层

数据持久层在具体实现时，会采用 DAO（数据访问对象）设计模式，数据库中每一个数据表，对应一个 DAO 对象，每一个 DAO 对象中有访问数据表的 CRUD（增、查、改、删）四类操作。

PetStore 宠物商店项目的数据持久层类图如图 25-7 所示，首先定义了 4 个 DAO 接口，这 4 个接口对应数据库中的 4 个表，接口定义的函数是对数据库表的 CRUD 操作。

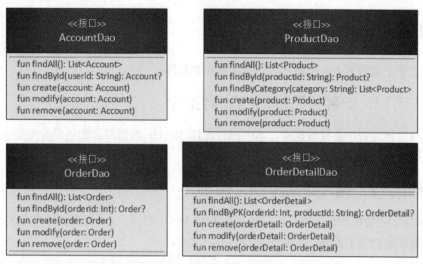

图 25-7　PetStore 宠物商店项目数据持久层类图

2. 表示层

表示层主要使用 Swing 技术，每一个界面就是一个窗口对象。在表示层中各个窗口是依据原型设计而来的。PetStore 宠物商店项目表示层类如图 25-8 所示，其中有三个窗口类：LoginFrame 用户登录窗口、CartFrame 购物车窗口和 ProductListFrame 商品列表窗口。它们有共同的父类 MyFrame，MyFrame 类是根据自己的项目情况进行的封装类，从类图中可见 CartFrame 类与 ProductListFrame 类具有关联关系，CartFrame 包含一个对 ProductListFrame 类的引用。

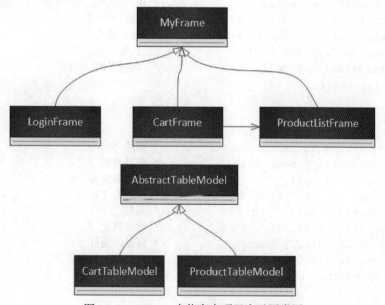

图 25-8　PetStore 宠物商店项目表示层类图

另外，CartFrame 类与 ProductListFrame 类会使用到表格，所以自定义了两个表模型 CartTableModel 和 ProductTableModel。

25.2　任务 1：创建数据库

在设计完成之后、编写 Kotlin 代码之前，应该创建数据库。

25.2.1　迭代 1.1：安装和配置 MySQL 数据库

首先应该为开发该项目准备好数据库。本书推荐使用 MySQL 数据库，如果没有安装 MySQL 数据库，可以参考 25.1.1 节安装 MySQL 数据库。

25.2.2　迭代 1.2：编写数据库 DDL 脚本

按照图 25-4 所示的数据库设计模型编写数据库 DDL 脚本。当然，也可以通过一些工具生成 DDL 脚本，然后把这个脚本放在数据库中执行。下面是编写的 DDL 脚本：

```
/* 创建数据库 */
CREATE DATABASE  IF NOT EXISTS  petstore;

use petstore;

/* 用户表 */
CREATE TABLE IF NOT EXISTS accounts (
    userid varchar(80) not null,          /* 用户 Id  */
    password varchar(25)  not null,       /* 用户密码 */
    email varchar(80) not null,           /* 用户 Email */
    name varchar(80) not null,            /* 用户名 */
    addr varchar(80) not null,            /* 地址 */
    city varchar(80) not  null,           /*  所在城市 */
    country varchar(20) not null,         /*  国家 */
    phone varchar(80) not null,           /*  电话号码 */
PRIMARY KEY (userid));

/* 商品表 */
CREATE TABLE IF NOT EXISTS products (
    productid varchar(10) not null,       /* 商品 Id */
    category varchar(10) not null,        /* 商品类别 */
    cname varchar(80) null,               /* 商品中文名 */
    ename varchar(80) null,               /* 商品英文名 */
    image varchar(20) null,               /* 商品图片 */
    descn varchar(255) null,              /* 商品描述 */
    listprice decimal(10,2) null,         /* 商品市场价 */
    unitcost decimal(10,2) null,          /* 商品单价 */
PRIMARY KEY (productid));

/* 订单表 */
CREATE TABLE IF NOT EXISTS orders (
```

```
    orderid bigint not null,                      /* 订单 Id */
    userid varchar(80) not null,                  /* 下订单的用户 Id */
    orderdate bigint not null,                     /* 下订单时间 */
    status int not null default 0,                 /* 订单付款状态  0 待付款  1 已付款 */
    amount decimal(10,2) not null,                 /* 订单应付金额 */
PRIMARY KEY (orderid));

/* 订单明细表 */
CREATE TABLE IF NOT EXISTS orderdetails (
    orderid bigint not null,                       /* 订单 Id */
    productid varchar(10) not null,                /* 商品 Id */
    quantity int not null,                         /* 商品数量 */
    unitcost decimal(10,2) null,                   /* 商品单价 */
PRIMARY KEY (orderid, productid));
```

如果读者对于编写 DDL 脚本不熟悉，可以直接使用本文编写好的 *jpetstore-mysql- schema.sql* 脚本文件，文件位于 PetStore 项目下 db 目录中。

25.2.3　迭代 1.3：插入初始数据到数据库

PetStore 宠物商店项目有一些初始数据，这些初始数据在创建数据库之后插入。插入数据的语句如下：

```
use petstore;

/* 用户表数据 */
INSERT INTO accounts VALUES('j2ee','j2ee','yourname@yourdomain.com','关东升', '北京
丰台区', '北京', '中国', '18811588888');
INSERT INTO accounts VALUES('ACID','ACID','acid@yourdomain.com','Tony', '901 San
Antonio Road', 'Palo Alto', 'USA',  '555-555-5555');

/* 商品表数据 */
INSERT INTO products VALUES ('FI-SW-01','鱼类','神仙鱼', 'Angelfish', 'fish1.jpg',
'来自澳大利亚的咸水鱼', 650, 400);
INSERT INTO products VALUES ('FI-SW-02','鱼类','虎鲨', 'Tiger Shark','fish4.gif',
'来自澳大利亚的咸水鱼', 850, 600);
...
INSERT INTO products VALUES ('AV-CB-01','鸟类','亚马逊鹦鹉', 'Amazon Parrot','bird4.gif',
'寿命长达 75 年的大鸟', 3150, 3000);
INSERT INTO products VALUES ('AV-SB-02','鸟类','雀科鸣鸟', 'Finch','bird1.gif',
'会唱歌的鸟儿', 150, 110);
```

如果读者不愿意自己编写插入数据的脚本文件，可以直接使用笔者编写好的 *jpetstore- mysql-dataload.sql* 脚本文件，文件位于 PetStore 项目下 db 目录中。

25.3　任务 2：初始化项目

本项目推荐使用 IntelliJ IDEA IDE 工具，所以首先参考 19.3 节采用一个 IntelliJ IDEA 工具来创建 Kotlin 与 Gradle 项目，项目名称为 PetStore。

25.3.1　迭代 2.1：配置项目

PetStore 项目创建完成后，需要配置 Exposed 框架，打开 build.gradle 文件，修改代码如下：

```
plugins {
id 'org.jetbrains.kotlin.jvm' version '1.4.30'
}

group 'com.zhijieketang'
version '1.0-SNAPSHOT'

repositories {
    jcenter()                                                                    ①
}

dependencies {
    implementation "org.jetbrains.kotlin:kotlin-stdlib"                          ②
    implementation("org.jetbrains.exposed:exposed-core:$exposedVersion")         ③
    implementation("org.jetbrains.exposed:exposed-dao:$exposedVersion")          ④
    implementation("org.jetbrains.exposed:exposed-jdbc:$exposedVersion")         ⑤
    implementation("mysql:mysql-connector-java:8.0.20")
    compile 'org.slf4j:slf4j-api:1.7.30'
    compile 'org.slf4j:slf4j-simple:1.7.25'
}
    }
```

在 repositories 部分中添加代码第①行，然后在 dependencies 部分中添加代码第②行～第⑤行。具体内容参考 24.3 节。

25.3.2　迭代 2.2：添加资源图片

项目中会用到很多资源图片，为了方便打包和发布项目，这些图片最好放到项目的根目录夹下，如图 25-9 所示项目的 images 目录中。

25.3.3　迭代 2.3：添加包

参考图 25-9 在 Kotlin 文件夹中创建如下 4 个包：

（1）com.zhijieketang.petstore.ui。放置表示层组件。

（2）com.zhijieketang.petstore.domain。放置实体类。

（3）com.zhijieketang.petstore.dao。放置数据持久层组件中的 DAO 接口。

（4）com.zhijieketang.petstore.dao.mysql。放置数据持久层组件中 DAO 接口具体实现类，mysql 说明是 MySQL 数据库 DAO 对象。该包中还放置了访问 MySQL 数据库的一些辅助类和配置文件。

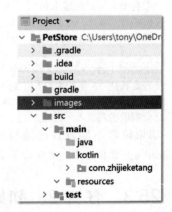

图 25-9　PetStore 项目的 images 目录

25.4　任务 3：编写数据持久层代码

项目创建并初始化完成后，可以先编写数据持久层代码。

25.4.1　迭代 3.1：编写实体类

无论是数据库设计还是面向对象的架构设计都会遇到"实体"，"实体"是系统中的"人""事""物"等名词，如用户、商品、订单和订单明细等。在数据库设计时它将演变为表，如用户表（accounts）、商品表（products）、订单表（orders）和订单明细表（ordersdetails），在进行面向对象的架构设计时，实体将演变为"实体类"。图 25-10 是 PetStore 宠物商店项目中的实体类，实体类属性与数据库表字段是相似的，事实上它们描述的是同一个事物，当然具有相同的属性，只是它们分别采用不同的设计理念，实体类采用对象模型，表采用关系模式。

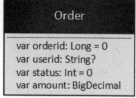

图 25-10　PetStore 宠物商店项目实体类图

实体类没有别的操作，只有一些属性可以设计成为数据类。订单明细实体类 OrderDetail 代码如下：

```
//代码文件: PetStore/src/main/kotlin/com/zhijieketang/domain/OrderDetail.kt
package com.zhijieketang.domain

    import java.math.BigDecimal

    //订单明细
    data class OrderDetail(
        var orderid: Long = 0,                      //订单 Id
        var productid: String? = null,              //商品 Id
        var quantity: Int = 0,                      //商品数量
        var unitcost: BigDecimal = BigDecimal(0)    //单价
    )
```

订单实体类 Order 的代码如下：

```kotlin
//代码文件: PetStore/src/main/kotlin/com/zhijieketang/domain/Order.kt
package com.zhijieketang.domain

import java.math.BigDecimal
import java.util.*

data class Order(
    var orderid: Long = 0,                          //订单 Id
    var userid: String? = null,                     //下订单的用户 Id
    var orderdate: Date? = null,                    //下订单时间
    var status: Int = 0,                            //订单付款状态 0 待付款 1 已付款
    var amount: BigDecimal = BigDecimal(0)          //订单应付金额
)
```

用户实体类 Account 的代码如下：

```kotlin
//代码文件: chapter28/PetStore/src/main/kotlin/com/zhijieketang/petstore/domain/
Account.kt
package com.zhijieketang.domain

data class Account(
    var userid: String? = null,                     //用户 Id
    var username: String? = null,                   //用户名
    var password: String? = null,                   //用户密码
    var phone: String? = null,                      //电话号码
    var country: String? = null,                    //国家
    var city: String? = null,                       //所在城市
    var addr: String? = null,                       //地址
    var email: String? = null                       //用户 Email
)
```

商品实体类 Product 的代码如下：

```kotlin
//代码文件: PetStore/src/main/kotlin/com/zhijieketang/domain/Product.kt
package com.zhijieketang.domain

import java.math.BigDecimal

data class Product(
    var productid: String? = null,                  //商品 Id
    var category: String? = null,                   //商品类别
    var cname: String? = null,                      //商品中文名
    var ename: String? = null,                      //商品英文名
    var image: String? = null,                      //商品描述
    var descn: String? = null,                      //商品描述
    var listprice:BigDecimal = BigDecimal(0),       //商品市场价
    var unitcost: BigDecimal = BigDecimal(0)        //商品单价
)
```

25.4.2　迭代 3.2：编写 DAO 接口

根据如图 25-7 所示类图编写持久层 DAO 接口。

（1）用户管理 DAO 接口代码如下：

```kotlin
PetStore/src/main/kotlin/com/zhijieketang/dao/AccountDao.kt
package com.zhijieketang.dao

import com.zhijieketang.domain.Account

//用户管理 DAO
interface AccountDao {

    //查询所有的用户信息
    fun findAll(): List<Account>

    //根据主键查询用户信息
    fun findById(userid: String): Account?

    //创建用户信息
    fun create(account: Account)

    //修改用户信息
    fun modify(account: Account)

    //删除用户信息
    fun remove(account: Account)
}
```

（2）商品管理 DAO 接口代码如下：

```kotlin
//代码文件：PetStore/src/main/kotlin/com/zhijieketang/dao/Product.kt
package com.zhijieketang.dao

import com.zhijieketang.domain.Product

//商品管理 DAO
interface ProductDao {
    //查询所有的商品信息
    fun findAll(): List<Product>

    //根据主键查询商品信息
    fun findById(productid: String): Product?

    //根据按照列表查询商品信息
    fun findByCategory(category: String): List<Product>

    //创建商品信息
    fun create(product: Product)

    //修改商品信息
    fun modify(product: Product)

    //删除商品信息
```

```kotlin
    fun remove(product: Product)

}
```

（3）订单接口代码如下：

```kotlin
//代码文件：PetStore/src/main/kotlin/com/zhijieketang/dao/OrderDao.kt
package com.zhijieketang.dao

import com.zhijieketang.domain.Order

//订单管理 DAO
interface OrderDao {
    //查询所有的订单信息
    fun findAll(): List<Order>

    //根据主键查询订单信息
    fun findById(orderid: Long): Order?

    //创建订单信息
    fun create(order: Order)

    //修改订单信息
    fun modify(order: Order)

    //删除订单信息
    fun remove(order: Order)

}
```

（4）订单详细 DAO 接口代码如下：

```kotlin
//代码文件：PetStore/src/main/kotlin/com/zhijieketang/dao/OrderDetailDao.kt
package com.zhijieketang.dao

import com.zhijieketang.domain.OrderDetail

//订单明细管理 DAO
interface OrderDetailDao {

    //查询所有的订单明细信息
    fun findAll(): List<OrderDetail>

    //根据主键查询订单明细信息
    fun findByPK(orderid: Long, productid: String): OrderDetail?

    //创建订单明细信息
    fun create(orderDetail: OrderDetail)

    //修改订单明细信息
    fun modify(orderDetail: OrderDetail)
```

```
//删除订单明细信息
    fun remove(orderDetail: OrderDetail)
}
```

25.4.3　迭代 3.3：创建数据表类

使用 Exposed 框架还需要编写与数据库对应的数据表类。具体实现代码如下：

```
//代码文件: PetStore/src/main/kotlin/com/zhijieketang/dao/mysql/DBSchema.kt
package com.zhijieketang.dao.mysql

import org.jetbrains.exposed.sql.*

const val URL = "jdbc:mysql://localhost:3306/
petstore?serverTimezone=UTC&useUnicode=true&characterEncoding=utf-8"
const val DRIVER_CLASS = "com.mysql.cj.jdbc.Driver"
const val DB_USER = "root"
const val DB_PASSWORD = "12345"

/* 用户表 */
object Accounts : Table() {
    //声明表中字段
    val userid = varchar("userid", length = 80)                  /* 用户 Id */
    override val primaryKey = PrimaryKey(userid, name = "PK_User_ID")
    val password = varchar("password", length = 25)              /* 用户密码 */
    val email = varchar("email", length = 80)                    /* 用户 Email */
    val name = varchar("name", length = 80)                      /* 用户名 */
    val addr = varchar("addr", length = 80)                      /* 地址 */
    val city = varchar("city", length = 80)                      /* 所在城市 */
    val country = varchar("country", length = 20)                /* 国家 */
    val phone = varchar("phone", length = 80)                    /* 电话号码 */
}


/* 商品表 */
object Products : Table() {
    val productid = varchar("productid", length = 10)            /* 商品 Id */
    override val primaryKey = PrimaryKey(productid, name = "PK_Produc_ID")
    val category = varchar("category", length = 10)              /* 商品类别 */
    val cname = varchar("cname", length = 80)                    /* 商品中文名 */
    val ename = varchar("ename", length = 80)                    /* 商品英文名 */
    val image = varchar("image", length = 20)                    /* 商品图片 */
    val descn = varchar("descn", length = 255)                   /* 商品描述 */
    val listprice = decimal("listprice", 10, 2)                  /* 商品市场价 */
    val unitcost = decimal("unitcost", 10, 2)                    /* 商品单价 */
}


/* 订单表 */
object Orders : Table() {
    val orderid = long("orderid")                                /* 订单 Id */
    override val primaryKey = PrimaryKey(orderid, name = "PK_Order_ID")
```

```
    val userid = varchar ("userid", length = 80)        /* 下订单的用户 Id */
    val orderdate = long("orderdate")                   /* 下订单时间 */
    val status = integer("status")                      /* 商品单价 */
    val amount = decimal("amount", 10, 2)               /* 订单应付金额 */
}

/* 订单明细表 */
object Orderdetails : Table() {
    val orderid = long("orderid")                       /* 订单 Id */
    val productid = varchar("productid", length = 10)   /* 商品 Id */

    override val primaryKey = PrimaryKey(orderid, productid, name = "PK_Orderdetails_
productid")

    val quantity = integer("quantity")                  /* 商品数量 */
    val unitcost = decimal("unitcost", 10, 2)           /* 商品单价 */
}
```

上述代码表类结构与 25.1.4 节的数据库设计模型表结构一致。

25.4.4　迭代 3.4：编写 DAO 实现类

编写 DAO 类就没有实体类那么简单了，数据持久层开发的工作量主要集中在 DAO 类。图 25–11 为 DAO 实现类图。

1. 用户管理DAO

用户管理 AccountDao 实现类 AccountDaoImp 的代码如下：

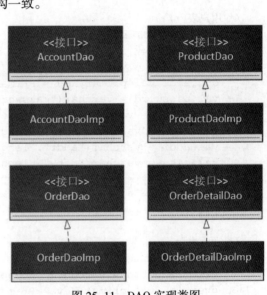

图 25–11　DAO 实现类图

```
//代码文件：PetStore/src/main/kotlin/com/
zhijieketang/dao/mysql/AccountDaoImp.kt
package com.zhijieketang.dao.mysql

import com.zhijieketang.petstore.dao.
AccountDao
import com.zhijieketang.petstore.domain.
Account
import org.jetbrains.exposed.sql.Database
import org.jetbrains.exposed.sql.StdOutSqlLogger
import org.jetbrains.exposed.sql.select
import org.jetbrains.exposed.sql.transactions.transaction

//用户管理 DAO
class AccountDaoImp : AccountDao {

    override fun findAll(): List<Account> {
        TODO("not implemented")
    }
```

```kotlin
    override fun findById(userid: String): Account? {
        var accountList: List<Account> = emptyList()
        //连接数据库
        Database.connect(URL, user = DB_USER,
                    password = DB_PASSWORD, driver = DRIVER_CLASS)
        //操作数据库
        transaction {
            //添加 SQL 日志
            addLogger(StdOutSqlLogger)
            //按照主键查询
            accountList = Accounts.select { Accounts.userid.eq(userid) }.map {
                val account = Account()
                account.userid = it[Accounts.userid]
                account.password = it[Accounts.password]
                account.email = it[Accounts.email]
                account.username = it[Accounts.name]
                account.addr = it[Accounts.addr]
                account.city = it[Accounts.city]
                account.country = it[Accounts.country]
                account.phone = it[Accounts.phone]
                //Lambda 表达式返回数据
                account
            }
        }
        return if (accountList.isEmpty()) null else accountList.first()
    }

    override fun create(account: Account) {
        TODO("not implemented")
    }

    override fun modify(account: Account) {
        TODO("not implemented")
    }

    override fun remove(account: Account) {
        TODO("not implemented")
    }

}
```

AccountDao 接口中定义了 5 个抽象函数，但在本项目中只需要实现 findById 函数。具体代码不再赘述。

2. 商品管理DAO

商品管理 ProductDao 实现类 ProductDaoImp 的代码如下：

```kotlin
//代码文件：PetStore/src/main/kotlin/com/zhijieketang/dao/mysql/ProductDaoImp.kt
package com.zhijieketang.dao.mysql
```

```kotlin
import com.zhijieketang.petstore.dao.ProductDao
import com.zhijieketang.petstore.domain.Product
import org.jetbrains.exposed.sql.Database
import org.jetbrains.exposed.sql.StdOutSqlLogger
import org.jetbrains.exposed.sql.select
import org.jetbrains.exposed.sql.selectAll
import org.jetbrains.exposed.sql.transactions.transaction

class ProductDaoImp : ProductDao {

    override fun findAll(): List<Product> {
        var productList: List<Product> = emptyList()
        //连接数据库
        Database.connect(URL, user = DB_USER,
                        password = DB_PASSWORD, driver = DRIVER_CLASS)
        //操作数据库
        transaction {
            //添加 SQL 日志
            addLogger(StdOutSqlLogger)
            productList = Products.selectAll().map {
                val product = Product()
                product.productid = it[Products.productid]
                product.category = it[Products.category]
                product.cname = it[Products.cname]
                product.ename = it[Products.ename]
                product.image = it[Products.image]
                product.descn = it[Products.descn]
                product.listprice = it[Products.listprice]
                product.unitcost = it[Products.unitcost]
                //Lambda 表达式返回数据
                product
            }
        }

        return productList
    }

    override fun findById(productid: String): Product? {
        var productList: List<Product> = emptyList()
        //连接数据库
        Database.connect(URL, user = DB_USER,
                        password = DB_PASSWORD, driver = DRIVER_CLASS)
        //操作数据库
        transaction {
            //添加 SQL 日志
            addLogger(StdOutSqlLogger)
            //按照主键查询
            productList = Products.select { Products.productid.eq(productid) }.map {
                val product = Product()
                product.productid = it[Products.productid]
```

```
            product.category = it[Products.category]
            product.cname = it[Products.cname]
            product.ename = it[Products.ename]
            product.image = it[Products.image]
            product.descn = it[Products.descn]
            product.listprice = it[Products.listprice]
            product.unitcost = it[Products.unitcost]
            //Lambda 表达式返回数据
            product
        }
    }
    return if (productList.isEmpty()) null else productList.first()
}

override fun findByCategory(category: String): List<Product> {
    var productList: List<Product> = emptyList()
    //连接数据库
    Database.connect(URL, user = DB_USER,
                     password = DB_PASSWORD, driver = DRIVER_CLASS)
    //操作数据库
    transaction {
        //添加 SQL 日志
        logger.addLogger(StdOutSqlLogger)
        //按照主键查询
        productList = Products.select { Products.category.eq(category) }.map {
            val product = Product()
            product.productid = it[Products.productid]
            product.category = it[Products.category]
            product.cname = it[Products.cname]
            product.ename = it[Products.ename]
            product.image = it[Products.image]
            product.descn = it[Products.descn]
            product.listprice = it[Products.listprice]
            product.unitcost = it[Products.unitcost]
            //Lambda 表达式返回数据
            product
        }
    }
    return productList
}

override fun create(product: Product) {
    TODO("not implemented")
}

override fun modify(product: Product) {
    TODO("not implemented")
}

override fun remove(product: Product) {
```

```
            TODO("not implemented")
        }

    }
```

ProductDao 接口中定义了 6 个抽象函数，但在本项目中只需要实现 findById、findAll、findByCategory 和 findById 函数。

3. 订单管理DAO

订单管理 OrderDao 实现类 OrderDaoImp 的代码如下：

```
//代码文件: PetStore/src/main/kotlin/com/zhijieketang/dao/mysql/OrderDaoImp.kt
package com.zhijieketang.dao.mysql

import com.zhijieketang.petstore.dao.OrderDao
import com.zhijieketang.petstore.domain.Order
import org.jetbrains.exposed.sql.Database
import org.jetbrains.exposed.sql.StdOutSqlLogger
import org.jetbrains.exposed.sql.insert
import org.jetbrains.exposed.sql.selectAll
import org.jetbrains.exposed.sql.transactions.transaction
import org.joda.time.DateTime

class OrderDaoImp : OrderDao {

    override fun findAll(): List<Order> {

        var orderList: List<Order> = emptyList()
        //连接数据库
        Database.connect(URL, user = DB_USER,
                        password = DB_PASSWORD, driver = DRIVER_CLASS)
        //操作数据库
        transaction {
            //添加 SQL 日志
            addLogger(StdOutSqlLogger)
            orderList = Orders.selectAll().map {
                val order = Order()
                order.orderid = it[Orders.orderid]
                order.userid = it[Orders.userid]
                o order.orderdate = Date(it[Orders.orderdate])
                order.status = it[Orders.status]
                order.amount = it[Orders.amount]
                //Lambda 表达式返回数据
                order
            }
        }
        return orderList
    }

    override fun findById(orderid: Int): Order? {
        TODO("not implemented")
```

```
    }

    override fun create(order: Order) {
        //连接数据库
        Database.connect(URL, user = DB_USER,
                         password = DB_PASSWORD, driver = DRIVER_CLASS)
        //操作数据库
        transaction {
            //添加 SQL 日志
            addLogger(StdOutSqlLogger)
            Orders.insert {
                it[Orders.orderid] = order.orderid
                it[Orders.userid] = order.userid!!
                val now = Date()                          //获得当前时间
                it[Orders.orderdate] = now.time           //用 long 表示的时间戳
                it[Orders.status] = order.status
                it[Orders.amount] = order.amount          }
            }
        }
    }

    override fun modify(order: Order) {
        TODO("not implemented")
    }

    override fun remove(order: Order) {
        TODO("not implemented")
    }
}
```

4. 订单明细管理DAO

订单明细管理 OrderDetailDao 实现类 OrderDetailDaoImp 的代码如下：

```
//代码文件:PetStore/src/main/kotlin/com/zhijieketang/dao/mysql/OrderDetailDaoImp.kt
package com.zhijieketang.dao.mysql

import com.zhijieketang.petstore.dao.OrderDetailDao
import com.zhijieketang.petstore.domain.OrderDetail
import org.jetbrains.exposed.sql.*
import org.jetbrains.exposed.sql.transactions.transaction

class OrderDetailDaoImp : OrderDetailDao {
    override fun findAll(): List<OrderDetail> {
        TODO("not implemented")
    }

    override fun findByPK(orderid: Int, productid: String): OrderDetail? {

        var orderDetailList: List<OrderDetail> = emptyList()
        //连接数据库
        Database.connect(URL, user = DB_USER,
                password = DB_PASSWORD, driver = DRIVER_CLASS)
```

```
        //操作数据库
        transaction {
            //添加 SQL 日志
            addLogger(StdOutSqlLogger)
            //按照主键查询
            orderDetailList = Orderdetails.select {
                            Orderdetails.orderid.eq(orderid)
                                and Orderdetails.productid.eq(productid) }
                .map {
                    val orderDetail = OrderDetail()
                    orderDetail.productid = it[Orderdetails.productid]
                    orderDetail.orderid = it[Orderdetails.orderid]
                    orderDetail.quantity = it[Orderdetails.quantity]
                    orderDetail.unitcost = it[Orderdetails.unitcost]
                    //Lambda 表达式返回数据
                    orderDetail
                }
        }
        return if (orderDetailList.isEmpty()) null else orderDetailList.first()
    }

    override fun create(orderDetail: OrderDetail) {
        //连接数据库
        Database.connect(URL, user = DB_USER,
                    password = DB_PASSWORD, driver = DRIVER_CLASS)
        //操作数据库
        transaction {
            //添加 SQL 日志
            addLogger(StdOutSqlLogger)
            Orderdetails.insert {
                it[Orderdetails.orderid] = orderDetail.orderid
                it[Orderdetails.productid] = orderDetail.productid!!
                it[Orderdetails.quantity] = orderDetail.quantity
                it[Orderdetails.unitcost] = orderDetail.unitcost
            }
        }
    }

    override fun modify(orderDetail: OrderDetail) {
        TODO("not implemented")
    }

    override fun remove(orderDetail: OrderDetail) {
        TODO("not implemented")
    }

}
```

25.5　任务 4：编写表示层代码

从客观上讲，表示层开发的工作量是很大的，有很多细节工作。

25.5.1　迭代 4.1：编写启动类

Kotlin 应用程序需要有一个 main 函数文件，它是项目入口，代码如下：

```kotlin
//代码文件：PetStore/src/main/kotlin/com/zhijieketang/ui/MainApp.kt
package com.zhijieketang

import com.zhijieketang.petstore.domain.Account      //用户会话，用户登录成功后，保存当前
                                                      //用户信息
object UserSession {                                                          ①
    var loginDate: Date? = null                                              ②
    var account: Account? = null                                            ③
}

fun main(args: Array<String>) {
    LoginFrame().isVisible = true
}
```

在 main 函数中实例化用户登录窗口——LoginFrame 类。代码第①行声明了一个顶层对象 UserSession，UserSession 是用户会话对象，当用户登录成功后，保存当前用户信息。声明为顶层对象，一是为了在整个项目中方便访问，二是声明对象是单例的，能够在整个应用程序生命周期中保持状态。这样的事件是模拟 Web 应用开发中的会话（Session）对象，等用户打开浏览器，登录 Web 系统后，服务器端会将用户信息保存到会话对象中。

25.5.2　迭代 4.2：编写自定义窗口类——MyFrame

由于 Swing 提供的 JFrame 类启动窗口后默认位于屏幕的左上角，而本项目中所有的窗口都是屏幕居中的，因此自定义了窗口类 MyFrame，MyFrame 代码如下：

```kotlin
//代码文件：PetStore/src/main/kotlin/com/zhijieketang/ui/MyFrame.kt

package com.zhijieketang.ui
import java.awt.Toolkit
import java.awt.event.WindowAdapter
import java.awt.event.WindowEvent
import javax.swing.JFrame

//这是一个屏幕居中的自定义窗口
open class MyFrame(title: String, width: Int, height: Int) : JFrame(title) {

    //获得当前屏幕的宽
    private val screenWidth = Toolkit.getDefaultToolkit().screenSize.getWidth()  ①
    //获得当前屏幕的高
    private val screenHeight = Toolkit.getDefaultToolkit().screenSize.getHeight()  ②
```

```
init {

    //设置窗口大小
    setSize(width, height)
    //计算窗口位于屏幕中心的坐标
    val x = (screenWidth - width).toInt() / 2                    ③
    val y = (screenHeight - height).toInt() / 2                  ④
    //设置窗口位于屏幕中心
    setLocation(x, y)

    //注册窗口事件
    addWindowListener(object : WindowAdapter() {                 ⑤
        //单击窗口关闭按钮时调用
        override fun windowClosing(e: WindowEvent) {
            //退出系统
            System.exit(0)
        }
    })
}
```

上述代码第①行和第②行是获取当前屏幕的宽和高，具体的计算过程见代码第③行和第④行。具体的原理在 24.5.7 节已经介绍过，这里不再赘述。

另外，代码第⑤行为注册窗口事件，当用户单击窗口的关闭按钮时调用 System.exit(0)语句退出系统，继承 MyFrame 类的所有窗口都可以单击关闭按钮退出系统。

25.5.3 迭代 4.3：用户登录窗口

main 函数运行会启动用户登录窗口，界面如图 25-12 所示，界面中有一个文本框、一个密码框和两个按钮。用户输入账号和密码，单击"确定"按钮，如果输入的账号和密码正确，则登录成功进入商品列表窗口；如果输入的密码不正确，则弹出如图 25-13 所示的对话框。

图 25-12　用户登录窗口

图 25-13　用户登录失败提示

用户登录窗口 LoginFrame 代码如下：

```
//代码文件：PetStore/src/main/kotlin/com/zhijieketang/ui/LoginFrame.kt
package com.zhijieketang.ui
import com.zhijieketang.petstore.dao.mysql.AccountDaoImp      ①
import java.awt.Font
import javax.swing.*
```

```kotlin
//用户登录窗口
class LoginFrame : MyFrame("用户登录", 400, 230) {

    //private val txtAccountId: JTextField
    //private val txtPassword: JPasswordField

    init {
        //设置布局管理为绝对布局
        layout = null

        with(JLabel()) {
            horizontalAlignment = SwingConstants.RIGHT
            setBounds(51, 33, 83, 30)
            text = "账号："
            font = Font("微软雅黑", Font.PLAIN, 15)
            contentPane.add(this)
        }

        val txtAccountId = JTextField(10).apply {
            text = "j2ee"
            setBounds(158, 33, 157, 30)
            font = Font("微软雅黑", Font.PLAIN, 15)
            contentPane.add(this)
        }

        with(JLabel()) {
            text = "密码："
            font = Font("微软雅黑", Font.PLAIN, 15)
            horizontalAlignment = SwingConstants.RIGHT
            setBounds(51, 85, 83, 30)
            contentPane.add(this)
        }

        val txtPassword = JPasswordField(10).apply {
            text = "j2ee"
            setBounds(158, 85, 157, 30)
            contentPane.add(this)
        }

        val btnOk = JButton().apply {
            text = "确定"
            font = Font("微软雅黑", Font.PLAIN, 15)
            setBounds(61, 140, 100, 30)
            contentPane.add(this)
        }

        val btnCancel = JButton().apply {
            text = "取消"
            font = Font("微软雅黑", Font.PLAIN, 15)
            setBounds(225, 140, 100, 30)
```

```
                contentPane.add(this)
        }

        //注册 btnOk 的 ActionEvent 事件监听器
        btnOk.addActionListener {                                          ②
            UserSession.account = AccountDaoImp().findById(txtAccountId.text)   ③

            val passwordText = String(txtPassword.password)                ④
            if (UserSession.account != null && passwordText == UserSession.account!!.
password) {                                                                ⑤
                println("登录成功。")
                UserSession.loginDate = Date()
                ProductListFrame().isVisible = true
                isVisible = false
            } else {
                val label = JLabel("您输入的账号或密码有误，请重新输入。")
                label.font = Font("微软雅黑", Font.PLAIN, 15)
                JOptionPane.showMessageDialog(null, label,
                    "登录失败", JOptionPane.ERROR_MESSAGE)                   ⑥
            }
        }

        //注册 btnCancel 的 ActionEvent 事件监听器
        btnCancel.addActionListener { System.exit(0) }                     ⑦
    }
}
```

上述代码第①行是创建 AccountDaoImp 对象，代码第③行是通过 DAO 对象调用 findById 函数，该函数是通过用户账号查询用户信息。

代码第②行是用户单击"确定"按钮调用的代码块。代码第④行是从密码框中取出密码。代码第⑤行比较窗口中输入的密码与数据库中查询的密码是否一致，如果一致则登录成功，否则登录失败。失败时弹出对话框，代码第⑥行 JOptionPane.showMessageDialog 函数可以弹出对话框，JOptionPane 类也有其他类似的静态函数：

□ showConfirmDialog。弹出确认框，可以是 Yes、No、Ok 和 Cancel 等按钮。

□ showInputDialog。弹出提示输入对话框。

□ showMessageDialog。弹出消息提示对话框。

代码第⑥行 showMessageDialog 函数的第一个参数是设置对话框所在的窗口，如果是当前窗口则设置为 null，第二个参数是要显示的消息，第三个参数是对话框标题，第四个参数是要显示的消息类型，这些类型有 ERROR_MESSAGE、INFORMATION_MESSAGE、WARNING_MESSAGE、QUESTION_MESSAGE 和 PLAIN_MESSAGE，其中 ERROR_ MESSAGE 是错误消息类型。

25.5.4　迭代 4.4：商品列表窗口

登录成功后会出现商品列表窗口，如图 25-14 所示。商品列表窗口是分栏显示的，左栏是商品列表，右栏是商品明细信息。商品列表窗口是 PetStore 项目的最核心窗口，在该窗口可进行的操作如下：

（1）查看商品信息。在左栏的表格中选择某一个商品时，右栏会显示该商品的详细信息。

图 25-14　商品列表窗口

（2）选择商品类型进行查询。用户可以选择商品类型，单击"查询"按钮根据商品类型进行查询。如图 25-15 所示为选中"鱼类"商品类型时查询结果。

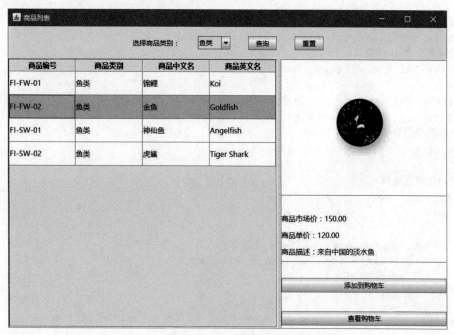

图 25-15　查询商品列表

（3）重置查询：查询商品类型后，如果想返回查询之前的状态，可以单击"重置"按钮重置商品列表，回到如图 25-14 所示的界面。

（4）添加商品到购物车。用户在商品列表中选中商品后，可以单击"添加到购物车"按钮，将选中的商品添加到购物车中。注意，用户每单击一次则增加一次该商品的数量到购物车。

（5）查看购物车。用户单击"查看购物车"按钮后窗口会跳转到购物车窗口。

商品列表窗口 ProductListFrame 代码如下：

//代码文件：PetStore/src/main/kotlin/com/zhijieketang/ui/ProductListFrame.kt

```kotlin
package com.zhijieketang.ui

import com.zhijieketang.petstore.dao.mysql.ProductDaoImp
import com.zhijieketang.petstore.domain.Product
import java.awt.*
import java.util.*
import javax.swing.*

//商品列表窗口
class ProductListFrame : MyFrame("商品列表", 1000, 700) {

    private var lblImage: JLabel? = null
    private var lblListprice: JLabel? = null
    private var lblDescn: JLabel? = null
    private var lblUnitcost: JLabel? = null
    //初始化左侧面板中的表格控件
    private var table: JTable? = null

    //商品列表集合
    private var products: List<Product>? = null
    //创建商品Dao对象
    private val dao = ProductDaoImp()

    //购物车，键是选择的商品Id，值是商品的数量
    private val cart = HashMap<String, Int>()
    //选择的商品索引
    private var selectedRow = -1

    //初始化搜索面板
    private val searchPanel: JPanel
        get() {

            val searchPanel = JPanel()
            with(searchPanel.layout as FlowLayout) {
                vgap = 20
                hgap = 40
            }

            with(JLabel("选择商品类别：")) {
                font = Font("微软雅黑", Font.PLAIN, 15)
                searchPanel.add(this)
            }
```

```kotlin
    val categorys = arrayOf("鱼类", "狗类", "爬行类", "猫类", "鸟类")
    val comboBox = JComboBox(categorys).apply {
        font = Font("微软雅黑", Font.PLAIN, 15)
        searchPanel.add(this)
    }

    val btnGo = JButton("查询").apply {
        font = Font("微软雅黑", Font.PLAIN, 15)
        searchPanel.add(this)
    }

    val btnReset = JButton("重置").apply {
        font = Font("微软雅黑", Font.PLAIN, 15)
        searchPanel.add(this)
    }

    //注册查询按钮的 ActionEvent 事件监听器
    btnGo.addActionListener {
        val category = comboBox.selectedItem as String
        products = dao.findByCategory(category)
        println(products?.size)
        val model = ProductTableModel(products!!)
        table!!.model = model
    }
    //注册重置按钮的 ActionEvent 事件监听器
    btnReset.addActionListener {
        products = dao.findAll()
        val model = ProductTableModel(products!!)
        table!!.model = model
    }
    return searchPanel
}

//初始化右侧面板
private val rightPanel: JPanel
    get() {

        val rightPanel = JPanel().apply {
            background = Color.WHITE
            layout = GridLayout(2, 1, 0, 0)
        }

        lblImage = JLabel().apply {
            horizontalAlignment = SwingConstants.CENTER
            rightPanel.add(this)
        }

        //detailPanel
        val detailPanel = JPanel().apply {
            background = Color.WHITE
```

```kotlin
        layout = GridLayout(8, 1, 0, 5)
        rightPanel.add(this)
    }
    //添加分隔线
    detailPanel.add(JSeparator())
    lblListprice = JLabel().apply {
        //lblListprice
        font = Font("微软雅黑", Font.PLAIN, 16)
        detailPanel.add(this)
    }

    lblUnitcost = JLabel().apply {
        //lblUnitcost
        font = Font("微软雅黑", Font.PLAIN, 16)
        detailPanel.add(this)
    }

    lblDescn = JLabel().apply {
        //lblDescn
        font = Font("微软雅黑", Font.PLAIN, 16)
        detailPanel.add(this)
    }
    //添加分隔线
    detailPanel.add(JSeparator())

    val btnAdd = JButton("添加到购物车").apply {
        font = Font("微软雅黑", Font.PLAIN, 15)
        detailPanel.add(this)
    }

    //添加一个空标签
    detailPanel.add(JLabel())

    val btnCheck = JButton("查看购物车").apply {
        font = Font("微软雅黑", Font.PLAIN, 15)
        detailPanel.add(this)
    }
    //注册【添加到购物车】按钮的 ActionEvent 事件监听器
    btnAdd.addActionListener {                              ①
        if (selectedRow < 0) {
            return@addActionListener                        ②
        }
        val productid = products!![selectedRow].productid!!

        if (cart.containsKey(productid)) {                  ③
            var quantity = cart[productid] as Int           ④
            cart.put(productid, ++quantity)                 ⑤
        } else {
            cart.put(productid, 1)                          ⑥
        }
```

```
            println(cart)
        }
        btnCheck.addActionListener {                                          ⑦
            CartFrame(cart, this).setVisible(true)
            isVisible = false
        }

        return rightPanel
    }
```

//初始化左侧面板
```
private val leftPanel: JScrollPane
    get() {
        val leftScrollPane = JScrollPane()
        leftScrollPane.setViewportView(createTable())
        return leftScrollPane
    }
```

//初始化左侧面板中的表格控件
```
private fun createTable(): JTable? {
    val model = ProductTableModel(products!!)
    if (table == null) {
        table = JTable(model).apply {
            //设置表中内容字体
            font = Font("微软雅黑", Font.PLAIN, 16)
            //设置表列标题字体
            tableHeader.font = Font("微软雅黑", Font.BOLD, 16)
            //设置表行高
            rowHeight = 51
            rowSelectionAllowed = true
            setSelectionMode(ListSelectionModel.SINGLE_SELECTION)
        }

        val rowSelectionModel = table!!.selectionModel
        rowSelectionModel.addListSelectionListener { e ->                     ⑧
            //只处理鼠标释放
            if (e.valueIsAdjusting) {
                return@addListSelectionListener
            }
            val lsm = e.source as ListSelectionModel
            selectedRow = lsm.minSelectionIndex
            if (selectedRow < 0) {
                return@addListSelectionListener
            }
            //更新右侧面板内容
            val (_, _, _, _, image, descn, listprice1, unitcost1) = products!!
[selectedRow]
                                                                             ⑨
            val petImage = "/images/$image"                                  ⑩
            val icon = ImageIcon(petImage)                                   ⑪
            lblImage?.icon = icon
```

```
                lblDescn!!.text = "商品描述: " + descn!!

                val listprice = listprice1.toDouble()
                val slistprice = String.format("商品市场价: %.2f", listprice)
                lblListprice!!.text = slistprice

                val unitcost = unitcost1.toDouble()
                val slblUnitcost = String.format("商品单价: %.2f", unitcost)
                lblUnitcost!!.text = slblUnitcost
            }
        } else {
            table!!.model = model
        }
        return table
    }

    //初始化代码块
    init {
        //查询所有商品
        products = dao.findAll()                                            ⑫

        //添加顶部搜索面板
        contentPane.add(searchPanel, BorderLayout.NORTH)

        //创建分隔面板
        with(JSplitPane()) {
            //设置指定分隔条位置，从窗格的左边到分隔条的左边
            dividerLocation = 600
            //设置左侧面板
            leftComponent = leftPanel
            //设置右侧面板
            rightComponent = rightPanel
            //把分隔面板添加到内容面板
            contentPane.add(this, BorderLayout.CENTER)
        }
    }
}
```

上述代码第①行代码块是用户单击"添加到购物车"按钮的事件处理代码，其中代码第②行 return@addActionListener 是跳出代码块语句，@addActionListener 是标签指向 btnAdd.addActionListener 代码块。代码第③行是判断购物车中是否已经有了选中的商品，如果有则通过代码第④行取出商品数量，代码第⑤行是将商品数量加一后，再重新放回到购物车中。如果没有商品则将该商品添加到购物车中，商品数量为 1，见代码第⑥行。

代码第⑦行是单击"查看购物车"按钮时的事件处理代码块。此时当前界面会调转到购物车窗口。

代码第⑧行是用户选中表格中某一行时调用的代码块，在这里根据用户选中的商品更新右边的详细商品信息。代码第⑨行从集合 products 中取出元素，但元素是 Product 数据对象，需要解构这个对象。在解构表达式中，下画线 "_" 表示忽略取出属性值。

代码第⑩行是获得图片相对路径，它们属于资源目录，位于 resource 目录下。代码第⑪行的是创建 ImageIcon 对象。代码第⑫行的 products = dao.findAll()语句是查询所有数据，单击"重置"按钮也可调用 dao.findAll()语句查询所有数据。

商品列表窗口中使用了自定义表格模型 ProductTableModel，ProductTableModel 代码如下：

```kotlin
//代码文件：PetStore/src/main/kotlin/com/zhijieketang/ui/ProductTableModel.kt
package com.zhijieketang.ui
import com.zhijieketang.petstore.domain.Product
import javax.swing.table.AbstractTableModel

//商品列表表格模型
class ProductTableModel(val data: List<Product>) : AbstractTableModel() {

    //表格列名 columnNames
    private val columnNames = arrayOf("商品编号", "商品类别", "商品中文名", "商品英文名")

    //返回列数
    override fun getColumnCount() = columnNames.size

    //返回行数
    override fun getRowCount() = data.size

    //获得某行某列的数据，而数据保存在对象数组 data 中
    override fun getValueAt(rowIndex: Int, columnIndex: Int): Any? {

        //每一行就是一个 Product 商品对象
        val (productid, category, cname, ename) = data[rowIndex]

        return when (columnIndex) {
            0 -> productid              //第一列商品编号
            1 -> category               //第二列商品类别
            2 -> cname                  //第三列商品中文名
            else -> ename               //第四列商品英文名
        }
    }

    override fun getColumnName(columnIndex: Int) = columnNames[columnIndex]
}
```

上述表格模型代码继承了 AbstractTableModel 抽象类，表格中的数据保存在 List<Product>集合中。类似的表格模型在 23.6 节介绍过，这里不再赘述。

25.5.5　迭代 4.5：商品购物车窗口

当用户在商品列表窗口中，单击"查看购物车"按钮，则会跳转到商品购物车窗口，如图 25-16 所示。在该窗口可进行如下操作：

（1）返回商品列表。当用户单击"返回商品列表"按钮时，界面跳转回上一级窗口（商品列表窗口），用户还可以重新添加新的商品到购物车。

商品编号	商品名	商品单价	数量	商品应付金额
K9-PO-02	狮子狗	1000.0	1	1000.0
FI-FW-02	金鱼	120.0	1	120.0
K9-RT-02	拉布拉多犬	3020.0	1	3020.0
FI-FW-01	锦鲤	120.0	1	120.0
RP-SN-01	响尾蛇	110.0	1	110.0
K9-CW-01	吉娃娃	120.0	1	120.0
FI-SW-01	神仙鱼	400.0	2	800.0
RP-LI-02	蜥蜴	1203.0	2	2406.0

图 25-16　商品购物车窗口

（2）修改商品数量。用户如果想修改商品数量，可以在购物车表格中双击某一商品数量单元格，使其进入编辑状态。用户只能输入大于或等于 0 的数值，不能输入负数或非数值字符。

（3）提交订单。如果商品选择完成，用户想提交订单，可以单击"提交订单"按钮生成订单，提交订单会在数据库中插入订单信息和订单明细信息。然后会弹出如图 25-17 所示的订单等待付款确认对话框，如果用户单击"是"按钮则进入付款流程，由于付款需要实际的支付接口，因此此处未实现付款功能。如果用户单击"否"则退出系统。

图 25-17　订单生成确认对话框

商品购物车窗口 CartFrame 代码如下：

//代码文件: file:PetStore/src/main/kotlin/com/zhijieketang/ui/CartFrame.kt

```kotlin
package com.zhijieketang.ui
import com.zhijieketang.petstore.dao.mysql.OrderDaoImp
import com.zhijieketang.petstore.dao.mysql.OrderDetailDaoImp
import com.zhijieketang.petstore.dao.mysql.ProductDaoImp
import com.zhijieketang.petstore.domain.Order
import com.zhijieketang.petstore.domain.OrderDetail
import java.awt.BorderLayout
import java.awt.FlowLayout
import java.awt.Font
import java.math.BigDecimal
import java.util.*
import javax.swing.*


//商品购物车窗口
```

```kotlin
class CartFrame(private val cart: MutableMap<String, Int>, // 购物车
        private val productListFrame: ProductListFrame // 引用到上级Frame(ProductListFrame)
) : MyFrame("商品购物车", 1000, 700) {

    private var table: JTable? = null
    //购物车数据
    private var data = Array(cart.size) {
        arrayOfNulls<Any>(5)
    }
    //创建商品 Dao 对象
    private val dao = ProductDaoImp()
    //计算订单应付总金额
    private val orderTotalAmount: BigDecimal
        get() {
            var totalAmount = BigDecimal(0.0)
            for (i in data.indices) {
                totalAmount += data[i][4] as BigDecimal
            }
            return totalAmount
        }

    //初始化代码块
    init {

        val topPanel = JPanel()
        val flowLayout = topPanel.layout as FlowLayout
        flowLayout.vgap = 10
        flowLayout.hgap = 20
        contentPane.add(topPanel, BorderLayout.NORTH)

        val btnReturn = JButton("返回商品列表").apply {
            font = Font("微软雅黑", Font.PLAIN, 15)
            topPanel.add(this)
        }

        val btuSubmit = JButton("提交订单").apply {
            font = Font("微软雅黑", Font.PLAIN, 15)
            topPanel.add(this)
        }

        val scrollPane = JScrollPane().apply {
            setViewportView(createTable())
            contentPane.add(this, BorderLayout.CENTER)
        }

        //注册【提交订单】按钮的 ActionEvent 事件监听器
        btuSubmit.addActionListener {                              ①
            //生成订单
            generateOrders()
```

```kotlin
        val label = JLabel("订单已经生成，等待付款。")
        label.font = Font("微软雅黑", Font.PLAIN, 15)
        if (JOptionPane.showConfirmDialog(this, label,
                    "信息", JOptionPane.YES_NO_OPTION) == JOptionPane.YES_OPTION) {
            //TODO 付款
            System.exit(0)
        } else {
            System.exit(0)
        }
    }

    //注册【返回商品列表】按钮的 ActionEvent 事件监听器
    btnReturn.addActionListener {
        //更新购物车
        for (i in data.indices) {
            //商品编号
            val productid = data[i][0] as String
            //数量
            val quantity = data[i][3] as Int
            cart[productid] = quantity
        }
        productListFrame.isVisible = true
        isVisible = false
    }
}

//初始化左侧面板中的表格控件
private fun createTable(): JTable? {

    val keys = this.cart.keys
    var idx = 0
    for (productid in keys) {
        val p = dao.findById(productid)!!
        data[idx][0] = p.productid              //商品编号
        data[idx][1] = p.cname                  //商品名

        data[idx][2] = p.unitcost               //商品单价
        data[idx][3] = cart[productid]          //数量
        //计算商品应付金额
        val amount = p.unitcost * BigDecimal(cart[productid]!!)
        data[idx][4] = amount
        idx++
    }

    //创建表数据模型
    val model = CartTableModel(data)

    if (table == null) {
        //创建表
        table = JTable(model).apply {
```

```kotlin
            //设置表中内容字体
            font = Font("微软雅黑", Font.PLAIN, 16)
            //设置表列标题字体
            tableHeader.font = Font("微软雅黑", Font.BOLD, 16)
            //设置表行高
            rowHeight = 51
            rowSelectionAllowed = false
        }
    } else {
        table!!.model = model
    }
    return table
}


//生成订单
private fun generateOrders() {                                        ②

    val orderDao = OrderDaoImp()
    val orderDetailDao = OrderDetailDaoImp()

    //订单 Id 是当前时间
    val now = Date()
    val orderId = now.getTime()
    //设置订单属性
    val order = Order().apply {
        userid = UserSession.account!!.userid                         ③
        //0 待付款
        status = 0
        orderid = orderId                                             ④
        orderdate = now
        amount = orderTotalAmount                                     ⑤
    }

    //创建订单
    orderDao.create(order)                                            ⑥

    for (i in data.indices) {

        val orderDetail = OrderDetail().apply {
            orderid = order.orderid
            productid = data[i][0] as String
            quantity = data[i][3] as Int
            unitcost = data[i][2] as BigDecimal
        }
        //创建订单详细
        orderDetailDao.create(orderDetail)                            ⑦
    }
}
}
```

当用户单击"提交订单"按钮时调用代码第①行的代码块，在该代码块中首先调用 generateOrders()函数生成订单，然后通过调用 JOptionPane.showConfirmDialog 函数弹出付款确认对话框。

代码第②行是生成订单 generateOrders 函数的定义，在该函数中将订单信息插入数据库订单表和订单明细表中。其中代码第③行是设置订单中的用户 Id 属性，这个属性是在登录时保存在 MainApp.accout 静态变量中的。代码第④行是设置订单 Id 属性，订单 Id 生成规则是当前系统时间的毫秒数，这种生成规则在用户访问量少的情况下可以满足要求。代码第⑤行是设置该订单应付金额，该金额的计算是通过 getOrderTotalAmount()函数实现的，就是将订单中所有商品价格乘以数量，然后累加起来。

代码第⑥行是将订单数据插入数据库中，由于订单中可能有多个商品，所有代码第⑦行循环插入订单明细数据。

订单生成后可以在数据中查看生成的结果，如图 25-18 所示。

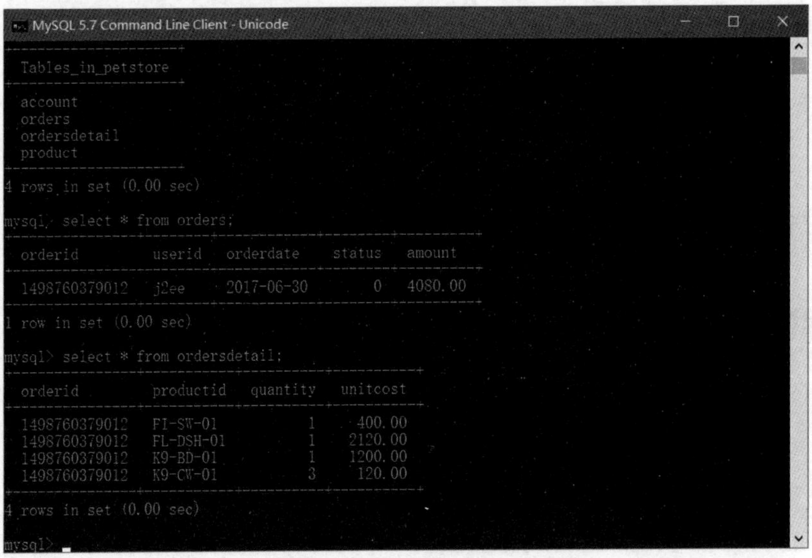

图 25-18　订单生成数据

购物车窗口中会用到购物车表格，购物车表格比较复杂，用户可以修改数量这一列，不能修改其他的列，且修改的数量是要验证的，不能小于 0，更不能输入非数值字符。这些需求的解决是通过自定义表格模型实现的，表格模型 CartTableModel 代码如下：

```kotlin
//代码文件：PetStore/src/main/kotlin/com/zhijieketang/ui/CartTableModel.kt
package com.zhijieketang.ui

import java.math.BigDecimal
import javax.swing.table.AbstractTableModel


//购物车表格模型
class CartTableModel(private val data: Array<Array<Any?>>?) : AbstractTableModel() {
                                                    //表格中数据保存在 data 二维数组中

    //表格列名 columnNames
    private val columnNames = arrayOf("商品编号", "商品名", "商品单价", "数量", "商品应
```

付金额")

```kotlin
    //返回列数
    override fun getColumnCount() = columnNames.size

    //返回行数
    override fun getRowCount() = data!!.size

    //获得某行某列的数据，而数据保存在对象数组 data 中
    override fun getValueAt(rowIndex: Int, columnIndex: Int)= data!![rowIndex][columnIndex]

    override fun getColumnName(columnIndex: Int)=columnNames[columnIndex]

    override fun isCellEditable(rowIndex: Int, columnIndex: Int) = columnIndex == 3      ①

    override fun setValueAt(aValue: Any?, rowIndex: Int, columnIndex: Int) {             ②
        //只允许修改数量列
        if (columnIndex != 3) {                                                         ③
            return
        }
        try {
            //从表中获得修改之后的商品数量，从表而来的数据都是 String 类型
            val quantity = (aValue as String).toInt()                                   ④
            //商品数量不能小于 0
            if (quantity < 0) {                                                         ⑤
                return
            }
            //更新数量列
            data!![rowIndex][3] = quantity                                              ⑥
            //计算商品应付金额
            val unitcost = data[rowIndex][2] as BigDecimal                              ⑦
            val totalPrice = unitcost * BigDecimal(quantity)                            ⑧
            //更新商品应付金额列
            data[rowIndex][4] = totalPrice                                              ⑨
        } catch (e: Exception) {
        }
    }
}
```

为了让表格可以被编辑，需要覆盖代码第①行的 isCellEditable 函数，该函数判断当前列索引是 3（就是数量列）返回 true，表示这一列可以修改。

在修改数量时需要进行验证，需要覆盖代码第②行的 setValueAt 函数，其中 aValue 参数是当前单元格（rowIndex，columnIndex）的输入值。代码第③行判断数量列后才进行处理。代码第④行将输入值 aValue 转换为整数，如果是非数值字符则会发生异常，结束 setValueAt 函数。代码第⑤行在判断输入值小于 0 时会结束 setValueAt 函数。代码第⑥行是用输入值 aValue 替换二维数组 data 中对应的数据。代码第⑦行 data[rowIndex][2]是取出二维数组商品单价。代码第⑧行是计算商品应付金额，然后通过代码第⑨行将商品应付金额更新为二维数组 data 中的商品应付金额元素。

第 26 章

项目实战 2：开发 Kotlin 版 QQ 聊天工具

第 25 章开发的 PetStore 宠物商店项目没有涉及多协程和网络通信，本章介绍的 QQ 聊天工具会涉及这方面的技术。

本章介绍通过 Kotlin 语言实现的 QQ 聊天工具项目，所涉及的知识点有面向对象、Lambda 表达式、Swing、协程和网络通信等，其中还会用到方方面面的 Kotlin 基础知识。

26.1　系统分析与设计

本节对 QQ 聊天工具项目进行分析和设计，其中设计过程包括原型设计、数据库设计和系统设计。

26.1.1　项目概述

QQ 是一个网络即时聊天工具，即时聊天工具就是可以在两名或多名用户之间传递即时消息的网络软件，大部分的即时聊天软件都可以显示联络人名单，并能显示联络人是否在线，聊天者发出的每一句话都会显示在双方的屏幕上。

即时聊天工具主要有：

口 ICQ。最早的网络即时通信工具。1996 年，三个以色列人维斯格、瓦迪和高德芬格一起开发了 ICQ 工具。ICQ 支持在 Internet 上聊天、发送消息和文件等。

口 QQ。国内最流行的即时通信工具。

口 MSN Messenger。是微软所开发的一个软件，曾经在公司中广泛使用。

口 百度 HI。百度公司推出的一款集文字消息、音视频通话、文件传输等功能的即时通信软件。

口 阿里旺旺。阿里巴巴公司为自己旗下产品用户定制的商务沟通软件。

口 Gtalk。Google 的即时通信工具。

口 Skype。网络即时语音沟通工具。

口 微信。基于移动平台的即时通信工具。

26.1.2　需求分析

QQ 项目工具分为客户端和服务器端，客户端和服务器端都提供了很多工作协程，这些协程帮助进行后台通信等处理。

客户端由聊天用户和工作协程完成工作，客户端主要功能如下：

（1）用户登录。用户打开登录窗口，单击"登录"按钮登录。客户端工作协程向服务器发送用户登录请求消息；客户端工作协程接收到服务器返回信息，如果成功则界面跳转，失败则弹出提示框，提示用户登录失败。

（2）打开聊天对话框。用户双击好友列表中的好友，打开聊天对话框。

（3）显示好友列表。当用户登录成功后，客户端工作协程接收服务器端数据，根据数据显示好友列表。

（4）刷新好友列表。每一个用户上线（登录成功），服务器会广播用户上线消息，客户端工作协程接收到用户上线消息，则将好友列表中好友在线状态更新。

（5）向好友发送消息。用户在聊天对话框中发送消息给好友，服务器端工作协程接收到这个消息后，转发给用户好友。

（6）接收好友消息。客户端工作协程接收好友消息，这个消息是服务器转发的。

（7）用户下线。单击好友列表的关闭窗口，则用户下线。客户端工作协程向服务器发送用户下线消息。

采用用例分析法描述客户端用例如图 26-1 所示。

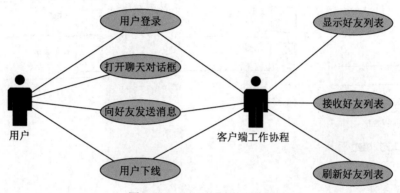

图 26-1　QQ 项目客户端用例图

服务器端所有功能都是通过服务协程和工作协程完成的，没有人为操作，服务器端主要功能如下：

（1）客户用户登录。客户端用户发生登录请求，服务器端工作协程查询数据库用户信息，验证用户登录。用户登录成功后服务器端工作协程将好友信息发送各客户端。

（2）广播在线用户列表。用户好友列表状态是不断变化的，服务器端会定期发送在线的用户列表，以便于客户端刷新自己的好友列表。

（3）接收用户消息。用户在聊天时发送消息给服务器，服务器端工作协程一直不断地接收用户消息。

（4）转发消息给好友。服务器端工作协程接收到用户发送的聊天信息，然后再将消息转发给好友。

采用用例分析法描述服务器端用例如图 26-2 所示。

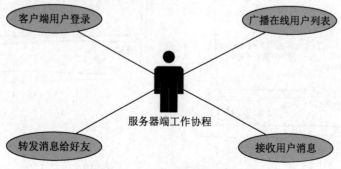

图 26-2　QQ 项目服务器端用例图

26.1.3 原型设计

服务器端没有界面，没有原型设计，而客户端有界面，有原型设计。原型设计主要应用于图形界面应用程序，原型设计对于设计人员、开发人员、测试人员、UI 设计人员以及用户都是非常重要的。QQ 项目客户端原型设计如图 26–3 所示。

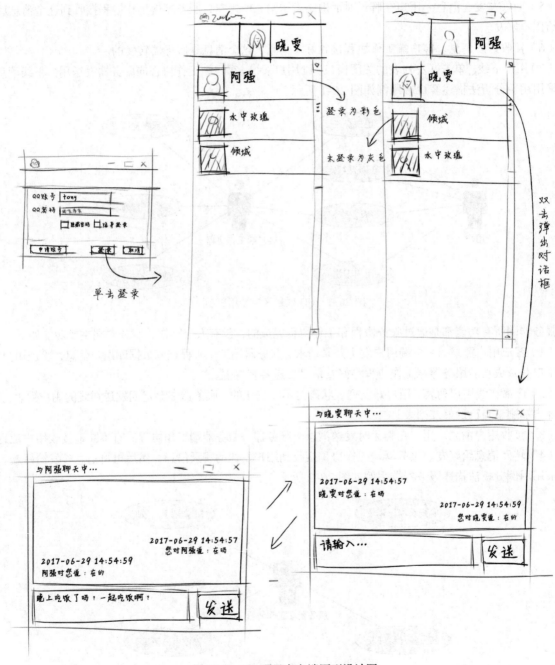

图 26–3　QQ 项目客户端原型设计图

26.1.4　数据库设计

QQ 项目中客户端没有数据库，只有服务器端有数据库，服务器数据库设计如图 26-4 所示。

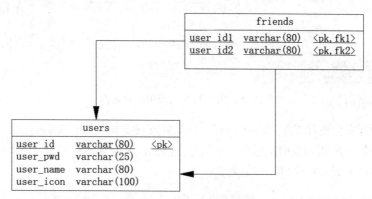

图 26-4　数据库设计模型

数据库设计模型中各个表的说明如下。

1. 用户表

用户表（英文名 users）是 QQ 的注册用户，用户 Id（英文名 user_id）是主键，用户表结构如表 26-1 所示。

表 26-1　用户表

字　段　名	数据类型	长　　度	精　　度	主　　键	外　　键	备　　注
user_id	varchar(80)	80	–	是	否	用户Id
user_pwd	varchar(25)	25	–	否	否	用户密码
user_name	varchar(80)	80	–	否	否	用户名
user_icon	varchar(100)	100	–	否	否	用户头像

2. 用户好友表

用户好友表（英文名 friends）只有两个字段——用户 Id1 和用户 Id2，它们是用户好友的联合主键，给定一个用户 Id1 和用户 Id2 可以确定用户好友表中唯一一条数据，这是"主键约束"。用户好友表与用户表的关系比较复杂，用户好友表的两个字段都引用到用户表的用户 Id 字段，用户好友表中的用户 Id1 和用户 Id2 都必须是用户表中存在的用户 Id，这是"外键约束"，用户好友表结构如表 26-2 所示。

表 26-2　用户好友表

字　段　名	数据类型	长　　度	精　　度	主　　键	外　　键	备　　注
user_id1	varchar(80)	80	–	是	是	用户Id1
user_id2	varchar(80)	80	–	是	是	用户Id2

初学者理解用户好友表与用户表的关系有一定的困难，下面通过用户好友表与用户表数据（见图 26-5）进一步理解它们之间的关系。从图 26-5 中可见，用户好友表中的 user_id1 和 user_id2 数据都在用户表 user_id 中存在。

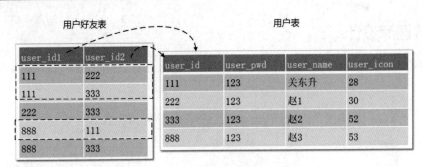

图 26-5 用户好友表与用户表数据

那么用户 111 的好友应该有 222、333 和 888，凡是好友表中 user_id1 或 user_id2 等于 111 的数据都是其好友。要想通过一条 SQL 语句查询出用户 111 的好友信息，可以有多种写法，主要使用表连接或子查询实现，如下代码是通过子查询实现 SQL 的语句：

```
select user_id,user_pwd,user_name,user_icon FROM users
    WHERE user_id IN (select user_id2 as user_id  from friends where user_id1 = 111)
        OR user_id IN (select user_id1 as user_id  from friends where user_id2 = 111)
```

其中 select user_id2 as user_id from friend where user_id1 = 111 和 select user_id1 as user_id from friend where user_id2 = 111 是两个子查询，分别查询出好友表中 user_id1 = 111 的 user_id2 的数据和 user_id2 = 111 的 user_id1 的数据。

在 MySQL 数据库执行 SQL 语句的结果如图 26-6 所示。

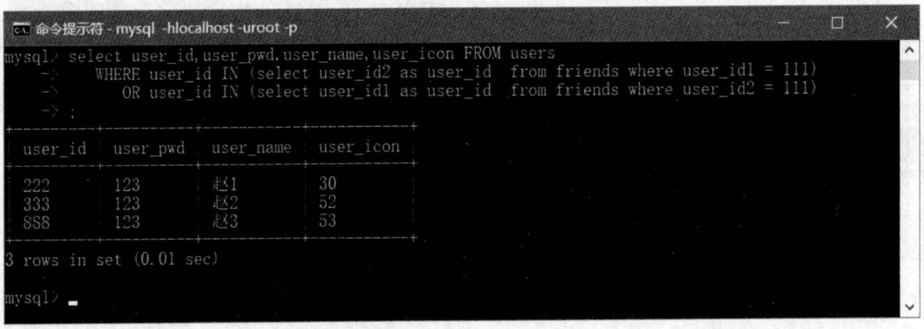

图 26-6　子查询实现 SQL 语句

26.1.5　网络拓扑图

QQ 项目分为客户端和服务器，采用 C/S（客户端/服务器）网络结构，如图 26-7 所示，服务器只有一个，客户端可以有多个。

26.1.6　系统设计

系统设计也分为客户端系统设计和服务器端系统设计。

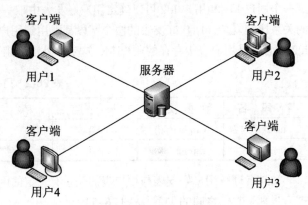

图 26-7　QQ 项目网络结构

1. 客户端系统设计

客户端系统设计如图 26-8 所示，客户端有三个窗口：用户登录窗口 LoginFrame、好友列表窗口 FriendsFrame 和聊天窗口 ChatFrame。其中 CartFrame 与 FriendsFrame 有关联关系。

2. 服务器端系统设计

服务器端系统设计如图 26-9 所示，服务器端没有图形用户界面，服务器端主要的两个类说明如下：

（1）UserDAO。服务器端用户信息 DAO 类，用来操作数据库用户表。

（2）ClientInfo。服务器端保存客户端信息类，userId 属性是客户 Id，address 属性是客户端地址，port 是客户端端口号。

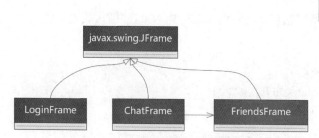

图 26-8　客户端系统设计类图　　　　图 26-9　服务器端系统设计类图

26.2　任务 1：创建服务器端数据库

在设计完成之后，编写 Kotlin 代码之前，应该先创建服务器端数据库。

26.2.1　迭代 1.1：安装和配置 MySQL 数据库

首先应该为开发该项目准备好数据库。这里推荐使用 MySQL 数据库，如果没有安装 MySQL 数据库，可以参考 25.1.1 节安装 MySQL 数据库。

26.2.2　迭代 1.2：编写数据库 DDL 脚本

按照图 26-4 所示的数据库设计模型编写数据库 DDL 脚本。当然，也可以通过一些工具生成 DDL 脚本，然后把这个脚本导入数据库中执行。下面是编写的 DDL 脚本：

```
/* 创建数据库 */
CREATE DATABASE  IF NOT EXISTS  qq;

use qq;

/* 用户表 */
CREATE TABLE IF NOT EXISTS users (
    user_id varchar(80) not null,            /* 用户 Id */
    user_pwd varchar(25)  not null,          /* 用户密码 */
    user_name varchar(80) not null,          /* 用户名 */
```

```
    user_icon varchar(100) not null,                    /* 用户头像 */
PRIMARY KEY (user_id));


/* 用户好友表 Id1 和 Id2 互为好友 */
CREATE TABLE IF NOT EXISTS friends (
    user_id1 varchar(80) not null,                      /* 用户 Id1  */
    user_id2 varchar(80) not null,                      /* 用户 Id2  */
PRIMARY KEY (user_id1, user_id2));
```

如果读者对于编写 DDL 脚本不熟悉，可以直接使用笔者编写好的 qq-mysql-schema.sql 脚本文件，文件位于 QQ 项目下的 db 目录中。

26.2.3　迭代 1.3：插入初始数据到数据库

QQ 项目服务器端有一些初始的数据，这些初始数据在创建数据库之后插入。这些插入数据的语句如下：

```
use qq;

/* 用户表数据 */
INSERT INTO users VALUES('111','123', '关东升', '28');
INSERT INTO users VALUES('222','123', '赵 1', '30');
INSERT INTO users VALUES('333','123', '赵 2', '52');
INSERT INTO users VALUES('888','123', '赵 3', '53');


/* 用户好友表 Id1 和 Id2 互为好友 */
INSERT INTO friends VALUES('111','222');
INSERT INTO friends VALUES('111','333');
INSERT INTO friends VALUES('888','111');
INSERT INTO friends VALUES('222','333');
```

如果读者不愿意自己编写插入数据的脚本文件，可以直接使用作者编写好的 qq-mysql-dataload.sql 脚本文件，文件位于 QQ 项目下的 db 目录中。

26.3　任务 2：初始化项目

本项目推荐使用 IntelliJ IDEA IDE 工具，所以首先参考 19.3 节采用一个 IntelliJ IDEA 工具创建 Kotlin 与 Gradle 项目，项目名称为 QQ。

26.3.1　任务 2.1：配置项目

QQ 项目创建完成后，需要配置 Exposed 框架，打开 build.gradle 文件，修改代码如下：

```
plugins {
id 'java'
id 'org.jetbrains.kotlin.jvm' version '1.4.21'
}

group 'com.zhijieketang'
version '1.0-SNAPSHOT'
```

```
repositories {
//    mavenCentral()
    jcenter()
}

dependencies {
    implementation("org.jetbrains.exposed:exposed-core:$exposedVersion")        ①
    implementation("org.jetbrains.exposed:exposed-dao:$exposedVersion")
    implementation("org.jetbrains.exposed:exposed-jdbc:$exposedVersion")
    implementation("mysql:mysql-connector-java:8.0.20")
    implementation 'org.jetbrains.kotlinx:kotlinx-coroutines-core:1.3.7'
    implementation 'com.beust:klaxon:5.0.1'
    compile 'org.slf4j:slf4j-api:1.7.30'
    compile 'org.slf4j:slf4j-simple:1.7.25'                                     ②
}
```

在 dependencies 部分中添加代码第①行～第②行配置所需要库的依赖关系。

26.3.2　任务 2.2：添加资源图片

参考图 26-10 所示将 images 文件夹添加到项目根目录中。

26.3.3　任务 2.3：添加包

参考图 26-10，在 src 文件夹中创建如下两个包：

（1）com.zhijieketang.client：放置客户端组件。

（2）com.zhijieketang.server：放置服务器端组件。

26.4　任务 3：编写服务器端外围代码

图 26-10　QQ 项目目录结构

服务器端外围代码主要涉及 UserDAO 和 ClientInfo 两个非通信类和 DBSchema.kt 文件，在该文件中声明了与数据库对应的数据表类。

26.4.1　迭代 3.1：创建数据表类

使用 Exposed 框架还需要编写与数据库对应的数据表类。具体实现代码如下：

```
//代码文件：file:QQ/src/main/kotlin/com/zhijieketang/server/DBSchema.kt
package com.zhijieketang.server

import org.jetbrains.exposed.sql.Table

const val URL = "jdbc:mysql://localhost:3306/qq?serverTimezone=UTC&useUnicode=
true&characterEncoding=utf-8"
const val DRIVER_CLASS = "com.mysql.cj.jdbc.Driver"
const val DB_USER = "root"
const val DB_PASSWORD = "12345"
```

```
/* 用户表 */
object Users : Table() {
    //声明表中字段
//    override val primaryKey = PrimaryKey(productid, name = "PK_Produc_ID")

    val user_id = varchar("user_id", length = 80)          /* 用户 Id  */
    override val primaryKey = PrimaryKey(user_id, name = "PK_UserID")

    val user_pwd = varchar("user_pwd", length = 25)        /* 用户密码 */
    val user_name = varchar("user_name", length = 80)      /* 用户名 */
    val user_icon = varchar("user_icon", length = 100)     /* 用户头像 */
}

/* 用户好友表 Id1 和 Id2 互为好友 */
object Friends : Table() {
    val user_id1 = varchar("user_id1", length = 10)        /* 用户 Id1  */
    val user_id2 = varchar("user_id2", length = 10)        /* 用户 Id2  */
    override val primaryKey = PrimaryKey(user_id1, user_id2, name = "PK_UserId1Id2")
}
```

上述代码表类结构与 26.1.4 节的数据库设计模型表结构一致。

26.4.2 任务 3.2：编写 UserDAO 类

UserDAO 是操作数据库用户表的 DAO 对象，如图 26-9 所示的类图中，可见 UserDAO 有两个公有查询函数：

```
//按照主键查询
fun findById(id: String): Map<String, String>?
//查询好友 列表
fun findFriends(id: String): List<Map<String, String>>?
```

findById 通过用户 Id 查询用户信息，查询返回的数据在 Map 中，本项目没有定义用户实体类，而是将用户信息放到 Map 集合中。findFriends 是通过用户 Id 查询他的所有好友，返回的是 List 集合，其中的每一个元素都是 Map。

UserDAO 代码如下：

```
//代码文件: QQ/src/main/kotlin/com/zhijieketang/server/UserDAO.kt
package com.zhijieketang.server

import org.jetbrains.exposed.sql.Database
import org.jetbrains.exposed.sql.StdOutSqlLogger
import org.jetbrains.exposed.sql.select
import org.jetbrains.exposed.sql.transactions.transaction

class UserDAO {

    //按照主键查询
    fun findById(id: String): Map<String, String>? {

        var list: List<Map<String, String>> = emptyList()
```

```
        //连接数据库
        Database.connect(URL, user = DB_USER, password = DB_PASSWORD, driver =
DRIVER_CLASS)
        //操作数据库
        transaction {
            //添加 SQL 日志
            addLogger(StdOutSqlLogger)
            list = Users.select { Users.user_id.eq(id) }.map {        ①
                val row = mutableMapOf<String, String>()
                row["user_id"] = it[Users.user_id]
                row["user_pwd"] = it[Users.user_pwd]
                row["user_name"] = it[Users.user_name]
                row["user_icon"] = it[Users.user_icon]        ②
                //Lambda 表达式返回数据
                row
            }
        }
        return if (list.isEmpty()) null else list.first()
    }


    //查询好友列表
    fun findFriends(id: String): List<Map<String, String>>? {

        var list: List<Map<String, String>> = emptyList()
        //连接数据库
        Database.connect(URL, user = DB_USER, password = DB_PASSWORD, driver =
DRIVER_CLASS)
        //操作数据库
        transaction {
            //添加 SQL 日志
            addLogger(StdOutSqlLogger)
            val userList1 = Friends.slice(Friends.user_id2).select {        ③
                Friends.user_id1.eq(id)
            }.map {        ④
                it[Friends.user_id2]
            }
            val userList2 = Friends.slice(Friends.user_id1).select {        ⑤
                Friends.user_id2.eq(id)
            }.map {        ⑥
                it[Friends.user_id1]
            }
            list = Users.select {        ⑦
                Users.user_id.inList(userList1 + userList2)        ⑧
            }.map {
                val row = mutableMapOf<String, String>()
                row["user_id"] = it[Users.user_id]
                row["user_pwd"] = it[Users.user_pwd]
                row["user_name"] = it[Users.user_name]
```

```
                        row["user_icon"] = it[Users.user_icon]
                        //Lambda 表达式返回数据
                        row
                    }
                }
            return list
        }
}
```

在 findById 函数中代码第①行～第②行按照主键查询，查询条件是 Users.user_id.eq(id)，即数据库用户 Id 等于参数 id，这里使用 map 函数将数据表中的记录变换为 Map 集合。

findFriends 函数是按照用户 Id 查找他的好友数据，在 26.1.4 节的数据库设计中，给出了一条 SQL 语句，这个 SQL 语句采用子查询实现，但是使用 Exposed 框架通过一次查询就得到结果，实现起来是非常困难的。本示例是采用三次查询实现的，分别是代码第③行、第⑤行和第⑦行。代码第③行以参数 id 等于 friends 表的 user_id1 为条件，查询出 friends 表 user_id2 的数据，然后通过代码第④行的 map 函数提取 user_id2 字段到一个新的集合 userList1 中。如果参数 id 等同于'111'，那么日志输出的 SQL 语句如下：

SELECT friends.user_id2 FROM friends WHERE friends.user_id1 = '111'

数据库查询结果如图 26-11 所示。

图 26-11　查询 user_id2 结果

代码第⑤行以参数 id 等于 friends 表的 user_id2 为条件，查询出 friends 表 user_id1 的数据，然后通过代码第⑥行的 map 函数提取 user_id1 字段到一个新的集合 userList2 中。如果参数 id 等同于'111'，那么日志输出的 SQL 语句如下：

SELECT friends.user_id1 FROM friends WHERE friends.user_id2 = '111'

数据库查询结果如图 26-12 所示。

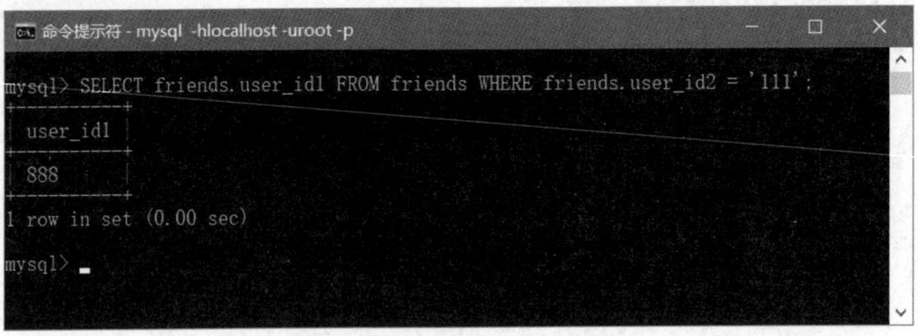

图 26-12　查询 user_id1 结果

代码第⑦行是将前面两次的查询结果合并成一个集合，判断 Users 表的 user_id 数据是否在此集合中，inList 函数相当于 SQL 中的 IN 语句。如果参数 id 等于'111'，那么日志输出的 SQL 语句如下：

```
SELECT users.user_id, users.user_pwd, users.user_name, users.user_icon FROM users
WHERE users.user_id IN ('222', '333', '888')
```

数据库查询结果如图 26-13 所示。

图 26-13　查询结果

26.4.3　任务 3.3：编写 ClientInfo 类

一个用户可以在任何一个客户端主机上登录，因此登录的客户端主机 IP 和端口号都是动态的。为了在服务器端保存所有登录的用户 Id、登录的客户端主机地址和端口号信息，设计了 ClientInfo 类，具体内容如图 26-9 所示。

ClientInfo 代码如下：

```kotlin
//代码文件：QQ/src/main/kotlin/com/zhijieketang/server/ClientInfo.kt
package com.zhijieketang.server

import java.net.InetAddress

data class ClientInfo(
        val port: Int,                        //客户端端口号
        val address: InetAddress,             //客户端 IP 地址
        val userId: String)                   //用户 Id
```

为了方便，上段代码中的客户端 IP 地址属性的类型是 InetAddress，不是字符串。

26.5　任务 4：客户端 UI 实现

从客观上讲，实现客户端 UI 开发的工作量是很大的，有很多细节工作需要完成。

26.5.1　迭代 4.1：登录窗口实现

客户端启动后会马上显示用户登录窗口，界面如图 26-14 所示，界面中有很多组件，但是本示例中主要使用文本框、密码框和两个按钮。等用户输入 QQ 号码和 QQ 密码后，单击"登录"按钮，如果输入的账号和密码正确，则登录成功进入好友列表窗口；如果输入不正确，则弹出如图 26-15 所示的对话框。

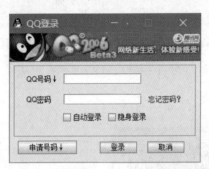  

图 26-14　登录窗口　　　　　　　　　　　图 26-15　登录失败提示

用户登录窗口 LoginFrame 代码如下：

```kotlin
//代码文件 QQ/src/main/kotlin/com/zhijieketang/client/LoginFrame.kt
package com.zhijieketang.client
...
class LoginFrame : JFrame() {

    //获得当前屏幕的宽和高
    private val screenWidth = Toolkit.getDefaultToolkit().screenSize.getWidth()  ①
    private val screenHeight = Toolkit.getDefaultToolkit().screenSize.getHeight()

    //登录窗口宽和高
    private val frameWidth = 329
    private val frameHeight = 250

    //QQ 号码文本框
    private var txtUserId = JTextField()
    //QQ 密码框
    private var txtUserPwd = JPasswordField()

    //蓝线面板
    private val paneLine: JPanel                                                    ②
        get() {

            val paneLine = JPanel().apply {
                layout = null
                setBounds(7, 54, 308, 118)
                border = BorderFactory.createLineBorder(Color(102, 153, 255), 1)
            }

            with(JLabel()) {
                //lblHelp
                setBounds(227, 47, 67, 21)
                font = Font("Dialog", Font.PLAIN, 12)
                foreground = Color(51, 51, 255)
                text = "忘记密码? "
                paneLine.add(this)
            }
            with(JLabel()) {
                //lblUserPwd
```

```kotlin
            text = "QQ 密码"
            font = Font("Dialog", Font.PLAIN, 12)
            setBounds(21, 48, 54, 18)
            paneLine.add(this)
        }

        with(JLabel()) {
            //lblUserId
            text = "QQ 号码↓"
            font = Font("Dialog", Font.PLAIN, 12)
            setBounds(21, 14, 55, 18)
            paneLine.add(this)
        }

        txtUserId.setBounds(84, 14, 132, 18)
        paneLine.add(this.txtUserId)

        txtUserPwd.setBounds(84, 48, 132, 18)
        paneLine.add(this.txtUserPwd)

        with(JCheckBox()) {
            //chbAutoLogin
            text = "自动登录"
            font = Font("Dialog", Font.PLAIN, 12)
            setBounds(79, 77, 73, 19)
            paneLine.add(this)
        }
        with(JCheckBox()) {
            //chbHideLogin
            text = "隐身登录"
            font = Font("Dialog", Font.PLAIN, 12)
            setBounds(155, 77, 73, 19)
            paneLine.add(this)
        }
        return paneLine
    }

init {

    //初始化当前窗口
    iconImage = Toolkit.getDefaultToolkit().getImage("images/QQ.png")      ③
    title = "QQ 登录"
    isResizable = false
    layout = null
    //设置窗口大小
    setSize(frameWidth, frameHeight)
    //计算窗口位于屏幕中心的坐标
    val x = (screenWidth - frameWidth).toInt() / 2
    val y = (screenHeight - frameHeight).toInt() / 2
    //设置窗口位于屏幕中心
    setLocation(x, y)                                                      ④
```

```kotlin
//添加蓝线面板
contentPane.add(paneLine)

with(JLabel()) {
    icon = ImageIcon("images/QQll.JPG")
    setBounds(0, 0, 325, 48)
    contentPane.add(this)
}

//初始化登录按钮
val btnLogin = JButton().apply {
    setBounds(152, 181, 63, 19)
    font = Font("Dialog", Font.PLAIN, 12)
    text = "登录"
    contentPane.add(this)
}
//注册登录按钮事件监听器
btnLogin.addActionListener {                                        ⑤
    //TODO 登录处理
}

//初始化取消按钮
val btnCancel = JButton().apply {
    setBounds(233, 181, 63, 19)
    font = Font("Dialog", Font.PLAIN, 12)
    text = "取消"
    contentPane.add(this)
}
btnCancel.addActionListener { System.exit(0) /* 退出系统*/ }          ⑥

//初始化【申请号码↓】按钮
with(JButton()) {
    setBounds(14, 179, 99, 22)
    font = Font("Dialog", Font.PLAIN, 12)
    text = "申请号码↓"
    contentPane.add(this)
}

//注册窗口事件
addWindowListener(object : WindowAdapter() {
    //单击窗口关闭按钮时调用
    override fun windowClosing(e: WindowEvent) {
        //退出系统
        System.exit(0)
    }
})
    }

}
```

上述代码第①行获取当前屏幕的宽，还用类似的方式获得屏幕的高，获得屏幕的宽和高可以用于计算窗口屏幕居中的坐标。具体的原理在 24.5.7 节已经介绍，这里不再赘述。

代码第②行的 paneLine 属性用来初始化"蓝线面板"，蓝线面板如图 26-16 中的虚线部分，包括一个文本框、一个密码框、两个复选框和三个标签。

代码第③行～第④行的初始化登录窗口包括设置窗口图标、窗口大小和位置等内容。代码第⑤行是用户单击"登录"按钮之后的处理，本节暂时不介绍具体实现过程，后面介绍登录处理时再详细说明。代码第⑥行是注册窗口事件，当用户单击窗口的"关闭"按钮时调用 System.exit(0)语句退出系统。

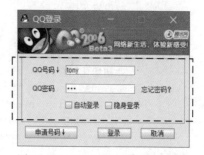

图 26-16 登录窗口中的蓝线面板

26.5.2 迭代 4.2：好友列表窗口实现

在客户端用户登录成功之后，界面会跳转到好友列表窗口，界面如图 26-17 所示。

好友列表窗口类 FriendsFrame 代码如下：

```kotlin
//代码文件: chapter26/QQ/src/main/kotlin/com/zhijieketang/qq/
client/FriendsFrame.kt
package com.zhijieketang.qq.client

...

class FriendsFrame(private val user: Map<String, Any>) : JFrame() {

    //好友列表
    private val friends: List<Map<String, String>>
    //好友标签控件列表
    private val lblFriendList = mutableListOf<JLabel>()        ①
    //获得当前屏幕的宽
    private val screenWidth = Toolkit.getDefaultToolkit().
screenSize.getWidth()

    //登录窗口宽和高
    private val frameWidth = 260
    private val frameHeight = 600
    //声明一个协程引用
    private var job: Job? = null
    //协程运行状态
    private var isRunning = true

    init {
        //初始化当前 Frame
        title = "QQ"
        setBounds(screenWidth.toInt() - 300, 10, frameWidth, frameHeight)
        iconImage = Toolkit.getDefaultToolkit().getImage(("images/QQ.png"))
```

图 26-17 好友列表窗口

```kotlin
//设置布局
val borderLayout = contentPane.layout as BorderLayout
borderLayout.vgap = 5

//初始化用户列表
friends = user["friends"] as List<Map<String, String>>
val userId = user["user_id"] as String
val userName = user["user_name"] as String
val userIcon = user["user_icon"] as String

with(JLabel(userName)) {
    horizontalAlignment = SwingConstants.CENTER
    val iconFile = "/images/$userIcon.jpg"
    icon = ImageIcon(FriendsFrame::class.java.getResource(iconFile))
    contentPane.add(this, BorderLayout.NORTH)
}

val panel1 = JPanel()
panel1.layout = BorderLayout(0, 0)

with(JScrollPane()) {
    border = BorderFactory.createLineBorder(Color.blue, 1)
    setViewportView(panel1)
    contentPane.add(this, BorderLayout.CENTER)
}

with(JLabel("我的好友")) {
    horizontalAlignment = SwingConstants.CENTER
    panel1.add(this, BorderLayout.NORTH)
}

//好友列表面板
val friendListPanel = JPanel()
friendListPanel.layout = GridLayout(50, 0, 0, 5)
panel1.add(friendListPanel)

//初始化好友列表
friends.forEach { friend ->                                        ②

    val friendUserId = friend["user_id"]
    val friendUserName = friend["user_name"]
    val friendUserIcon = friend["user_icon"]
    //获得好友在线状态
    val friendUserOnline = friend["online"]

    val lblFriend = JLabel(friendUserName).apply {                 ③

        toolTipText = friendUserId                                 ④
        val friendIconFile = "images/$friendUserIcon.jpg"
```

```
            icon = ImageIcon(FriendsFrame::class.java.javaClass.getResource
(friendIconFile))
            //在线设置可用，离线设置不可用
            isEnabled = friendUserOnline != "0"                          ⑤

            //添加到列表集合
            lblFriendList.add(this)
            //添加到面板
            friendListPanel.add(this)
        }

        lblFriend.addMouseListener(object : MouseAdapter() {             ⑥
            override fun mouseClicked(e: MouseEvent) {
                //用户图标双击鼠标时显示对话框
                if (e.clickCount == 2) {
                    //取消协程
                    job?.cancel()
                    isRunning = false
                    ChatFrame(this@FriendsFrame, user, friend).isVisible = true
                }
            }
        })
    }


    //注册窗口事件
    addWindowListener(object : WindowAdapter() {
        //单击窗口关闭按钮时调用
        override fun windowClosing(e: WindowEvent) {                     ⑦
            //TODO 用户下线
            //退出系统
            System.exit(0)
        }
    })
    ...
    }


    //TODO 启动接收消息子协程
    //TODO 刷新好友列表
}
```

代码第②行通过 forEach 函数遍历 friends 集合，来初始化好友列表，好友列表窗口中显示的好友名和图标，事实上是一个标签组件（JLabel）。代码第③行是创建标签对象，显示的内容是好友名。代码第④行 toolTipText = friendUserId 是将好友 Id 保存到标签的 toolTipText 属性中，该属性是当鼠标放到标签上时弹出的气泡。代码第⑤行是设置好友标签是否可用，好友在线可用，好友离线不可用。代码第⑥行是为每个好友标签注册鼠标双击事件。代码第⑦行是在窗口关闭时调用，在该函数中进行用户下线处理。

用户下线、启动接收消息子协程和刷新好友列表等处理会在后面会详细介绍。

26.5.3　迭代 4.3：聊天窗口实现

在客户端用户双击好友列表中的好友，会弹出好友聊天窗口，界面如图 26-18（a）所示，在这里可以给好友发送聊天信息，可以接收好友回复的信息，如图 26-18（b）所示。

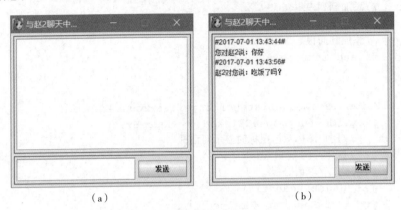

（a）　　　　　　　　　　（b）

图 26-18　聊天窗口

聊天窗口类 ChatFrame 代码如下：

```kotlin
//代码文件：chapter26/QQ/src/main/kotlin/com/zhijieketang/qq/server/ClientInfo.kt
package com.zhijieketang.qq.client

...

class ChatFrame(                                        //好友列表 Frame
        private val friendsFrame: FriendsFrame,
        user: Map<String, Any>,
        friend: Map<String, String>) : JFrame() {

    private var isRunning = true
    //当前用户 Id
    private val userId = user["user_id"] as String
    //聊天好友用户 Id
    private val friendUserId: String
    //聊天好友用户名
    private val friendUserName: String

    //获得当前屏幕的高和宽
    private val screenHeight = Toolkit.getDefaultToolkit().screenSize.getHeight()
    private val screenWidth = Toolkit.getDefaultToolkit().screenSize.getWidth()

    //登录窗口宽和高
    private val frameWidth = 345
    private val frameHeight = 310

    //查看消息文本区
    private val txtMainInfo = JTextArea()
```

```kotlin
//发送消息文本区
private val txtInfo = JTextArea()
//消息日志
private val infoLog = StringBuffer()

//日期格式化
private val dateFormat = SimpleDateFormat("yyyy-MM-dd HH:mm:ss")

private var job: Job? = null

//查看消息面板
private val panLine1: JPanel
    get() {
        txtMainInfo.isEditable = false

        val panLine1 = JPanel().apply {
            layout = null
            setBounds(5, 5, 330, 210)
            border = BorderFactory.createLineBorder(Color.blue, 1)
        }
        with(JScrollPane()) {
            setBounds(5, 5, 320, 200)
            panLine1.add(this)
            setViewportView(txtMainInfo)
        }

        return panLine1
    }

//发送消息面板
private val panLine2: JPanel
    get() {
        val panLine2 = JPanel().apply {
            layout = null
            setBounds(5, 220, 330, 50)
            border = BorderFactory.createLineBorder(Color.blue, 1)
            add(sendButton)
        }
        with(JScrollPane()) {
            setBounds(5, 5, 222, 40)
            panLine2.add(this)
            setViewportView(txtInfo)
        }

        return panLine2
    }

private val sendButton: JButton
    get() {
        val button = JButton("发送").apply {
```

```kotlin
            setBounds(232, 10, 90, 30)
        }
        button.addActionListener {
            sendMessage()
            txtInfo.text = ""
        }
        return button
    }

init {

    val userIcon = user["user_icon"]!!
    friendUserId = friend["user_id"]!!
    friendUserName = friend["user_name"]!!

    //初始化当前 Frame
    val iconFile = "/images/$userIcon.jpg"
    iconImage = Toolkit.getDefaultToolkit()
            .getImage(ChatFrame::class.java.getResource(iconFile))
    title = "与${friendUserName}聊天中..."
    isResizable = false
    layout = null
    //设置 Frame 大小
    setSize(frameWidth, frameHeight)
    //计算 Frame 位于屏幕中心的坐标
    val x = (screenWidth - frameWidth).toInt() / 2
    val y = (screenHeight - frameHeight).toInt() / 2
    //设置 Frame 位于屏幕中心
    setLocation(x, y)

    //初始化查看消息面板
    contentPane.add(panLine1)
    //初始化发送消息面板
    contentPane.add(panLine2)

    //注册窗口事件
    addWindowListener(object : WindowAdapter() {
        //单击窗口关闭按钮时调用
        override fun windowClosing(e: WindowEvent) {          ①
            //取消协程
            job?.cancel()
            isRunning = false
            isVisible = false
            //重启好友列表协程
            friendsFrame.resetCoroutine()
        }
    })
    //启动接收消息子协程
    resetCoroutine()
}
```

```
private fun sendMessage() {
    //TODO 发送消息
}
//TODO 接收消息
}
```

如代码第①行所示，用户关闭聊天窗口并不退出系统，只是停止当前窗口中的协程，隐藏当前窗口，回到好友列表界面，并重启好友列表协程。

提示 协程的使用原则：当前窗口中启动的协程，在窗口退出、隐藏时一定停止。

另外，发送消息和接收消息会在后面详细介绍。

26.6 任务 5：用户登录过程实现

用户登录时客户端和服务器互相交互，客户端和服务器端代码比较复杂，涉及多协程编程。用户登录过程如图 26-19 所示，当用户 1 打开登录对话框，输入 QQ 号码和 QQ 密码，单击"登录"按钮，用户登录过程步骤如下：

第①步：用户 1 登录。客户端将 QQ 号码和 QQ 密码数据封装发给服务器。

第②步：服务器接收用户 1 请求，验证用户 1 的 QQ 号码和 QQ 密码，是否与数据库的 QQ 号码和 QQ 密码一致。

第③步：返回给用户 1 登录结果。服务器端将登录结果发给客户端。客户端接收服务器端返回的消息，登录成功进入用户好友列表，不成功给用户提示。

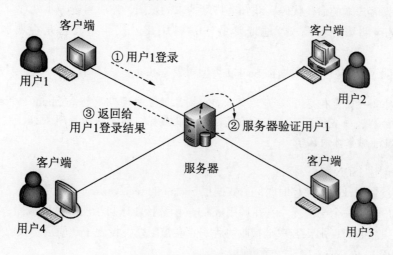

图 26-19 用户登录过程

26.6.1 迭代 5.1：客户端启动

在介绍客户端登录编程之前，首先介绍客户端启动程序 Client.kt，代码如下：

```
//代码文件：chapter26/QQ/src/main/kotlin/com/zhijieketang/qq/client/Client.kt
package com.zhijieketang.qq.client
```

```
import com.beust.klaxon.Parser
import java.net.DatagramSocket

//操作命令代码
const val COMMAND_LOGIN = 1        //登录命令                    ①
const val COMMAND_LOGOUT = 2       //下线命令
const val COMMAND_SENDMSG = 3      //发消息命令
const val COMMAND_REFRESH = 4      //刷新好友列表命令              ②
//服务器端IP
const val SERVER_IP = "127.0.0.1"                             ③
//服务器端端口号
const val SERVER_PORT = 7788                                 ④

var socket = DatagramSocket()                                ⑤
//JSON 解析器
val parser = Parser.default()                                ⑥

fun main() {
    //设置超时 2，不再等待接收数据
    socket.soTimeout = 2000                                  ⑦
    println("客户端运行...")
    LoginFrame().isVisible = true                            ⑧
}
```

上述代码第①行～第②行定义了 4 个操作命令代码常量，客户端与服务器端都定义了这 4 个命令代码常量，服务器端根据客户端的命令代码，获知客户端请求的意图，然后再进一步处理。

代码第③行是声明服务器端 IP 地址常量 SERVER_IP。代码第④行是声明服务器端口号常量 SERVER_PORT。

代码第⑤行声明了一个公有的数据报 Socket 类型对象 socket。

注意 socket 对象一直没有关闭，这是因为 socket 对象的生命周期是整个 Client 应用程序。在这些 Client 应用程序中有很多协程，一直使用 socket 对象发送和接收数据，因此不能关闭 socket 对象。只有 Client 应用程序停止时，socket 对象才关闭。

代码第⑥行是创建 JSON 解析器对象。

代码第⑦行是设置 socket 对象超时时间，数据报 Socket 的 receive 是一个阻塞函数，它会导致所在的线程或协程阻塞。客户端有一个子协程一直在调用 receive 函数接收来自于服务器的数据，有时服务器会没有数据返回，如果不设置超时，那么客户端接收协程一直会被阻塞，设置了超时后，接收协程只等待 5s。

代码第⑧行调用 LoginFrame 启动登录窗口。

26.6.2 迭代 5.2：客户端登录编程

客户端登录编程需要在 LoginFrame 中编写代码，主要完成如图 26-19 所示的第①步和第③步。LoginFrame 代码如下：

```
//代码文件：chapter26/QQ/src/main/kotlin/com/zhijieketang/qq/client/LoginFrame.kt
package com.zhijieketang.qq.client
```

```kotlin
...
class LoginFrame : JFrame() {
    ...
    init {
        ...
        //注册登录按钮事件监听器
        btnLogin.addActionListener {
            //先进行用户输入验证，验证通过再登录
            val userId = txtUserId.text
            val password = String(txtUserPwd.password)

            val user = login(userId, password) as? Map<String, String>    ①
            if (user != null) {                                           ②
                //登录成功调转界面
                println("登录成功调转界面")
                FriendsFrame(user).isVisible = true
                //设置登录窗口可见
                isVisible = false
            } else {
                JOptionPane.showMessageDialog(null, "您 QQ 号码或密码不正确")
            }
        }


        ...
    }

    //客户端向服务器发送登录请求
    private fun login(userId: String, password: String): Map<String, Any>? {

        val address = InetAddress.getByName(SERVER_IP)

        var jsonObj = json {
            obj("command" to COMMAND_LOGIN, "user_id" to userId, "user_pwd" to password)    ③
        }
        //字节数组
        var buffer = jsonObj.toJsonString().toByteArray()
        //创建 DatagramPacket 对象
        var packet = DatagramPacket(buffer, buffer.size, address, SERVER_PORT)    ④
        //发送数据
        socket.send(packet)                                                      ⑤

        //接收数据
        //准备一个缓冲区
        buffer = ByteArray(1024)
        packet = DatagramPacket(buffer, buffer.size, address, SERVER_PORT)
        socket.receive(packet)                                                   ⑥

        val jsonString = String(buffer, 0, packet.length)
        println("从服务器返回的消息：$jsonString")
        jsonObj = parser.parse(StringBuilder(jsonString)) as JsonObject          ⑦
```

```
        //登录失败
        if (jsonObj.string("result") == "-1") return null                         ⑧

        return jsonObj as Map<String, Any>?
    }
}
```

上述代码第③行～第⑤行是客户端向服务器发送登录请求。代码第③行创建 JSON 对象，它保存了发送给服务器端的数据，客户端发给服务器 JSON 对象的内容如下：

```
{
    "user_id": "111",                        //QQ 号码
    "user_pwd": "123",                       //QQ 密码
    "command": 1                             //命令 1 为登录
}
```

代码第④行是创建数据包对象，JSON 对象编码后将数据存于包中。代码第⑤行是发送数据给指定服务器。

到此为止用户发送登录请求给服务器，完成了图 26-19 中所示的第①步操作。

代码第⑥行客户端调用 socket 对象的 receive()函数等待服务器端应答。服务器端返回数据给客户端，代码第⑦行是解析从服务器返回的 JSON 字符串，解析成功返回 JSON 对象。代码第⑧行为登录失败返回空值。

从服务器端返回的 JSON 对象示例如下：

```
{
    "result": "0",                           //登录结果 "0"登录成功 "-1"登录失败
    "user_icon": "52",
    "user_pwd": "123",
    "user_id": "333",
    "user_name": "赵 2",
    "friends": [                             //该用户的好友列表
        {
            "online": "1",                   //好友在线状态 "1"为在线  "0"为离线
            "user_icon": "28",
            "user_pwd": "123",
            "user_id": "111",
            "user_name": "关东升"
        },
        {
            "online": "1",
            "user_icon": "30",
            "user_pwd": "123",
            "user_id": "222",
            "user_name": "赵 1"
        },
        {
            "online": "0",
            "user_icon": "53",
            "user_pwd": "123",
            "user_id": "888",
```

```
            "user_name": "赵 3"
        }
    ]
}
```

到此为止完成了图 26-19 中所示的第③步操作。如果用户登录成功，login 函数会返回非空数据，登录失败 login 函数返回空。

上述代码第②行判断 login 函数返回值是否为空，如果为非空则登录成功，并显示 FriendsFrame 窗口。

另外，如果用户单击"取消"按钮或关闭登录窗口，则客户端程序会退出，退出时需要关闭 Socket 等处理，相应代码如下：

```
//代码文件: chapter26/QQ/src/main/kotlin/com/zhijieketang/qq/client/LoginFrame.kt
package com.zhijieketang.qq.client
...
class LoginFrame : JFrame() {
    ...
    init {
        ...
        //注册取消按钮事件监听器
        btnCancel.addActionListener {
            //关闭 Socket
            socket.close()
            //退出系统
            System.exit(0)
        }
        ...
        //注册窗口事件
        addWindowListener(object : WindowAdapter() {
            //单击窗口关闭按钮时调用
            override fun windowClosing(e: WindowEvent) {
                //关闭 Socket
                socket.close()
                //退出系统
                System.exit(0)
            }
        })
        ...
    }
```

26.6.3　迭代 5.3：服务器启动

在介绍服务器端编程之前，首先介绍服务器端启动程序 Server。Server.kt 代码如下：

```
//代码文件: chapter26/QQ/src/main/kotlin/com/zhijieketang/qq/server/DBSchema.kt
package com.zhijieketang.qq.server
...
//操作命令代码
const val COMMAND_LOGIN = 1              //登录命令                          ①
const val COMMAND_LOGOUT = 2            //注销命令
const val COMMAND_SENDMSG = 3          //发消息命令
```

```
const val COMMAND_REFRESH = 4            //刷新好友列表命令          ②

const val SERVER_PORT = 7788                                      ③

fun main() {

    println("服务器启动，监听自己的端口$SERVER_PORT...")
    //JSON 解析器
    val parser = Parser.default()                                ④
    //创建数据访问对象
    val dao = UserDAO()                                          ⑤
    //所有已经登录的客户端信息
    val clientList = mutableListOf<ClientInfo>()                 ⑥

    //创建 DatagramSocket 对象，监听自己的端口 7788
    DatagramSocket(SERVER_PORT).use { socket ->                  ⑦

        //主协程循环
        while (true) {                                           ⑧
            //TODO 服务器端处理
        }
    }
}
```

上述代码第①行～第②行定义了 4 个命令代码常量，与客户端都定义的 4 个命令代码保持一致。
代码第③行声明了一个端口号常量。代码第④行创建 JSON 解析器对象。

代码第⑤行是创建 UserDAO 数据访问对象。代码第⑥行是创建 List 集合对象 clientList，用来保存所有登录的客户端信息。代码第⑦行是实例化 DatagramSocket 对象。代码第⑧行是服务器端循环，服务器端一直循环接收客户端数据和发送数据给客户端。

26.6.4　迭代 5.4：服务器验证编程

迭代 5.4 的任务是实现图 26-19 中所示的第②步操作。服务器端实现代码如下：

```
//代码文件：chapter26/QQ/src/main/kotlin/com/zhijieketang/qq/server/DBSchema.kt
package com.zhijieketang.qq.server
...
//主协程循环
while (true) {

    //准备一个缓冲区
    var buffer = ByteArray(1024)
    //创建数据报包对象，用来接收数据
    var packet = DatagramPacket(buffer, buffer.size)
    //接收数据报包
    socket.receive(packet)
    //接收的字符串
    val jsonString = String(buffer, 0, packet.length)
    //从客户端传来的数据包中得到客户端地址
```

```kotlin
val address = packet.address
//从客户端传来的数据包中得到客户端端口号
val port = packet.port
println("服务器接收客户端，消息：$jsonString")

var jsonObject = parser.parse(StringBuilder(jsonString)) as JsonObject
//取出客户端传递过来的操作命令
val cmd = jsonObject.int("command")                           ①

when (cmd) {
  COMMAND_LOGIN -> {                        //用户登录过程        ②
    // 通过用户 Id 查询用户信息
    val userId = jsonObject["user_id"] as String              ③
    val userPwd = jsonObject["user_pwd"] as String
    val user = dao.findById(userId)

      //判断客户端发送过来的密码与数据库的密码是否一致
      if (user != null && userPwd == user["user_pwd"]) {      ④
        val sendJsonObj = JsonObject(user)
        //添加 result:0 键值对，"0"表示成功，"-1"表示失败
        sendJsonObj["result"] = "0"                           ⑤

        val cInfo = ClientInfo(port, address, userId)
        if (clientList.none { it.userId == userId }) {        ⑥
          clientList.add(cInfo)
        }

        //取出好友用户列表
        val friends = dao.findFriends(userId)!!.map {         ⑦
          val friend = it.toMutableMap()                      ⑧
          val fid = it["user_id"]
          //好友在 clientList 集合中存在，则在线好友在线
          //更新好友状态 "1"在线 "0"离线
          if (clientList.any { it.userId == fid }) friend["online"] = "1" else
friend["online"] = "0"                                        ⑨
          //返回数据
          friend
        }.map {
          JsonObject(it)                                      ⑩
        }
        sendJsonObj["friends"] = json {                       ⑪
          array(friends)
        }
        println("服务器发送用户成功，消息：${sendJsonObj.toJsonString()}")
        //创建 DatagramPacket 对象，用于向客户端发送数据
        buffer = sendJsonObj.toJsonString().toByteArray()
        packet = DatagramPacket(buffer, buffer.size, address, port)
        socket.send(packet)
```

```
        } else {
            //发送失败消息
            val jsonObj = json {
                obj("result" to "-1")                                    ⑫
            }
            println("服务器给用户登录失败，消息: ${jsonObj.toJsonString()}")
            buffer = jsonObj.toJsonString().toByteArray()
            packet = DatagramPacket(buffer, buffer.size, address, port)
            //向请求登录的客户端发送数据
            socket.send(packet)
        }
    }
    COMMAND_SENDMSG -> {
        //TODO 用户发送消息
    }
    COMMAND_LOGOUT -> {
        //用户发送注销命令
    }
}
...
}
```

上述代码第①行是从客户端传递过来的命令。代码第②行是判断操作命令是否为用户登录命令。代码第③行是从客户端传递过来的用户 Id。代码第④行是判断客户端传递过来的密码与数据库查询出来的密码是否一致。如果密码一致则登录成功，代码第⑤行将 result: "0"键值对放入 sendJsonObj 对象。代码第⑥行的(clientList.none { it.userId == userId })表达式查找 clientList 字段中 userId 不等于用户 Id 的元素。none 函数是查找不满足 it.userId == userId 条件的元素。如果没有这样的元素，clientList.add(cInfo)语句则添加客户端信息到 clientList 集合中。

代码第⑦行的 dao.findFriends(userId)表达式查询好友用户列表集合，然后通过 map 函数将好友用户列表集合进行变换，这个过程中代码第⑧行将好友用户列表中的元素（不可变 Map）转换为可变 Map，这个转换的目的是添加好友状态。代码第⑨行的 clientList.any { it.userId == fid }判断当前好友是否在 clientList 中存在，any 函数是只要有一个元素满足 it.userId == fid 条件则结果返回 true。

代码第⑩行通过 map 函数再对 friends（好友用户列表）进行变换，最后返回 List<JsonObject>类型集合。

代码第⑪行创建 JSON 数组对象，它是发送给客户端的好友列表数据。

代码第⑫行创建发送失败消息 JSON 对象，客户端会收到{"result": "-1"}消息。

26.7　任务 6：刷新好友列表

用户好友列表状态是不断变化的，服务器端会定期发送在线的用户列表，以便客户端刷新自己的好友列表。这个过程如图 26-20 所示，操作步骤如下：

第①步：服务器端定期发送在线用户列表给所有在线的客户端。

第②步：客户端刷新好友列表。

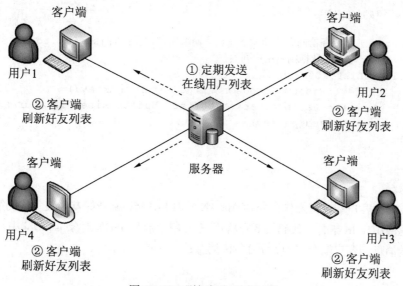

图 26-20 刷新好友列表过程

26.7.1 迭代 6.1：刷新好友列表服务器端编程

服务器端定期发送在线用户列表给所有在线的客户端，Server.kt 代码如下：

```kotlin
//代码文件：chapter26/QQ/src/main/kotlin/com/zhijieketang/qq/server/Server.kt
package com.zhijieketang.qq.server
...
fun main() {
    ...
    //创建 DatagramSocket 对象，监听自己的端口 7788
    DatagramSocket(SERVER_PORT).use { socket ->

        //主协程循环
        while (true) {
            ...
            when (cmd) {
                ...
            }

            ///刷新用户列表
            //如果 clientList 中没有元素时跳到下次循环
            if (clientList.isEmpty()) continue

            val jsonObj = JsonObject()
            jsonObj["command"] = COMMAND_REFRESH                ①

            val userIdList = clientList.map {                   ②
                it.userId
            }
            jsonObj["OnlineUserList"] = json {                  ③
```

```
            array(userIdList)
        }
        println("服务器向客户端发送消息，刷新用户列表：${jsonObj.toJsonString()}")
        //向客户端发送数据刷新用户列表
        clientList.forEach {                                                    ④
            buffer = jsonObj.toJsonString().toByteArray()
            packet = DatagramPacket(buffer, buffer.size, it.address, it.port)
            socket.send(packet)
        }
    }
}
}
```

上述代码第①行为客户端设置操作命令 COMMAND_REFRESH（刷新好友列表）。代码第②行对 clientList 集合进行变化，返回用户 Id 集合。代码第③行将用户 Id 集合放到 JSON 对象 jsonObj 中。代码第④行为每一个在线用户发送消息，客户端会收到如下 JSON 消息：

```
{
    "command": 4,
    "OnlineUserList": [                        //当前用户 Id 列表
        "111",
        "222",
        "333"
    ]
}
```

26.7.2 迭代 6.2：刷新好友列表客户端编程

客户端在好友列表窗口和聊天窗口都可以刷新好友列表，那么需要在 FriendsFrame 和 ChatFrame 中添加接收服务器信息，并刷新好友列表的代码。为了不阻塞主协程（UI 协程），这些处理应该放到子协程中。

1. FriendsFrame.kt相关代码如下：

```
//代码文件：chapter26/QQ/src/main/kotlin/com/zhijieketang/qq/client/FriendsFrame.kt
package com.zhijieketang.qq.client
...
class FriendsFrame(private val user: Map<String, Any>) : JFrame() {
    ...
    //声明一个协程引用
    private var job: Job? = null                                             ①
    //协程运行状态
    private var isRunning = true                                            ②

    init {
        ...
        //启动接收消息子协程
        resetCoroutine()                                                   ③
    }

    //刷新好友列表
    fun refreshFriendList(userIdList: List<String>) {                      ④
        //初始化好友列表
```

```kotlin
    lblFriendList.forEach {
        val friendId = it.toolTipText!!
        //在线用户列表 userIdList 中存在 friendId
        it.isEnabled = userIdList.contains(friendId)                    ⑤
    }
}


//重新启动接收消息子协程
fun resetCoroutine() = runBlocking<Unit> {                             ⑥
    isRunning = true
    //创建并启动协程
    job = launch {                                                     ⑦
        run()
    }
}


//停止接收消息子协程
fun stopCoroutine() = runBlocking<Unit> {                             ⑧
    isRunning = false
    //取消协程
    job?.cancelAndJoin()                                               ⑨
}


//协程体执行的挂起函数
suspend fun run() {
    //准备一个缓冲区
    val buffer = ByteArray(1024)
    while (isRunning) {

        val address = InetAddress.getByName(SERVER_IP)
        /* 接收数据报 */
        val packet = DatagramPacket(buffer, buffer.size, address, SERVER_PORT)
        try {
            //开始接收
            socket.receive(packet)

            val stringObj = String(buffer, 0, packet.length)
            println("客户端收到的消息: $stringObj")

            val jsonObj = parser.parse(StringBuilder(stringObj)) as JsonObject

            val cmd = jsonObj.int("command")

            if (cmd != null && cmd == COMMAND_REFRESH) {                ⑩
                val userIdList = jsonObj["OnlineUserList"] as List<String>
                //刷新好友列表
                refreshFriendList(userIdList)
            }
            delay(100L)
        } catch (e: Exception) {
```

```
                    //捕获超时异常，继续
                }
            }
        }
    }
```

上述代码第①行声明一个协程引用 job，以便后面对协程进行管理。代码第②行声明协程运行状态变量，默认为 true。代码第③行在 init 初始化代模块中调用 resetCoroutine 函数启动协程。代码第③行是实现协程体，一直接收服务器端返回的消息，代码第④行是接收函数。

代码第④行是声明刷新好友列表函数 refreshFriendList。代码第⑤行判断 userIdList 好友列表集合中是否包含当前好友 Id，如果包含则设置当前标签可用，否则不可用。

代码第⑥行声明重新启动接收消息子协程函数 resetCoroutine，该函数用来重新启动一个接收消息子协程。当用户登录成功进入好友列表窗口或关闭聊天窗口回到好友列表窗口时调用该函数。代码第⑦行是创建并启动协程。代码第⑧行的 stopCoroutine 是停止接收消息子协程的函数，在该函数中 isRunning = false 是协程体循环。代码第⑨行 job?.cancelAndJoin()是取消协程，并阻塞主协程等待子协程结束。

提示 如果不使用 cancelAndJoin 函数而使用 cancel 函数，也可以取消协程，但不能阻塞主协程，这样在子协程还没有停止的情况下进入了下一个窗口。在下一个窗口中还会启动一个新的接收消息的协程，这会导致客户端有些消息无法正常接收。

代码中 run 是用来执行协程体的挂起函数，在此函数中接收服务器端消息，代码第⑩行判断操作命令是否为 COMMAND_REFRESH（刷新好友列表），如果是则调用 refreshFriendList 函数刷新好友列表。

2. ChatFrame.kt相关代码如下：

```kotlin
//代码文件: chapter26/QQ/src/main/kotlin/com/zhijieketang/qq/client/ChatFrame.kt
package com.zhijieketang.qq.client
...
class ChatFrame(                          //好友列表 Frame
        private val friendsFrame: FriendsFrame,
        user: Map<String, Any>,
        friend: Map<String, String>) : JFrame() {
    ...
    //声明一个协程引用
    private var job: Job? = null
    //协程运行状态
    private var isRunning = true

    init {
        ...
        //启动接收消息子协程
        resetCoroutine()
    }

    //重新启动接收消息子协程
    fun resetCoroutine() = runBlocking<Unit> {
        isRunning = true
        //创建协程
        job = launch {
```

```
            run()
        }
    }


    //停止接收消息子协程
    fun stopCoroutine() = runBlocking<Unit> {
        isRunning = false
        //取消协程
        job?.cancelAndJoin()
    }


    //协程体执行的挂起函数
    suspend fun run() {
        //准备一个缓冲区
        val buffer = ByteArray(1024)
        while (isRunning) {

            val address = InetAddress.getByName(SERVER_IP)
            /* 接收数据报 */
            val packet = DatagramPacket(buffer, buffer.size, address, SERVER_PORT)
            try {
                //开始接收
                socket.receive(packet)

                val stringObj = String(buffer, 0, packet.length)
                //打印接收的数据
                println("从服务器接收的数据：${stringObj}")

                val jsonObj = parser.parse(StringBuilder(stringObj)) as JsonObject

                val cmd = jsonObj.int("command")
                //command 不等于空值时候执行，且等于 COMMAND_REFRESH 时执行
                if (cmd != null && cmd == COMMAND_REFRESH) {                       ①
                    //获得好友列表
                    val userIdList = jsonObj["OnlineUserList"] as List<String>
                    //刷新好友列表
                    friendsFrame.refreshFriendList(userIdList)
                } else {
                    //TODO 接收聊天信息                                             ②
                }
                delay(100L)
            } catch (e: Exception) {
                //捕获超时异常，继续
            }
        }
    }
}
```

ChatFrame 中接收消息也是在一个子协程中，这与 FriendsFrame 非常类似。区别主要在于 run 函数不同，即子协程执行的任务不同。在 FriendsFrame 中子协程执行的任务只是接收服务器端有关刷新好友列表的消

息，对其他消息不做处理；而在 ChatFrame 中的子协程既要接收服务器端刷新好友列表消息（见代码第①行），也接收其他消息（见代码第②行）。

26.8　任务 7：聊天过程实现

聊天过程如图 26-21 所示，客户端用户 1 向用户 3 发送消息，这个过程实现有三个步骤：
第①步：客户端用户 1 向用户 3 发送消息。
第②步：服务器接收用户 1 消息与转发给用户 3 消息。
第③步：客户端用户 3 接收用户 1 消息。

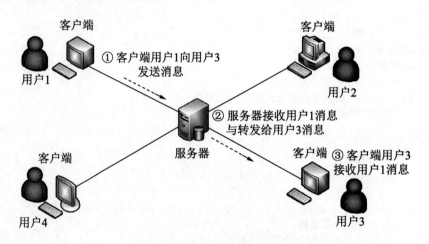

图 26-21　聊天过程

26.8.1　迭代 7.1：客户端用户 1 向用户 3 发送消息

客户端用户 1 向用户 3 发送消息是在聊天窗口 ChatFrame 中实现的。ChatFrame.kt 相关代码如下：

```kotlin
//代码文件：chapter26/QQ/src/main/kotlin/com/zhijieketang/qq/client/ChatFrame.kt
package com.zhijieketang.qq.client
...
class ChatFrame(                              //好友列表 Frame
    private val friendsFrame: FriendsFrame,
    user: Map<String, Any>,
    friend: Map<String, String>) : JFrame() {
...
    private val sendButton: JButton
        get() {
            val button = JButton("发送").apply {
                setBounds(232, 10, 90, 30)
            }
            button.addActionListener {
                sendMessage()                                         ①
                txtInfo.text = ""
            }
```

```
            return button
        }

    private fun sendMessage() {                                               ②

        if (txtInfo.text != "") {

            //获得当前时间，并格式化
            val date = dateFormat.format(Date())

            val info = "#$date#\n 您对${friendUserName}说: ${txtInfo.text}"
            infoLog.append(info).append('\n')
            txtMainInfo.text = infoLog.toString()                             ③

            val jsonObj = JsonObject()
            jsonObj["receive_user_id"] = friendUserId
            jsonObj["user_id"] = userId
            jsonObj["message"] = txtInfo.text
            jsonObj["command"] = COMMAND_SENDMSG                               ④

            val address = InetAddress.getByName(SERVER_IP)
            //发送数据报
            val buffer = jsonObj.toJsonString().toByteArray()
            val packet = DatagramPacket(buffer, buffer.size, address, SERVER_PORT)
            socket.send(packet)                                               ⑤
        }
    }
    ...
}
```

上述代码第①行是当用户单击"发送"按钮时调用 sendMessage 函数。代码第②行定义 sendMessage 函数。代码第③行更新 txtMainInfo（显示聊天记录）组件内容。

代码第④行是添加操作命令到 JSON 对象中。代码第⑤行是发送数据给服务器端。

```
{
    "receive_user_id": "222",          //接收消息的用户 Id（即用户 3）
    "message": "你好吗？",              //发送的消息
    "user_id": "111",                  //发送消息的用户 Id（即用户 1）
    "command": 3                       //命令 3 是发送聊天消息
}
```

26.8.2　迭代 7.2：服务器接收用户 1 消息与转发给用户 3 消息

服务器接收用户 1 消息与转发给用户 3 消息是在 Server 中完成的，相关代码如下：

```
//代码文件：chapter26/QQ/src/main/kotlin/com/zhijieketang/qq/server/Server.kt
package com.zhijieketang.qq.server
...
fun main() {
    ...
    //创建 DatagramSocket 对象，监听自己的端口 7788
```

```kotlin
DatagramSocket(SERVER_PORT).use { socket ->

    //主协程循环
    while (true) {
        ...
        when (cmd) {
            COMMAND_LOGIN -> {                              //用户登录过程
                ...
            }
            COMMAND_SENDMSG -> {                            //用户发送消息              ①
                //获得好友 Id
                val friendUserId = jsonObject["receive_user_id"] as String    ②
                //向客户端发送数据
                clientList.filter {                                           ③
                    //找到好友过滤条件
                    it.userId == friendUserId                                 ④
                }.forEach {                                                   ⑤
                    println("服务器转发聊天，消息: ${jsonObject.toJsonString()}")
                    //创建 DatagramPacket 对象，用于向客户端发送数据
                    buffer = jsonObject.toJsonString().toByteArray()
                    packet = DatagramPacket(buffer, buffer.size, it.address, it.port)
                    //发送消息给好友
                    socket.send(packet)                                       ⑥
                }
            }
            COMMAND_LOGOUT -> {                             //用户发送下线命令
                ...
            }
        }
        ...
    }
}
```

上述代码第①行是判断客户端命名是否为"用户发送消息"。代码第②行获得接收消息的用户好友 Id。要想给用户 3 发消息，需要在 clientList 集合中查找该用户，代码第③行是通过 filter 函数过滤找到该用户。与一个用户通信的关键是该用户的客户端主机 IP 地址和端口号码，代码第④行 it.userId == friendUserId 为过滤条件。代码第⑤行遍历过滤结果，通过代码第⑥行发送信息给好友，消息示例如下：

```
{
    "receive_user_id": "111",                    //发送消息的用户 Id（即用户 1）
    "user_id": "222",                            //接收消息的用户 Id（即用户 3）
    "message": "你好吗? ",                        //发送的消息
    "command": 3
}
```

26.8.3　迭代 7.3：客户端用户 3 接收用户 1 消息

客户端用户 3 接收用户 1 的消息是在聊天窗口类 ChatFrame 中的接收消息子协程体中完成的，这个接收消息代码与 ChatFrame 中刷新好友列表代码共用一个协程。

ChatFrame.kt 相关代码如下：

```kotlin
//代码文件：chapter26/QQ/src/main/kotlin/com/zhijieketang/qq/client/ChatFrame.kt
package com.zhijieketang.qq.client
...
class ChatFrame(                          //好友列表 Frame
    ...
    //协程体执行的挂起函数
    suspend fun run() {
        //准备一个缓冲区
        val buffer = ByteArray(1024)
        while (isRunning) {

            val address = InetAddress.getByName(SERVER_IP)
            /* 接收数据报 */
            val packet = DatagramPacket(buffer, buffer.size, address, SERVER_PORT)
            try {
                //开始接收
                socket.receive(packet)

                val stringObj = String(buffer, 0, packet.length)
                //打印接收的数据
                println("从服务器接收的数据：$stringObj")

                val jsonObj = parser.parse(StringBuilder(stringObj)) as JsonObject

                val cmd = jsonObj.int("command")
                //command 不等于空值时候执行，且等于 COMMAND_REFRESH 时执行
                if (cmd != null && cmd == COMMAND_REFRESH) {
                    //刷新好友列表
                    ...
                } else {
                    //获得当前时间，并格式化
                    val date = dateFormat.format(Date())
                    val message = jsonObj.string("message")                    ①
                    if (message != null) {
                        val info = "#$date#\n${friendUserName}对您说：$message"
                        infoLog.append(info).append('\n')

                        txtMainInfo.text = infoLog.toString()                   ②
                        txtMainInfo.caretPosition = txtMainInfo.document.length ③
                    }
                }
                delay(100L)
            } catch (e: Exception) {
                //捕获超时异常，继续
            }
        }
    }
}
```

上述代码第①行是取出接收的消息，代码第②行是将接收的消息显示在文本区中，代码第③行是文本区文本滚动显示到最后一行。

26.9　任务 8：用户下线

用户单击关闭好友列表窗口，其就会下线，服务器端下线用户登录信息，但不会马上通知其他客户端，等到下一次刷新好友列表时，才会看到该用户已经下线的消息。这个过程如图 26-22 所示。

第①步：用户 1 下线。

第②步：服务器端下线用户。

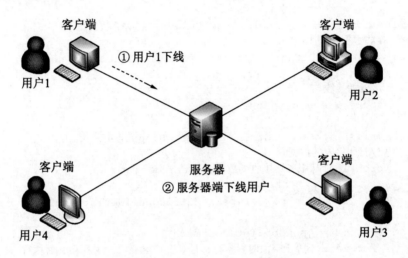

图 26-22　用户下线刷新好友列表

26.9.1　迭代 8.1：客户端编程

用户关闭好友列表窗口触发用户下线处理，FriendsFrame.kt 相关代码如下：

```kotlin
//代码文件：chapter26/QQ/src/main/kotlin/com/zhijieketang/qq/client/FriendsFrame.kt
package com.zhijieketang.qq.client
...
class FriendsFrame(private val user: Map<String, Any>) : JFrame() {
    ...
    init {
        ...
        //注册窗口事件
        addWindowListener(object : WindowAdapter() {                          ①
            //单击窗口关闭按钮时调用
            override fun windowClosing(e: WindowEvent) {
                //当前用户下线
                val jsonObj = json {                                          ②
                    obj("command" to COMMAND_LOGOUT, "user_id" to userId)     ③
                }
```

```kotlin
            val b = jsonObj.toJsonString().toByteArray()
            val address = InetAddress.getByName(SERVER_IP)
            //创建 DatagramPacket 对象
            val packet = DatagramPacket(b, b.size, address, SERVER_PORT)
            //发送
            socket.send(packet)                                      ④
            //关闭 Socket
            socket.close()
            //退出系统
            System.exit(0)
        }
    })
    ...
}
...
}
```

用户关闭窗口时调用上述代码第①行。代码第②行创建 JSON 对象。代码第③行设置命令。代码第④行发送下线消息，发送的 JSON 消息格式如下：

```json
{
    "user_id": "111",          //发送消息的用户 Id（即用户 1）
    "command": 2               //命令 2 是用户下线
}
```

26.9.2 迭代 8.2：服务器端编程

服务器端接收用户下线消息，将该用户下线，就是将用户从 clientList 集合中删除。Server.kt 相关代码如下：

```kotlin
//代码文件：chapter26/QQ/src/main/kotlin/com/zhijieketang/qq/server/Server.kt
package com.zhijieketang.qq.server
...
fun main() {
    ...
    //创建 DatagramSocket 对象，监听自己的端口 7788
    DatagramSocket(SERVER_PORT).use { socket ->

        //主协程循环
        while (true) {
            ...
            when (cmd) {
                COMMAND_LOGIN -> {              //用户登录过程
                    ...
                }
                COMMAND_SENDMSG -> {            //用户发送消息
                    ...
                }
                COMMAND_LOGOUT -> {             //用户发送下线命令      ①
                    //获得用户 Id
```

```
                val userId = jsonObject["user_id"] as String        ②
                val clientInfo = clientList.first {                  ③
                    it.userId == userId
                }
                //从 clientList 集合中删除用户
                clientList.remove(clientInfo)                        ④
            }
        }
        ...
    }
  }
}
```

上述代码第①行的判断命令是用户下线命令。代码第②行是获得当前用户 Id。代码第③行通过 first 函数返回满足 it.userId == userId 条件的第一个元素。代码第④行从集合中删除用户信息。

用户下线后，在服务器端的 clientList 集合中，该用户信息被删除，当服务器端再次发送刷新好友列表消息时，其他用户会收到该用户已经下线的消息，于是刷新自己的好友列表。

26.10　测试与运行

QQ 聊天工具项目比较复杂，又分为客户端和服务器两个程序文件。测试和运行时候有先后顺序，要先启动服务器再启动客户端。

26.10.1　启动服务器

QQ 服务器项目中启动运行 Server.kt 文件，服务器正常启动，如图 26-23 服务器启动。

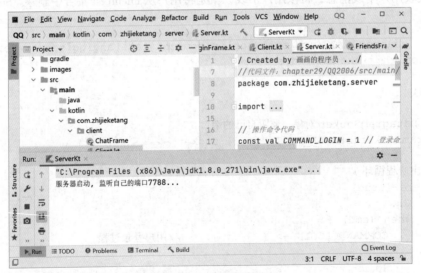

图 26-23　服务器启动

26.10.2　启动服务器失败分析

很多原因会导致服务器无法启动，但最常见的是端口冲突。如果读者在启动过程中，控制台输出如下错误信息，这说明发生端口冲突：

```
Exception in thread "main" java.net.BindException: Address already in use: Cannot bind
    at java.net.DualStackPlainDatagramSocketImpl.socketBind(Native Method)
    at java.net.DualStackPlainDatagramSocketImpl.bind0(DualStackPlainDatagramSocketImpl.
java:84)
    at java.net.AbstractPlainDatagramSocketImpl.bind(AbstractPlainDatagramSocketImpl.
java:99)
    at java.net.DatagramSocket.bind(DatagramSocket.java:392)
    at java.net.DatagramSocket.<init>(DatagramSocket.java:242)
    at java.net.DatagramSocket.<init>(DatagramSocket.java:299)
    at java.net.DatagramSocket.<init>(DatagramSocket.java:271)
    at com.zhijieketang.server.ServerKt.main(Server.kt:36)
    at com.zhijieketang.server.ServerKt.main(Server.kt)
```

所谓端口冲突，就是这个端口已经被其他程序占用了，导致端口冲突原因有如下几种：

（1）使用了 1024 以下端口，1024 以下端口都是操作系统规定好的一些特定端口，例如 80 是 HTTP 协议端口。这些端口不要使用。

（2）已经有另外一个程序使用了该端口。请仔细检查哪些程序，实在无法找到建议重启计算机。

（3）多次启动服务器端程序。第一次启动服务器端程序会占用特定端口，由于读者不小心多次启动了服务器端程序，会发生端口冲突。请仔细检查是否多次启动服务器端程序，实在无法找到建议重启计算机。

26.10.3　启动客户端

QQ 客户端项目中启动运行 Client.kt 文件，服务器正常启动，如图 26-24 客户端启动。

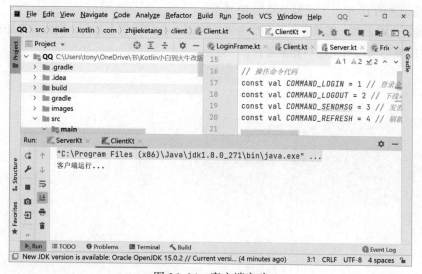

图 26-24　客户端启动

启动客户端与启动服务器不同，可能需要启动多个客户端。使用 IntelliJ IDEA 工具默认不能同时运行多个程序，如果想运行多个程序则需要进行配置。如果是第一次运行 Client.kt 文件，则右击，从菜单中选择 Create 'Client.main()'命令，弹出如图 26-25 所示对话框，选择 Allow parallel run 复选框，则允许同时并运行多个程序。如果已经运行 Client.kt 文件，则右击，从菜单中选择 Edit 'Client.main()'。

选中该选项，允许同时并行运行多个程序

图 26-25　配置并行运行

26.10.4　启动客户端失败分析

导致启动客户端失败的原因，可能有如下几个：

（1）服务器端没启动。

（2）客户端设置的端口与服务器端设置的端口不一致。

（3）客户端设置的 IP 地址不是服务器的 IP 地址。

（4）服务器防火墙设置。如果客户端和服务器不在同一台计算机上运行，则服务器防火墙需要设置开放端口，使客户端能够通过特定端口到服务器。